応用生命科学のための
生物学入門

［改訂版］

［監修］

羽柴輝良
山口高弘

［編集］

遠藤宜成
金山喜則
豊水正昭
鳥山欽哉
中嶋正道
牧野　周

培風館

執 筆 者 (50音順)

東北大学大学院農学研究科（＊は生命科学研究科）

麻生　久	応用生命科学専攻	[1-2-4, 5-2-1]
伊藤豊彰	資源生物科学専攻	[6-5]
遠藤宜成	応用生命科学専攻	[6-1, 6-4]
小川智久	分子生命科学専攻＊	[2-1]
加藤和雄	資源生物科学専攻	[5-2-2]
金山喜則	資源生物科学専攻	[4-1-2, 5-1-2]
北澤春樹	生物産業創成科学専攻	[1-2-2, 1-2-3]
後藤雄佐	資源生物科学専攻	[4-1-1, 5-1-4]
佐々木浩一	資源生物科学専攻	[6-2, 6-3]
佐々田比呂志	応用生命科学専攻	[4-2]
佐藤　茂	応用生命科学専攻	[5-1-1]
鈴木啓一	資源生物科学専攻	[7-2]
高橋英樹	応用生命科学専攻	[1-2-4, 5-1-5]
谷口順彦	生物産業創成科学専攻	[7-3]
冨田敏夫	生物産業創成科学専攻	[3-1-3]
豊水正昭	応用生命科学専攻	[1-2-5, 5-2-3]
鳥山欽哉	応用生命科学専攻	[3-2]
中島　佑	応用生命科学専攻	[2-2-1]
中嶋正道	生物産業創成科学専攻	[7-1]
羽柴輝良	応用生命科学専攻	[1-1-3]
原田昌彦	応用生命科学専攻	[2-2-2, 2-3-1, 2-3-2, 3-1-1, 3-1-2]
牧野　周	応用生命科学専攻	[1-1-2, 1-2-5, 5-1-3]
宮澤陽夫	生物産業創成科学専攻	[2-2-3, 2-3-3]
山口高弘	応用生命科学専攻	[1-1-1, 1-2-1]
米山　裕	生物産業創成科学専攻	[5-2-4]

本書の無断複写は，著作権法上での例外を除き，禁じられています．
本書を複写される場合は，その都度当社の許諾を得てください．

序　文

　生命科学またはライフサイエンスとは，ヒトを含め生きているものを理解するためのバイオサイエンスであると定義されている。現在，ヒトを理解するためにヒトの10万種の遺伝子を洗い出し，「遺伝子」の構造と機能が着々と明らかにされている。さらには，「細胞」の中でDNAのはたらき，すなわちDNAの情報のもとで合成されたタンパク質が運ばれる様子が顕微鏡下で見えるようになってきた。そして，今まさに「個体」のレベル，日常に近い状態の解明に突入したと言っても過言ではない。このように，生命科学はヒトの理解にむかって遺伝子→細胞→個体へと進んできた。ヒトを理解することによって，生物のさまざまなしくみや戦略が明らかになる。この生物のさまざまなしくみや戦略を用いて医療，砂漠の緑化，食糧増産，有用物質の生産など，ひろく人類の繁栄と発展に貢献しようとするものが応用生命科学である。

　本書は，高校で「生物」を履修していない学生が生物系学部の応用生命科学分野にスムーズに入っていけるように配慮し，1998年に初版を出版した。このたび版を重ねるにあたり，内容を見直すとともに，わかりやすく，面白く，読みやすくをモットーに改訂版を刊行することにした。

　本書の構成は，1章では生物体をつくりあげている構造的かつ機能的単位である植物細胞と動物細胞について述べ，2章では生物体の主要構成成分であり，生命活動を続けるうえでもっとも重要な基本分子であるタンパク質，酵素，核酸，アミノ酸，糖などを取り上げた。3章では遺伝現象のしくみを述べるとともに遺伝子の分子機構と遺伝情報の発現機構を解説する。4章では植物の生殖と動物（哺乳動物）の生殖について説明し，次世代の個体の誕生までを述べる。5章は植物と動物の栄養代謝について説明する。6章では個体群，生物群集，生態系の動態，さらには地球環境の変化と生態系の保全について，7章では地球上に生息する150万種の生物の多様性を取り上げ，大幅な改訂を行った。これらは，実際に応用生命科学分野の専門教育を担当しているスタッフが主体となって執筆していることから，われわれの生活に身近な生物を取り上げ，わかりやすく解説している。

本書の内容が多岐にわたっているのは，21世紀の応用生命科学を考究する学生にとって，良き入門書になることを期してやまないからである。専門分野に進む前に，本書で生命科学についての理解を一層深めることができれば，われわれ執筆者にとって幸いこの上もない。

　本書を改訂するにあたっては，東北大学大学院農学研究科の全教官から助言を頂いた。また，本書の改訂を快く引き受けて下さった培風館第2編集部部長　松本和宣氏，労を厭わずご協力いただいた馬場育子氏，ならびに本学事務補佐員　小鴨恭子氏に心よりお礼を申し上げる。

2003年9月

羽柴　輝良

目　次

1. 細胞の機能と構造 ─────────────────────── 1
1-1　細胞の構造 ……………………………………………… *1*
　　1-1-1　動物の細胞　1
　　1-1-2　植物の細胞　10
　　1-1-3　微 生 物　12
1-2　細胞の機能 ……………………………………………… *13*
　　1-2-1　タンパク質の合成と分泌　13
　　1-2-2　物質の取り込みと膜輸送　16
　　1-2-3　レセプターを介する細胞間の情報認識　20
　　1-2-4　細胞の増殖分化　24
　　1-2-5　細胞のエネルギー代謝　30

2. 生命現象の化学 ─────────────────────── 43
2-1　タンパク質と酵素 ………………………………………… *43*
　　2-1-1　アミノ酸とタンパク質　43
　　2-1-2　タンパク質の構造と性質　48
　　2-1-3　酵素の機能と生化学　53
2-2　糖，核酸および脂質の生化学 …………………………… *58*
　　2-2-1　糖の構造，分類および役割　58
　　2-2-2　核酸の構造，分類および役割　61
　　2-2-3　脂質の構造，分類および役割　68
2-3　アミノ酸，核酸および脂質の生合成 ……………………… *74*
　　2-3-1　アミノ酸の生合成　74
　　2-3-2　核酸の生合成　75
　　2-3-3　脂質の生合成　78

3. 遺　　伝 ─────────────────────────── 83
3-1　遺伝子の分子機構 ………………………………………… *83*
　　3-1-1　遺伝子の本体　83
　　3-1-2　DNA の複製　91
　　3-1-3　遺伝子の転写と翻訳　96
3-2　遺伝の機構 ……………………………………………… *110*

　　　　3-2-1　メンデルの法則と遺伝子間の相互作用　110
　　　　3-2-2　連鎖と組換え　115
　　　　3-2-3　細胞質遺伝　120
　　　　3-2-4　突然変異　120

4. 植物と動物の生殖細胞と個体の発生 ─── 123

　4-1　植物の生殖 ………………………………………… *123*
　　　　4-1-1　植物の生殖と生殖細胞の形成　123
　　　　4-1-2　生殖細胞の受精　127
　4-2　動物の生殖 ………………………………………… *132*
　　　　4-2-1　動物の生殖と生殖細胞の発生　132
　　　　4-2-2　精子の生理　134
　　　　4-2-3　卵子の生理　139
　　　　4-2-4　受精と胚の発生　141
　　　　4-2-5　着床と分娩　143

5. 植物と動物の生理 ─── 147

　5-1　植物の生理 ………………………………………… *147*
　　　　5-1-1　成長と分化　147
　　　　5-1-2　環境応答と情報伝達　150
　　　　5-1-3　栄養と代謝　153
　　　　5-1-4　個体と物質生産　160
　　　　5-1-5　生体防御　163
　5-2　動物の生理 ………………………………………… *167*
　　　　5-2-1　組織・器官のつくり　167
　　　　5-2-2　神経系と内分泌系　173
　　　　5-2-3　物質代謝と制御　179
　　　　5-2-4　生体防御系　186

6. 生物と生態系 ─── 195

　6-1　生物の存在様式 …………………………………… *195*
　　　　6-1-1　生物と環境　195
　　　　6-1-2　生物の存在単位　200
　6-2　個体群の動態 ……………………………………… *200*
　　　　6-2-1　個体群の数的変化　200
　　　　6-2-2　個体群の変動　203
　6-3　生物群集の動態 …………………………………… *205*
　　　　6-3-1　生物群集の成り立ち　205

6-3-2　種間関係と群集の形成　207
　6-4　生態系の動態 ……………………………………… *211*
　　　6-4-1　生態系の構造　211
　　　6-4-2　生物生産　214
　　　6-4-3　食物連鎖と栄養段階　216
　　　6-4-4　物質循環　219
　6-5　地球環境の変化と生態系の保全 …………………… *221*
　　　6-5-1　地球環境の変化　222
　　　6-5-2　生態系の保全と食料生産の調和　227

7. 生物の遺伝的多様性 ———————————————— *233*

　7-1　集団の遺伝的組成 ……………………………………… *233*
　　　7-1-1　ハーディー・ワインベルグの法則　235
　　　7-1-2　ハーディー・ワインベルグの法則を乱す要因　236
　　　7-1-3　集団中における有害遺伝子の動態　239
　7-2　量的形質の遺伝 ………………………………………… *241*
　　　7-2-1　量的形質　241
　　　7-2-2　遺伝率と遺伝相関　242
　　　7-2-3　選抜と選抜反応　243
　　　7-2-4　交配　245
　　　7-2-5　DNAマーカーを利用した育種技術　246
　7-3　生物の多様性と遺伝資源 ……………………………… *248*
　　　7-3-1　生物の多様性とその意義　248
　　　7-3-2　遺伝資源の概念と重要性　254

参 考 文 献 ———————————————————————— 261

索　　引 ———————————————————————————— 265

1 細胞の機能と構造

1-1 細胞の構造

細胞(cell)は，独立して生存が可能な原形質の最小単位である．すなわち，生命機能を営み，生物体をつくりあげる構造的かつ機能的単位である．このような細胞学説は，ドイツの植物学者であるシュライデン(M. J. Schleiden)と解剖学者であるシュワン(T. Schwann)によって確立された．電子顕微鏡が開発され，細胞の微細構造より，細胞は真核細胞(または真正核細胞；eukaryote)と原核細胞(原始核細胞，前核細胞；prokaryote)とに大別された．前者は核膜に包まれた核をもつ細胞で，細菌とラン藻植物を除く，すべての微生物，動植物の細胞がこれに属する．真核細胞の細胞質(cytoplasm)には細胞小器官(cell organella)が発達し，それぞれ固有の機能を果たす．後者は核膜をもたず，有糸分裂を行わない細胞であり，細菌とラン藻植物がこれに属する．原核細胞には葉緑体，ミトコンドリアなどの細胞小器官の発達はみられない．

1-1-1 動物の細胞

動物の細胞は細胞膜に包まれており，核と細胞体に分けられる．核は核膜に囲まれた遺伝物質の貯蔵所である．細胞体の主要な部分である細胞質には，細胞小器官と封入体が存在し，これらは細胞基質に浮遊する．細胞小器官は動物細胞に共通する構造で，固有の形態と機能をもつ小器官で，ミトコンドリア，ゴルジ装置，小胞体，水解小体などがある．封入体は細胞の代謝産物あるいは生産物の集積物で，脂肪滴，分泌顆粒，色素堆積，グリコーゲン顆粒などがある(表1-1, 図1-1)．

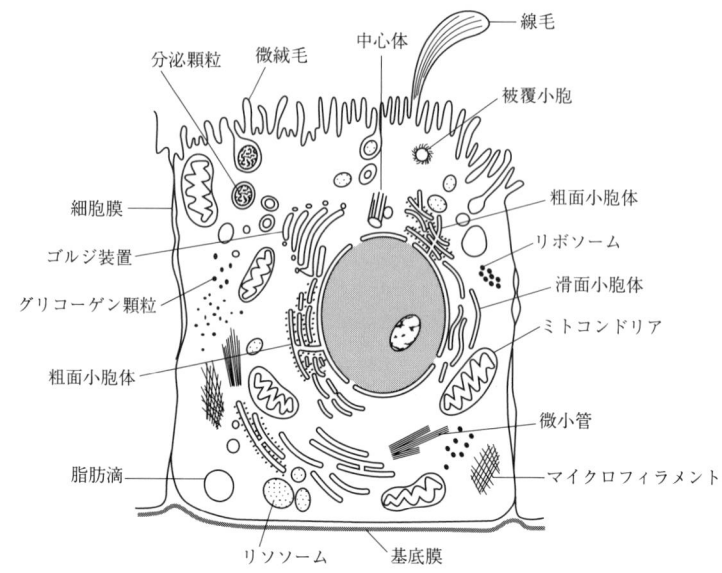

図 1-1 細胞の模式図

表 1-1 細胞の成り立ち

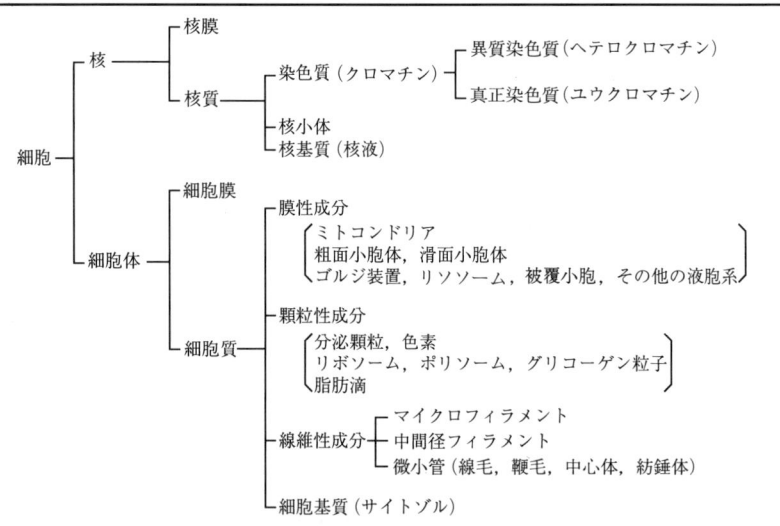

1-1 細胞の構造

（1） 細胞膜

細胞膜(cell membrane)は細胞の内外の境界を形成する膜(厚さ：7.5～10 nm)で，基本構造は脂質二重層(lipid bilayer)とタンパク質からなる。細胞膜のタンパク質と脂質の構成については，シンガーとニコルソン(S. J. Singer and G. L. Nicolson, 1972)が提案した流動モザイクモデル(fluid mosaic model)が受け入れられている(図1-2)。このモデルでは，タンパク質は脂質二重層にモザイク状に埋め込まれ，流動性をもって分布する。リン脂質の親水性部分は外側に，疎水性の非極性部分は内側に配列して，二重層を構成する。一方，タンパク質もリン脂質と同じく両親媒性であり，膜を通過する部分は疎水性で，親水性部分は二重層の外側に位置する。ミトコンドリア内膜と外膜，ゴルジ装置膜，小胞体膜，核膜などの生体膜は細胞膜と同じ構造をとる。細胞膜の外表面には糖衣(glycocalyx)とよばれる糖鎖が存在する。

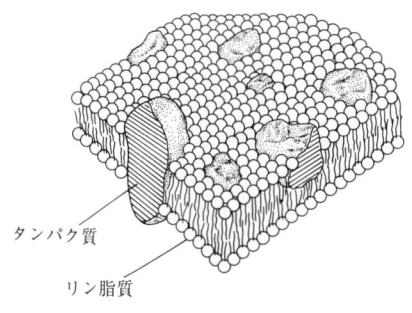

図 1-2 生体膜の流動モザイクモデル
[S. J. Singer and G. L. Nicolson (1972) *Science* **175**: 720 より改変]

（2） 核

核(nucleus)は細胞の遺伝情報の保存と伝達を行う基本的構造であり，ほとんどすべての細胞に存在する。核には，遺伝情報をつかさどるDNA，核タンパク質とRNAが含まれる。細胞分裂間期の細胞の核では，表面は二重の核膜(nuclear envelope)で包まれ，核膜には多数の核膜孔(nuclear pore)という核と細胞質をつなぐ通路が存在する。核内の核質には，核小体(nucleolus)と電子密度の異なる染色質(chromatin)が存在する。核膜は，核内膜(inner nuclear membrane)と核外膜(outer nuclear membrane)からなる。前者は直接核質を包み，後者は小胞体膜と続き，その表面にはリボソームが付着しており，粗面小胞体と同じ機能を有する。核内膜と核外膜は核膜孔の縁で連絡し，核膜間隙の扁平嚢状の構造は核周囲

腔(perinuclear space)とよばれ，小胞体の内腔と連続する．核膜孔には中央に通路をもったタンパク質からなる核膜孔複合体(nuclear pore complex)があり，核-細胞質間の物質輸送を調節する(図1-3)．

　核質では，DNAからなる染色体(chromosome)の大部分はほぐれ，からみ合った糸状構造が全体に広がり，タンパク質と結合して染色質(クロマチン；chromatin)となる．染色質は電子顕微鏡により，電子密度の高い異質染色質(ヘテロクロマチン；heterochromatin)とその間に存在する低電子密度の真正染色質(ユウクロマチン；euchromatin)に分類される．異染色質は密にまとめられた休止期のDNAと核タンパク質からなり，核小体周囲部や核辺縁部に集塊をつくる．正染色質はDNAがほぐれて転写活性をもち，RNAを盛んに生産する場所である．核小体は主として，タ

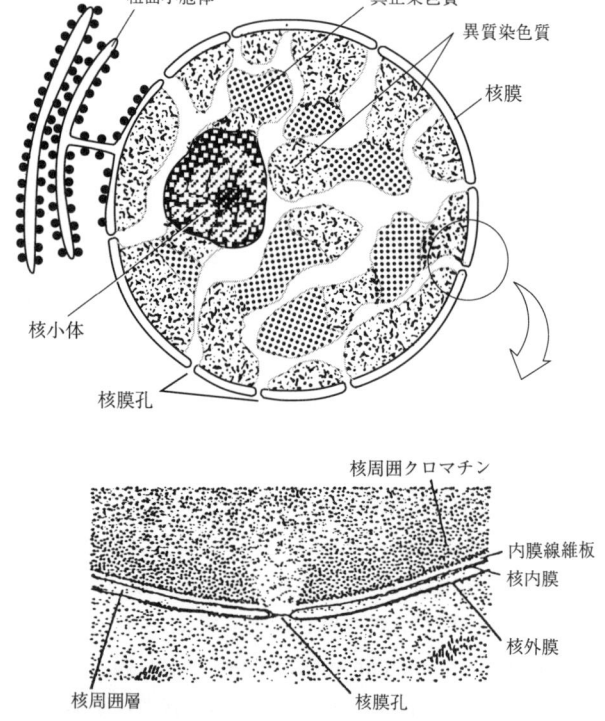

図 1-3 核膜の模式図 [R. V. Kreistić(1979) *Ultrastructure of the Mammalian Cell. An Atlas.* Springer-Verlagより引用]

ンパク質とRNAからなるほぼ球形の不均質な小体で，限界膜はなく，核内に1ないし数個存在する。核小体では，リボソームRNAが合成される。

成長期の細胞や機能の活発な細胞では核はやや大型で，染色質が分散しているため真正染色質部が多く，核は明るくみえ，核小体がよく発達する。細胞は通常単核であるが，軟骨細胞や肝細胞では2核の場合もあり，骨格筋細胞や破骨細胞などは多核である。

(3) 中心体

中心体(centrosome)は核近傍の細胞質の中心部に位置し，しばしばゴルジ装置に囲まれる。中心体は，双心子(diplosome)という一対の中心子(centrioles)からできていることが多い。中心子は自己複製能をもつ小器官で，平行に配列する9個のトリプレット微小管(図1-9(b))で構成される。中心体は基底小体や染色体の移動に関与する動原体と同様，微小管形成中心(microtuble organizing centers；MTOCs)であり，細胞の有糸分裂時に重要な役割を果たす(1-2-4参照)。

(4) 小胞体

小胞体(endoplasmic reticulum)は閉鎖された細胞内の管状および囊状の膜構造物であり，粗面小胞体(rough endoplasmic reticulum；rER)と滑面小胞体(smooth endoplasmic reticulum；sER)に分類される(図1-4)。粗面小胞体膜の外側にはタンパク質合成の場であるリボソーム(ribosome)が付着しており，分泌タンパク質，膜タンパク質やリソソーム酵素は，粗面小胞体膜上の付着リボソームで合成され，小胞体腔に遊離し，ゴルジ装置に送られる。滑面小胞体は付着リボソームをもたず，通常細管状の網目状構造をとる。滑面小胞体はトリグリセライド，コレステロール，ステロイドホルモンを合成する細胞でよく発達する。粗面小胞体と

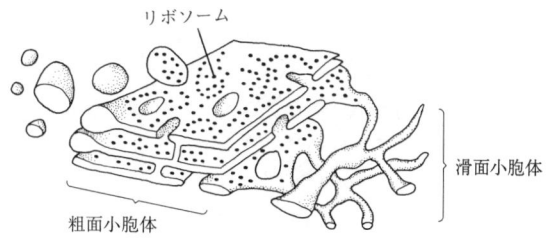

図 1-4 小胞体の構造 [E. D. P. de Robertis, F. A. Saez and E. M. F. de Robertis (1975) *Cell Biology. 6th ed.,* Saunders Co. Ltd.より引用]

滑面小胞体は連続し，細胞の機能に応じて，局所的に発達する。

（5） ゴルジ装置

1898年にゴルジ(C. Golgi)によって発見された細胞内網状構造で，その基本的な微細構造は1950年代の電子顕微鏡を用いたダルトン(A. J. Dalton)とフェリックス(M. D. Felix)の研究で明らかにされた。ゴルジ装置(Golgi apparatus)はゴルジ層板(Golgi stack または Golgi lamellae)，ゴルジ小胞(Golgi vesicle)，ゴルジ空胞(Golgi vacuole)からなる(図1-5)。ゴルジ層板は膜に囲まれた扁平な嚢(ゴルジ嚢;cisternae)が層板状に重なり，円板状に湾曲し，小胞体に面した凸面(粗面小胞体から送られてくるタンパク質を受け取る側)は形成面またはシス面，反対に湾曲した凹面(分泌顆粒ができあがる側)は成熟面またはトランス面とよばれる。ゴルジ小胞はゴルジ装置のまわりに存在する小胞で，小胞体先端の移行領域から形成され，シスゴルジ領域に融合する輸送小胞(transport vesicle)やゴルジ嚢間の輸送小胞がこれに相当する。ゴルジ空胞はゴルジ嚢の一部または一端の空胞状構造であるとされている。ゴルジ装置の主なはたらきとして，①分泌顆粒の形成，②タンパク質への糖の付加，③糖衣の形成，④水解小体の形成，⑤分泌タンパク質前駆体の修飾（プロセッシング；processing）などがあげられる。

（6） ミトコンドリア

ミトコンドリア(mitochondria)は細胞内に糸状あるいは顆粒状構造物

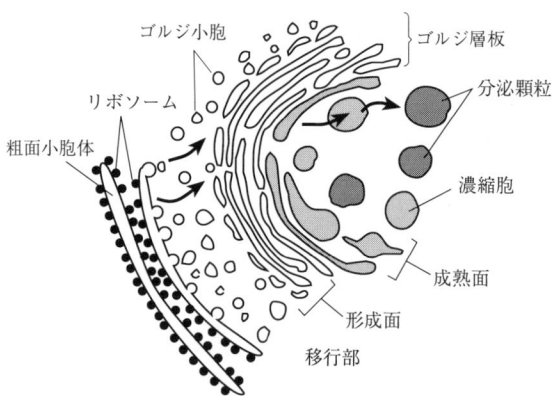

図 1-5 ゴルジ装置と小胞体との関係を示す模式図 ［W. Bloom and D. W. Fawcett (1975) *A Textbook of Histology. 10th ed.,* Saunders Co. Ltd. より引用］

1-1 細胞の構造

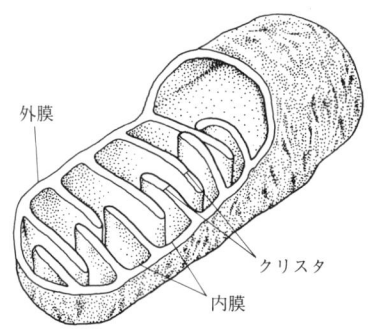

図 1-6 ミトコンドリアの模式図

として散在するので，糸粒体ともいわれる。大きさは細胞により異なり，一般に，長径 0.5〜5.0 μm，短径 0.1〜1.0μm で，約 6 nm の内外二重の膜（外膜，内膜）で包まれる（図 1-6）。外膜と内膜の間には間隙（周囲腔）があり，内膜は内側にむかってひだ状の隆起（クリスタ；crista）をつくる。クリスタは通常，ミトコンドリアの長軸に直角に伸び，立体的には棚板状のひだである。ステロイドホルモンを分泌する副腎皮質，卵巣，精巣の細胞では，クリスタは管状あるいは小胞状をとることが多い。内膜に囲まれた区画，すなわち各クリスタの間の部分はミトコンドリア基質（mitochondrial matrix）で，ミトコンドリア顆粒（intramitochondrial granule），核酸，リボソームなどが存在する。

　ミトコンドリアの主要なはたらきは，細胞の呼吸，エネルギーの産生すなわち ATP を生成することである。ATP の生成に必要な TCA 回路の諸酵素はミトコンドリア基質に，電子伝達系の諸酵素は内膜に存在する。クリスタの発達は電子伝達系の酵素に富む内膜の表面積を広げ，エネルギー生産効率を増大させる。ATP はミトコンドリア膜を通過して，細胞活動のエネルギーとして利用される。ミトコンドリアはまた細胞内のカルシウム濃度の調節に関与し，ミトコンドリア顆粒内にカルシウムを濃縮することができる。

　ミトコンドリアは独自の核酸を備え，自己複製能をもち，分裂，増殖する。また，ミトコンドリアはリボソーム RNA や転移 RNA を有し，構造タンパク質や酵素タンパク質の一部を合成する。

（7） 水 解 小 体

　水解小体（リソソーム；lysosome）は肝細胞の粉砕した浮遊液から，ミトコンドリア分画と異なる加水分解酵素に富む顆粒分画として，1955 年

に生化学者，ドデューブ(de Duve)らによって発見された．後に，電子顕微鏡学的に約9 nm の膜に包まれた直径 0.2〜1.0μm の顆粒であることが確認された．その内部は均一物質，不均一物質，小粒子の集団，層板構造などさまざまであり，形も一様ではない．水解小体には，約 50 種の水解酵素が存在し，細胞外物質(細菌，ウイルス，毒素など)や過剰な細胞内小器官などを消化する．

　水解小体の細胞内消化には，細胞外物質を消化する他家食作用(heterophagy)と細胞自身の構成物を消化する自家食作用(autophagy)がある(図 1-7)．他家食作用では，細胞外異物はのみこみ現象(endocytosis)によって小胞として取り込まれ，一次水解小体(primary lysosome；加水分解酵素のみを含むリソソーム)と融合して，たべこみ融解小体(phagolysosome)となり，取り込まれた物質は酵素により分解され，不消化物は残渣小体(residual body)の中に残存する．やがて，これらは細胞外放出(開口分泌；exocytosis)によって排出される．一方，自家食作用では，自己貪食現象により，細胞内の不要な構造物は一次水解小体と融合して自家融解小体(autolysosome)となり，他家食作用と同様に消化される．細胞内消化活動を行うリソソーム，すなわち，たべこみ融解小体，自家融解小体，残渣小体は二次水解小体とよばれる．

　リソソーム酵素は，他の分泌タンパク質と同様に細胞の粗面小胞体で合成され，ゴルジ装置で修飾を受け，ゴルジ装置のトランス側に運ばれ，ついで小胞すなわち一次水解小体内に包み込まれる．

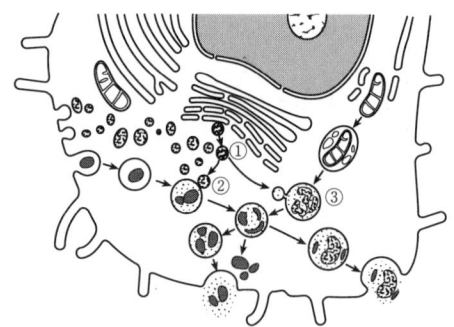

図 1-7　水解小体の機能　①一次リソソーム　②ファゴリソソーム　③オートリソソーム　[藤田尚男・藤田恒夫(2002)『標準組織学 総論 第 4 版』，医学書院より改変]

(8) 細胞骨格

　細胞質の中には，細胞骨格(cytoskeleton)とよばれる高度に構築された線維状の構造物が存在する(図1-8)。電子顕微鏡によって，タンパク質で構成される3種の細胞骨格の存在が確認され，形態と生化学的性状によって，マイクロフィラメント(microfilamentまたはactin filament)，中間径フィラメント(intermediate filament)，微小管(microtubule)に区別される。マイクロフィラメントは，平均直径6 nmでアクチンからなる。マイクロフィラメントは，細胞機能に応じて，細胞膜の直下で集合して太い束，すなわちストレス線維(stress fiber)を形成する。中間径フィラメントは，直径約7～11 nmで，その構成タンパク質は細胞種により異なる。中間径フィラメントには，上皮性の細胞に共通に存在する上皮性ケラチン，骨格筋や心筋などに存在するデスミン，すべての間葉系の細胞に存在するビメンチン，神経細胞に存在するニューロフィラメント，グリア細胞(脳，脊髄および末梢神経系にある支持細胞)に存在するグリアフィラメントの5種類がある。微小管は，細胞骨格の中でもっとも太く，直径約25 nmの小管状の構造をとる。構成タンパク質はα-チュブリンとβ-チュブリンであり，これらの二量体からなるプロトフィラメントが13本連なって，管状構造を形成する(図1-9(a))。微小管には，細胞質内に1本で存在するシングレット(singlet)，鞭毛や線毛にみられる規則正しく並んだ2本が組みになるダブレット(doublet)や中心子と鞭毛や線毛の付着部位に存在する基底小体にみられる三つ組のトリプレット(triplet)がある(図1-9(b))。

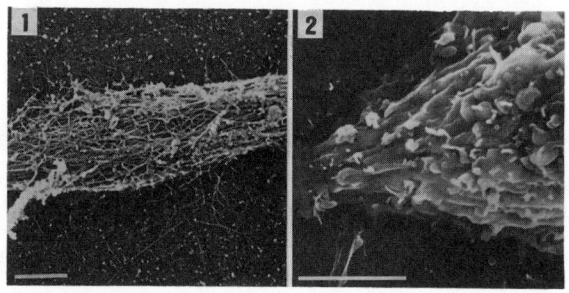

図1-8　培養筋芽細胞の細胞骨格と表面構造　(1)細胞膜をトリトン処理して除いた後に観察される細胞骨格，(2)その強拡大した細胞表面の波状突起（—：1 μm）

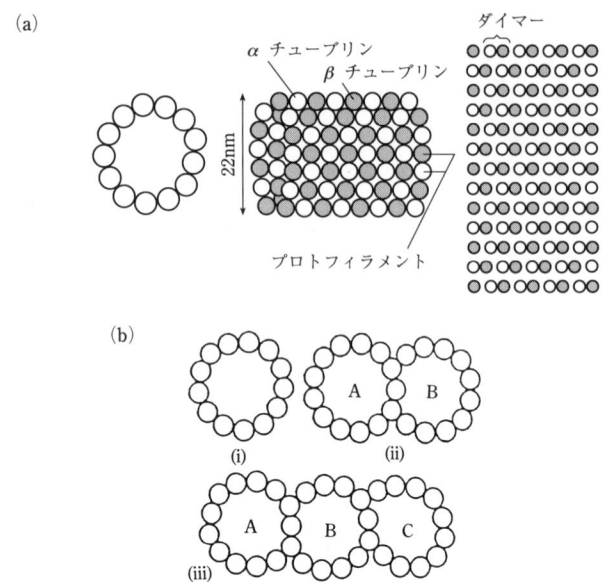

図 1-9 微小管の構成タンパク質と断面模式図　(a)チューブリンの重合は α チューブリンと β チューブリンからなるダイマー（二量体）が重なって13本のプロトフィラメントをつくり，これが中空の芯のまわりに並ぶようにおこる。(b)微小管の断面模式図。(i)シングレット，(ii)ダブレット，(iii)トリプレット　[(b)は藤田尚男・藤田恒夫(2002)『標準組織学 総論 第4版』，医学書院より改変]

1-1-2　植物の細胞

　植物細胞の基本的な構造は動物細胞と似ているが，典型的な植物細胞には，動物細胞にみられない葉緑体などの色素体，細胞壁および発達した液胞がみられる（図 1-10）。

(1)　色　素　体

　色素体（プラスチッド；plastid）とは，植物細胞に固有に存在する葉緑体（クロロプラスト；chloroplast）やその類縁の細胞小器官の総称で，分裂組織に存在するプロプラスチッドから分化したものである。葉緑体については，1-2-5 で詳しく述べる。色素体は，ミトコンドリアと同様，二重の膜に包まれて，自らの有するいくつかのタンパク質をコードする遺伝子とそれらの複製，転写，翻訳系をもつ。組織特異的な分化が著しく，大きさ，形状，内部構造や機能は多様で，①光合成を営む葉緑体，②非緑色細胞

1-1 細胞の構造

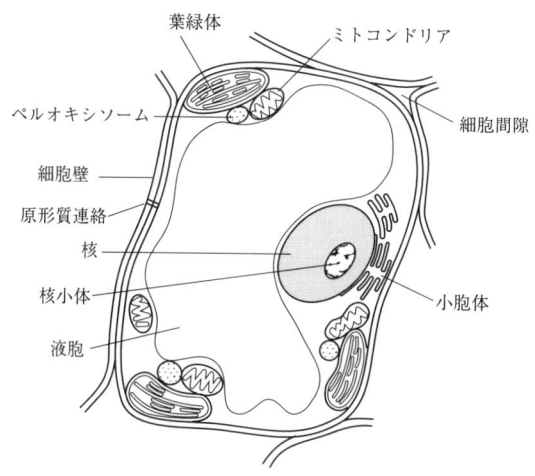

図 1-10 植物細胞（葉内細胞）の模式図

（根など）の白色体，③黄化組織のエチオプラスト（葉緑体の前駆体），④貯蔵デンプンを貯えるアミロプラスト，⑤トマト，ニンジンなどにみられる色素カロチノイドを蓄積する有色体などがある。

(2) 液　胞

　液胞（vacuole）は植物や酵母にみられる内部が酸性の細胞小器官で，液胞膜とよばれる一重の生体膜で囲まれている。成熟した植物細胞では，その体積の80～90％を占める。液胞は，植物細胞における大きな貯蔵庫的な役割を果たし，数多くの重要な代謝産物や不要物を貯蔵または蓄積する。例えば，多くのカチオンや硝酸などの無機類，スクロースなどの光合成産物，有機酸，アミノ酸のほかアントシアンなどの色素，アルカロイドなどの二次代謝産物などである。また，タンパク質分解酵素などの高い加水分解酵素活性も有し，細胞内の分解系としてもはたらく。

(3) 細 胞 壁

　細胞壁（cell wall）は原形質膜をおおう物理的に丈夫な構造体で，細胞の形を規定し，その支持と保護に役立つ。生物界で細胞壁をもつものは，植物のほかに，細菌，ラン藻，菌類，藻類などがある。植物の細胞壁の主成分は，セルロース（cellulose）とよばれる炭水化物で，リグニンという二次代謝産物がたまると木化する。細胞壁どうしはペクチン質という多糖炭水化物で接着しあうが，直径約20～40 nmの小さな穴が多数あり，その穴

を通じて隣り合う細胞と物質の交換や連絡(原形質連絡)をとる。

1-1-3 微生物

(1) 細菌

　細菌は原核細胞であり，大部分は単細胞で桿状，または短桿状の菌体に1本ないし多数の鞭毛をもつ。菌体の大きさは幅 $0.5〜1.0\mu m$ で長さ $1.0〜$ 数 μm のものが多く，菌体の最外層は粘質層(slime layer)または莢膜(capsule)で包まれる。その内側は細胞壁，細胞膜，細胞質で構成される。細胞質はリボソームで満たされ，中心部には染色体がある。大部分の細菌の細胞質内には，複数のプラスミド(plasmid；細胞質内遺伝子，核外遺伝子)が存在する。細菌の種類によっては，細胞質内に細胞膜が陥入してできたメソソーム(mesosome)や貯蔵物質顆粒がみられる(図1-11)。また，細菌には，菌体表面に線毛(pili)とよばれる線維状構造物をもつもの，あるいは芽胞(spore)をつくるものがある。

(2) 菌類

　菌類の細胞は高等植物の細胞と基本的には同じであり，核膜に包まれた核，ミトコンドリアやその他の細胞小器官と，これらを包む細胞膜，その外側に存在する細胞壁から構成される(図1-12)。細胞の形は細胞壁の硬さによって決定される。高等植物と異なる点は，葉緑体をもたず，光合成ができない点にある。したがって，菌類は従属栄養であり，炭素源は植物の生産した有機炭素に依存する。細胞内には，核，ミトコンドリア，小胞

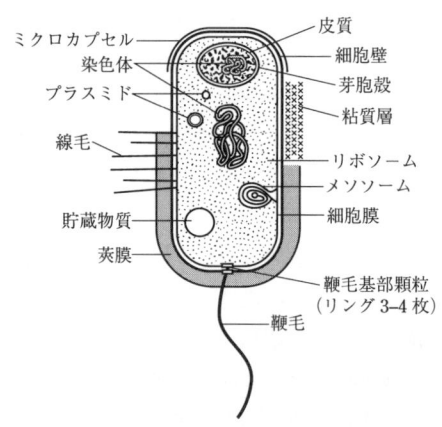

図 1-11　細菌の構造模式図

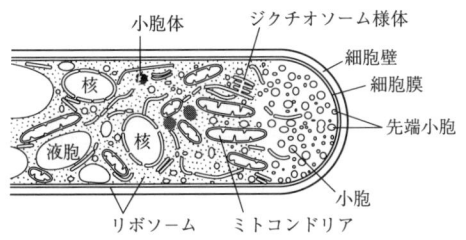

図 1-12　菌類の構造模式図(菌糸先端部)

体，液胞，リボソーム，グリコーゲン顆粒，脂肪体，ロマソーム(lomasome)などがあり，それらの形態と機能は高等植物とほぼ同じである。核は細胞あたりに1個とは限らず，2核あるいは多核の場合もある。

1-2　細胞の機能

1-2-1　タンパク質の合成と分泌

(1) 合　成

　細胞内で合成されるタンパク質には，細胞の基質を構成する構造タンパク質，細胞の代謝に関与する酵素，細胞外に放出される分泌タンパク質，細胞内の膜系を構成する膜タンパク質などがある。

　タンパク質は核でつくられるmRNAの情報に従い，リボソームで合成される。リボソームは大小不同の2個のサブユニットからなる直径およそ20 nmの小顆粒であり，真核細胞では60 Sの大亜粒子と40 Sの小亜粒子からなる(2章図2-19参照)。リボソームには，細胞内に遊離する遊離リボソームと小胞体と結合する付着リボソームがある。前者は単独で存在することもあるが，mRNA分子に結合し，10〜20個のらせん状配列の小集団であるポリリボソーム(polyribosome)を形成する。ポリリボソームはタンパク質の合成にあずかり，小胞体の表面にも存在する。

　細胞基質の構造タンパク質や一部の酵素タンパク質は遊離リボソームで合成される。一方，分泌タンパク質や膜タンパク質は付着リボソームで合成され，小胞体腔に遊離する。リボソームにおけるタンパク質合成は，小亜粒子がmRNAに結合し，これに大亜粒子が結合することにより，リボソームが順次つくられ，ポリリボソームとなり，そのポリリボソーム上でmRNAの暗号を解読することによって開始される。ブローベル(G.

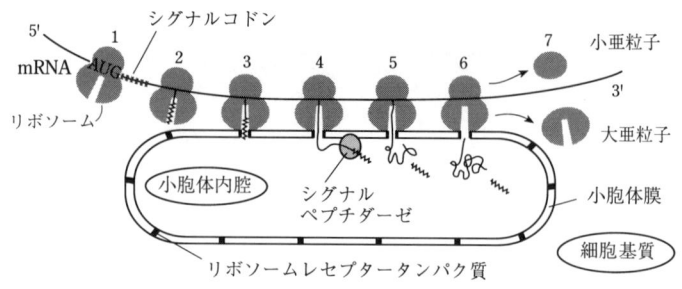

図 1-13 シグナル仮説 ［G. Blobel and B. Dobberstein(1975) *J. Cell Biol.* **67**: 835-851 より改変］

Blobel)らのシグナル仮説(図1-13)では，分泌タンパク質やリソソーム酵素などの合成は，はじめに，合成タンパク質のシグナルの役目を果たすシグナルペプチドが遊離リボソームで合成される。シグナルペプチドがリボソーム大亜粒子の中に出現すると，そのレセプターを介して，リボソームは小胞体膜に結合し，合成された分泌タンパク質はシグナルペプチドの先導により，小胞体膜を通過し，小胞体腔に輸送される。分泌タンパク質の合成，輸送が終了すると，シグナルペプチドはシグナルペプチダーゼによって切断され，リボソームも小胞体から離れる。粗面小胞体腔に蓄えられた分泌タンパク質はほとんどが前駆体であり，ゴルジ小胞(輸送小胞)で粗面小胞体からゴルジ装置に運ばれる。

(2) 分　泌

粗面小胞体先端のゴルジ装置と向かい合う部位はリボソームを欠き，小胞体膜が小さな突起を形成する。突起内には分泌タンパク質が存在し，小胞状にちぎれてゴルジ小胞となり，この小胞はゴルジ装置のシス面に融合する。

ゴルジ装置での分泌タンパク質の輸送とその修飾は，Vesicular Transport Model(小胞輸送モデル)で説明される(図1-14)。ゴルジ装置のシス側に運び込まれた分泌タンパク質は，ゴルジ層板を一層ごとにトランス側にむけてゴルジ小胞によって運ばれる。ゴルジ層板を移動する過程で前駆体ペプチドとして合成されたタンパク質は濃縮，糖付加，ペプチド鎖の限定分解などを受け，トランス面で分泌物となり，膜で包まれた小胞内に詰め込まれ，さらに濃縮を受け分泌顆粒となる。分泌顆粒は細胞表面に移動し，細胞膜と融合して開口分泌(exocytosis)により，内容物を細胞外に放

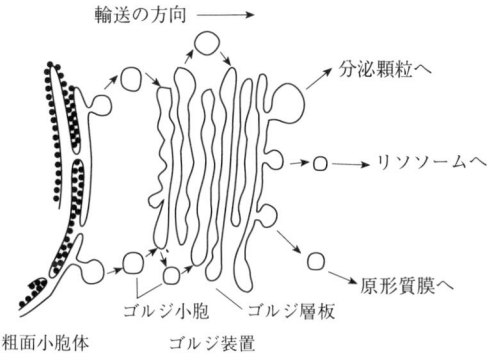

図 1-14　ゴルジ装置における物質の小胞輸送モデル

出する。

　腺細胞の分泌様式は，全分泌(holocrine secretion)，離出分泌(apocrine secretion)，漏出分泌(eccrine secretion)に区別される。全分泌は，分泌物が大部分の細胞質を占める様式で皮脂腺に代表される。離出分泌は，分泌物が細胞質から突出し，その基部がくびれて放出される(図1-15(b))。この様式は乳腺細胞などでみられる。漏出分泌には，開口分泌と透出分泌(diacrine secretion)がある。開口分泌では，分泌顆粒の限界膜と細胞膜が融合し，その開口から分泌顆粒の内容物が細胞外に放出される(図1-15(a))。この場合，分泌顆粒の膜は細胞膜に組み込まれる。開口分泌は，タンパク質を分泌する内分泌腺や外分泌腺にみられる。透出分泌では，分泌物が細胞膜をしみ出るように通過する(図1-15(c))。ステロイドホルモンの分泌や胃の塩酸分泌などは透出分泌様式をとる。

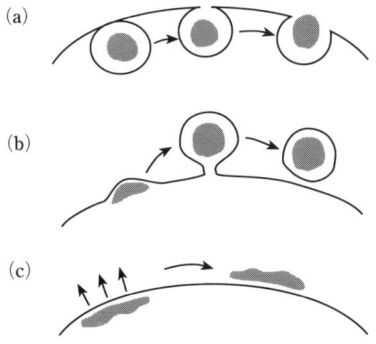

図 1-15　分泌物放出の機転　(a)離出分泌，(b)開口分泌，(c)透出分泌

1-2-2 物質の取り込みと膜輸送

細胞は，細胞膜を介して外界からの物質の取り込みや情報の認識ならびに伝達を行う。これらは，細胞が生存するためのもっとも基本的な機能であり，その機能を担うために細胞膜は合目的な動的構造変化を行う。

(1) 細胞膜の動的変化

生体膜の構成成分である脂質と膜タンパク質は，基本的には弱い分子間の相互作用(主に疎水結合とイオン結合)によって，膜という集合構造を形成する。脂質分子は一種の液状で，自由に移動できる。この脂質の運動は，同一平面上でおこり，脂質二重層の上面と下面間での脂質分子の自然な移動(flip-flop)がおこるのは非常にまれである。この脂質分子の海に漂うような形で膜タンパク質が存在しており，膜タンパク質は「流動モザイクモデル」により，自由に脂質膜中を流動できる。このことが，生体膜が多くの機能をもつ決め手となる。

生体膜を構成する脂質の脂肪鎖部分の状態に関して，二つの相が存在する。一つは，脂肪鎖が秩序正しく配列されたゲル相(gel phase)で，脂肪鎖のC—C結合はすべてトランス型の構造をとり，運動性が拘束された状態にある。もう一つは脂肪鎖部分が液体に近い状態にある液晶相(liquid-crystalline phase)で，C—C結合の構造はトランス型とゴーシュ型の間を速やかに移り変わる(屈曲)。ゲル相から液晶相への相転移は，物質によって定まった温度でおこる。混合脂質からなる二分子層膜では，ある温度範囲でゲル相と液晶相の領域が共存することがあり，これを相分離という。相転移や相分離に影響する因子は，温度だけでなく，Ca^{2+}やH^+などのイオン，ステロールあるいは脂肪鎖への二重結合の導入なども要因となる。

脂質分子は，膜内で次のようにさまざまな運動を行う。

(ⅰ) 脂質分子の膜内運動側方拡散(lateral diffusion)：側方拡散は脂質分子が同一層内を移動する運動(図1-16)であり，人工膜では，秒速2 mmという非常に速い運動が，スピンラベル法を用いて観察される。これは，脂質分子が大型の細菌(2 mm)の端から端までを約1秒で移動することを意味する。しかし，実際の細胞では，膜タンパク質やステロールが影響し，側方拡散は押さえられる。

(ⅱ) 回転運動(rotation)：脂質分子は分子の長軸を軸とするかなり高速の回転運動をしている(図1-16)。

(ⅲ) フリップ・フロップ(flip-flop)：脂質分子は二重層の一つの層か

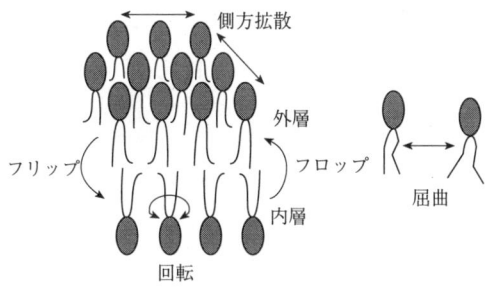

図 1-16 生体膜中の脂質分子の運動

らもう一方の層に移行することができ、この現象をフリップ・フロップとよぶ(図1-16)。人工膜においては、脂質分子1個あたり1か月に1回以下という非常に遅い運動である。生体レベルでは、ある種の細胞でフリッパーゼとよばれる酵素がATP依存的に脂質分子を外層から内層へ能動輸送し、リン脂質分子組成の外層と内層での非対称性の一役を担う。一方、フロッパーゼもATP依存的に脂質分子を内層から外層へ能動輸送するが、フリッパーゼによる移行ほど速くなく、リン脂質分子に対する選択性もない。

(2) 膜輸送のしくみ

分子が細胞膜の脂質二重層を通過する際、一般に分子が小さいほど透過性は高い。また、脂質二重層が疎水性である性質から、分子が疎水性または非極性であるほど透過性が高くなる。したがって、酸素や二酸化炭素、水などの小さな分子は容易に細胞膜を通過でき、時間の経過とともに、濃度の高い方から低い方へと移動する。しかし、アミノ酸や糖などのやや大きな分子は通過しにくく、電荷をもったイオンはほとんど通過できない(図1-17)。これら通過しにくい分子の細胞内外の移動には、膜輸送タン

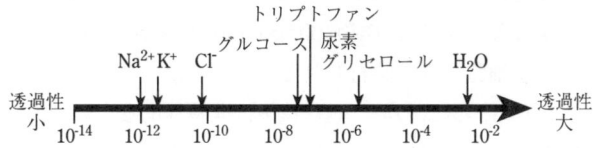

図 1-17 種々の分子の脂質二重層の透過係数 [B. Alberts *et al.* ／中村桂子他監訳 (1995)『細胞の分子生物学 第3版』、ニュートンプレスより改変]

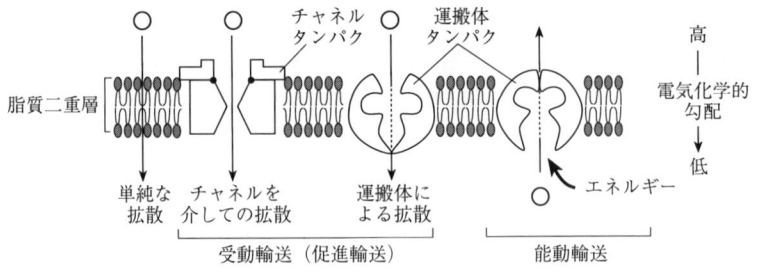

図 1-18 膜輸送タンパク質による受動輸送と能動輸送[B. Alberts et al./中村桂子他監訳(1995)『細胞の分子生物学 第3版』, ニュートンプレスより改変]

パク質(membrane transport protein)が機能する(図1-18)。膜輸送タンパク質は, 運搬体タンパク質(carrier protein)とチャネルタンパク質(channel protein)の二つに分けられる。チャネルタンパク質のすべてと運搬タンパク質の多くは, 溶質を濃度の高い方から低い方に輸送する。これは, 受動輸送(passive transport)あるいは促進拡散(facilitated diffusion)とよばれ, 物質の濃度勾配や膜内外の電位勾配によるためで, エネルギーは必要としない。しかし, 一部の運搬タンパク質は, 細胞自身が積極的にATPなどのエネルギーを消費しながら, 溶質の濃度に依存せず, 目的の方向に物質を輸送する。これを能動輸送(active transport)という。

巨大な分子や粒子が細胞の外から取り込まれる際には, 細胞膜の一部が, それらの物質を徐々に取り囲み, 陥入し, しだいにくびれて膜から離れ, 分子や粒子を取り込んだ小胞となる。これをエンドサイトーシス(endocytosis)という。エンドサイトーシスには, 形成される小胞の大きさが直径150 nm以下の大きさで, 主に液体や溶質を取り込む飲作用(pinocytosis)と, 微生物や細胞破片などの大きな粒子を直径250 nm以上の大きな食胞に取り込む食作用(phagocytosis)とがある(図1-19)。前者は, どのような細胞でも常時行われるが, 後者は, 特殊な食細胞によって行われる。これらの様式の取り込む機構は非特異的なものである。これに対し, 特定の物質を特異的に取り込む機構として, 受容体が介在するエンドサイトーシス(receptor mediated endocytosis)がある(図1-20)。この機構では, 細胞膜表面の受容体にホルモンなどの特定の物質(リガンド；

1-2 細胞の機能

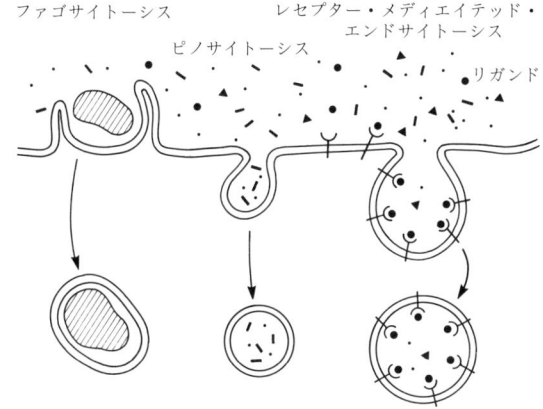

図 1-19 細胞のエンドサイトーシス

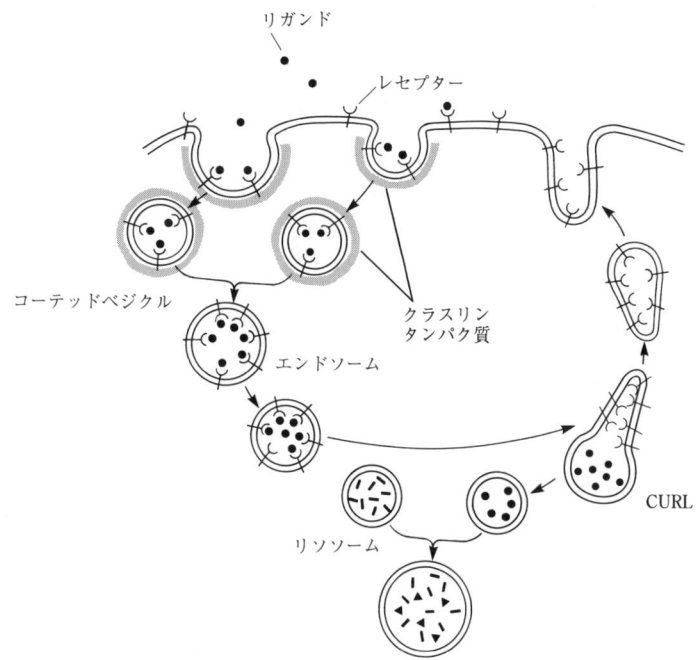

図 1-20 レセプター・メディエイテッド・エンドサイトーシスと膜の再利用

ligand)が結合すると，リガンド-レセプター複合体が被覆ピット(coated pit)という特定の細胞膜のくぼみに集まる。被覆ピットはクラスリン(clathrin)というタンパク質で裏打ちされたかご状の構造をしており，これが細胞内側に陥入，くびれ落ちて被覆小胞(coated vesicle)となる。被覆小胞が細胞内部に深く入ると，クラスリンは速やかにはずれ，小胞は互いに，あるいは他の小胞と融合して，大型のエンドソームとなる。次いで，エンドソーム内は酸性になり，レセプターはエンドソームから出た彩管状の部分に移動する。リガンドはエンドソームの胞状部に集まり，最終的に一次水解小体と融合して，分解される。この彩管状の突起をもった特殊な構造はCURL(compartment of uncoupling of receptor and ligand)とよばれ，この中でレセプターとリガンドが解離すると考えられている。管状構造の方に集まったレセプターは，CURLから離れ，再び細胞表面に送られ，細胞膜として再利用される(図1-20)。開口分泌では，膜成分は細胞膜に融合するので膜成分は過剰となり，エンドサイトーシスによる膜成分の回収がおこる。このように，細胞では膜成分の再循環が行われる。

(3) ナトリウム-カリウムポンプ

K^+の細胞内の濃度は細胞外より10〜20倍高いが，Na^+はこの逆である。このような濃度差を維持するのは，細胞膜に存在するナトリウム-カリウムポンプ(Na^+-K^+ pump)である。このポンプは，大きな電気化学的勾配に逆らってNa^+を細胞外に，K^+を細胞内に能動輸送するアンチポート(antiport)を行う。動物細胞が必要とするエネルギーのほぼ1/3は，このポンプを動かすために使われる。細胞内でATP1分子が加水分解されるごとに，3個のNa^+が細胞外へ，2個のK^+が細胞内に輸送される。

1-2-3 レセプターを介する細胞間の情報認識

細胞から細胞への信号の伝達や細胞どうしの認識は，細胞膜に存在する受容体や細胞表層の糖鎖分子を介して行われる。受容体とは，細胞が外界からの情報を特異的に認識する部位であり，ほとんどが膜貫通型のタンパク質で，細胞外にある水溶性シグナル分子のすべてと脂溶性シグナル分子の一部と特異的に結合する。細胞間の接着や識別は細胞膜の糖鎖を認識する種々の因子で行われることが多い。

(1) レセプターの分類

受容体には，①受け取るべき情報物質の確実な認識(特異性)，②非常に低い濃度範囲での作用(感受性)，③細胞内の情報伝達機構にシグナル

を与えて細胞応答を変動(情報伝達)する三つのはたらきがある。受容体では，シグナル物質，リガンドに対する固有の応答が引きおこされる。受容体は，受け取った情報を細胞内に伝達する様式によって，四つに分類される。

(ⅰ) イオンチャネル連結型受容体(ion-channel-linked receptor)は，伝達物質の結合により，イオンチャネルを開閉する(図1-21(a))。神経細胞間で行われるシナプス型シグナル伝達などがこの例になる。

(ⅱ) 受容体に伝達物質が結合し，細胞膜に結合した酵素またはイオンチャネルの制御を行う際に，情報伝達の仲介役としてGタンパク質が関与している場合で，この受容体をGタンパク連結型受容体(G-protein-linked receptor)という(図1-21(b))。細胞表面受容体では，この型の受容体が最大のファミリーを形成する。Gタンパク質は α, β, γ の三つのサブユニットからなり，αサブユニットに

(a) イオンチャネル連結型受容体

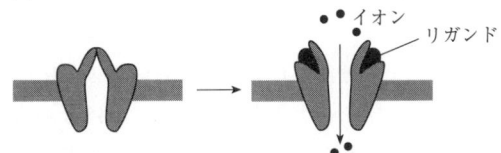

(b) Gタンパク連結型受容体

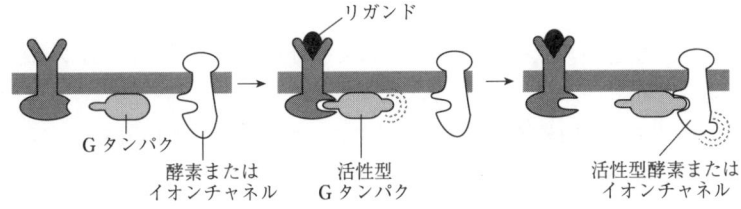

(c) 酵素連結型受容体

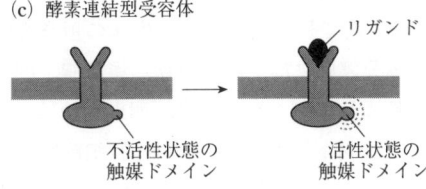

図 1-21 細胞表面受容体の模式図 [B. Alberts *et al.* ／中村桂子他監訳(1995)『細胞の分子生物学 第3版』，ニュートンプレスより改変]

GDPが結合しているときは不活性型で，受容体にリガンドが結合すると，GDPがGTPに変換され，αサブユニットが解離し，これが目的の酵素またはイオンチャネルを活性化する。

(iii) リガンドが結合することによって，直接酵素として活性化したり，または酵素と会合して，その酵素を活性化させる一群で，酵素連結型受容体(enzyme-linked receptor)とよばれる（図1-21(c)）。大部分は標的細胞中の一群のタンパク質をリン酸化するタンパクキナーゼそのものか，タンパクキナーゼと会合するものである。(ii)と(iii)の受容体は，リガンドが結合すると，そのシグナルを核へと伝え，特定の遺伝子の発現を調節することによって細胞の機能を変化させる。

(iv) 複数のポリペプチド鎖がまとまってレセプターを形成する。個々のポリペプチド鎖は機能が異なり，その情報伝達系もいまだ十分に理解されていない。リンホカインのレセプターやTリンパ球のT細胞抗原レセプターがこれに属する。

(2) シグナル伝達

生理活性物質の中で，細胞により分泌される化学物質によって伝達される情報を化学シグナルという。化学シグナルを担う物質には内分泌系のホルモン，神経系の神経伝達物質とこれらに属さないオータコイドがある。オータコイドにはアミン類（ヒスタミン，セロトニンなど），脂肪酸誘導体（プロスタグランジン，ロイコトリエンなど），ポリペプチド（アンギオテンシンなど）のほかに，各種成長および分化因子やサイトカインも含まれる。

ホルモンは内分泌器官から分泌され，血流によって作用をおよぼす標的器官(target organ)に運ばれる。標的器官の情報を受け取る細胞(target cell)の表面には，ホルモンを選択的に受け入れ，結合する受容体が存在する（図1-22(a)）。ホルモンは低濃度で長時間作用し，生体の恒常性の維持など重要なはたらきをする。内分泌腺には，脳下垂体，甲状腺，副甲状腺（上皮小体），副腎皮質，すい臓のランゲルハンス島，卵巣や精巣がある。複合脂質であるステロイドホルモンのレセプターは細胞内（細胞質または核）に存在する。ホルモンがレセプターに結合すると，細胞内のシグナル伝達経路を活性化して，細胞の機能を調節し，シグナルを核に伝えて遺伝子の発現やDNA合成などを調節する。ホルモンは，典型的な可溶性型の

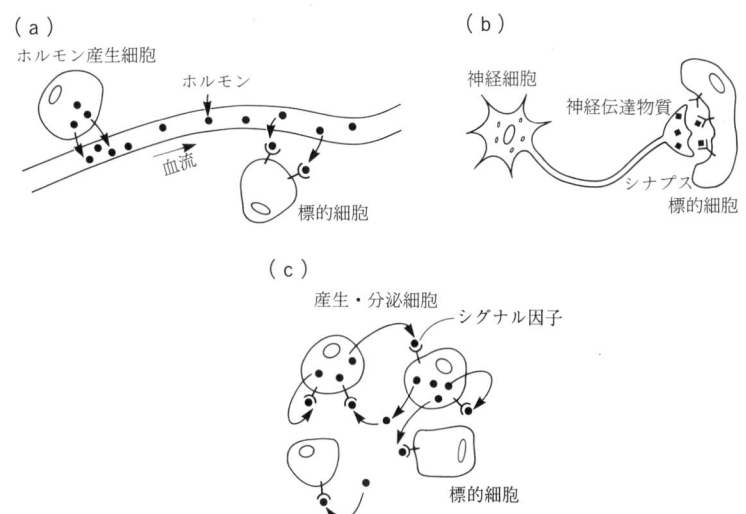

図 1-22 化学シグナルとその情報伝達 (a)内分泌系(ホルモン) (b)神経系（神経伝達物質）(c)パラクライン・オートクライン系シグナル因子産出細胞

細胞間シグナル伝達物質である。

　神経伝達物質による情報伝達は，神経細胞とその標的細胞とで形成されるシナプスで行われる（図 1-22(b)）。神経伝達物質はシナプス前終末部から分泌され，作用する標的細胞までの距離が短く，非常に速く拡散するため，高濃度で存在する。標的細胞のシナプス後膜上にレセプターがあり，神経刺激の情報を認識する。

　化学シグナルには，作用範囲が生産細胞の周囲に限局され，ホルモンと神経性伝達物質とは異なる情報の伝達様式が存在する。特定の細胞が必要に応じて化学物質を分泌し，細胞外液を介して近傍の同種あるいは異種の細胞に作用するパラクライン（paracrine；傍分泌）と分泌細胞自身に作用するオートクライン（autocrine；自己分泌）に区別される（図 1-22(c)）。これらの化学物質は，local chemical mediator とよばれ標的細胞に結合したあと速やかに取り込まれ，不活化されることが多い。この様式の情報伝達物質には，サイトカイン，成長因子などのオータコイドがあげられる。サイトカインは，リンパ球などの細胞から分泌される細胞の増殖・分化および機能を調節するタンパク質性因子群の総称であり，ホルモンと同様に「可溶性シグナル伝達物質」と位置づけられる。サイトカインの特徴は，

多様な生理活性を有する(作用の多様性)こと，複数のサイトカインが同じ細胞で同一の作用を有する(作用の重複性)こと，である．

1-2-4 細胞の増殖分化
(1) 細胞分裂と細胞周期

細胞は分裂によってのみ増殖が可能であり，その生物としての特徴を保持する形で細胞分裂が行われる必要がある．細胞周期(cell cycle)は遺伝的に同一な娘細胞を作るために，DNAの複製(replication)にひき続く染色糸分裂，染色体分裂，核分裂という一連の過程から成り立つ．また，細胞が二つに分裂するためにすべての細胞器官を倍増させる必要があることから，細胞小器官の複製のための生合成経路の調節も必要不可欠である．細胞分裂には体細胞でみられる体細胞分裂(mitosis)と，生殖細胞でみられる減数分裂(meiosis)がある．本項では体細胞の増殖と分化のしくみについて述べる．

(a) 細胞分裂
(i) 動物細胞

体細胞分裂の場合，分裂が行われる分裂期(M期；mitotic phase)は，前期(prophase)・前中期(prometaphase)・中期(metaphase)・後期(anaphase)・終期(telophase)の有糸分裂期と細胞質分裂に分けられる．細胞質分裂は後期の終わりに始まり，M期の終わりまで続く．前期では，間期に分散していたクロマチン(chromatin)が凝集し，染色糸(chromonema)となり，最終的に染色体(chromosome)を形成する．S期ですでに染色体は，複製を終了して，2本の染色分体(chromatid)となる．前期が終わりに近づくと，中心体のあるものでは倍加していた中心体(central body)が2極に分かれ，細胞質微小管(cytoplasmic microtube)が分散し，中心体にむかって放射状にのび始める．中心体のないものでは，両極に極帽(polar cap)という微小管形成中心が生じ，有糸分裂紡錘体が形成され始める．前中期には，核膜(nuclear membrane)が消失し，小胞体様の断片となって細胞質中に分散する．染色分体上のセントロメア(centromere)というDNA配列の両側に動原体(kinetochore)が結合し，そこに紡錘体微小管(spindle microtube)の一部が結合する．これを動原体微小管(kinetochore microtube)という．両極を結ぶ微小管は極微小管(polar microtube)，紡錘体の外に存在する微小管は星状体微小管(astral microtube)とよばれる．中期では，動原体によってまだ結合した状態に

1-2 細胞の機能

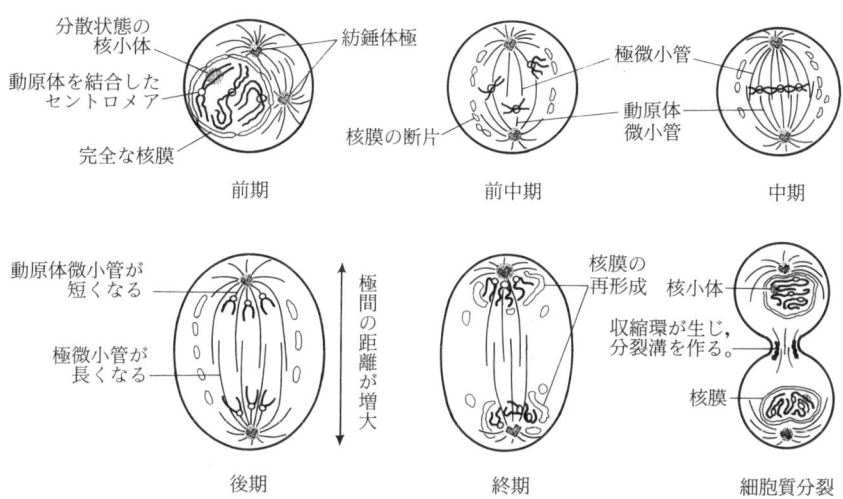

図 1-23　動物細胞の分裂(M)期の模式図

ある染色分体が，動原体微小管によって両極から引っ張られるために赤道面(metaphase plate)上でつり合った位置にある。後期になると，各染色体で対をなしていた動原体が分離し，染色分体は動原体にむかって引っ張られる。このとき，動原体微小管はしだいに短くなるが，極微小管はのびて紡錘体の両極は互いに遠ざかる。終期になると，分離した染色体が極に到達し，動原体微小管が消失する。再び染色体のまわりに核膜が形成され始め，染色体がしだいにほぐれ，間期のようなクロマチンの状態になる。また，有糸分裂が終了するころから，細胞質分裂が始まる。動物細胞の場合は，一般に分裂時の赤道面に収縮環(contractile ring)が形成され，分裂溝(cleaving furrow)が生じ，細胞質がくびれきれる形で二つの細胞が形成される(図 1-23)。

(ii)　**植 物 細 胞**

　植物細胞では，分裂を行う M 期は，前期・前中期・中期・後期・終期に分けられる。この概要は，動物細胞のM期に酷似しており，ここでは植物細胞に特有な様式について述べる。前期が終わりに近づくと，両極に極帽という微小管形成中心が生じ，有糸分裂紡錘体が形成され始める。前中期には，核膜と核小体が消失する。動物細胞では，中心体が微小管形成中心としてはたらき，星状体を形成するとともに染色体にむかって微小管を

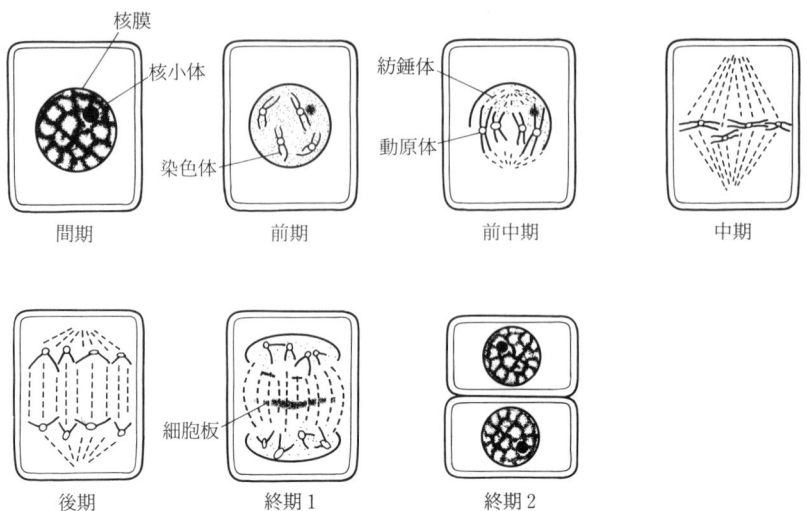

図 1-24　植物の体細胞分裂の模式図

のばすが，植物細胞では中心体はなく，微小管は極帽から染色体にむかって伸長する．また，後期になると，赤道面に微小管の残存物から隔膜形成体(フラグモプラスト；phragmoplast)という円筒形の構造が形成され，ここに細胞壁の前駆体を運ぶ小胞が集まり細胞板(cell plate)が形成される．フラグモプラストは，内側の微小管の脱重合と外側の微小管の重合によって遠心的に拡大し，成長してできた細胞板が母細胞の細胞壁と融合して新しい細胞壁を完成する(図 1-24)．

(b)　**動物および植物の細胞周期**

細胞分裂の観察に，タマネギやヒヤシンスなどの根の組織が用いられることからもわかるように，高等植物の体細胞分裂は，茎や根端の分裂組織や維管束部の形成層など限られた組織において生じている．植物細胞の細胞周期(cell cycle)は，動物細胞と同様に DNA の複製(replication)にひき続く染色糸分裂，染色体分裂，核分裂という一連の過程から成り立っており，M 期と分裂が終わってから次の分裂が始まるまでの時期，すなわち間期(interphase)に大別される．細胞周期の中でもっとも動的な変化を観察できるのは M 期で，はじめに有糸分裂により，核の情報を二分し，その後，細胞質分裂(cytokinesis)を行って，二つの細胞が形成される．

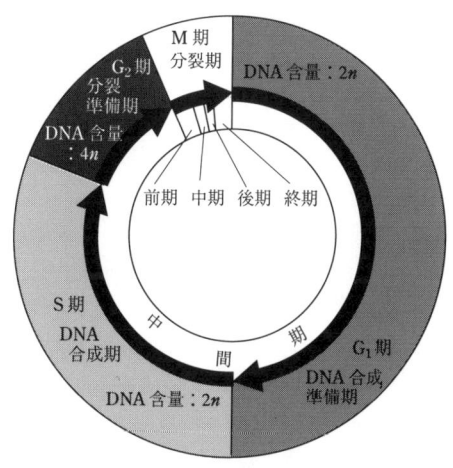

図 1-25 真核細胞の細胞周期と DNA 複製

植物細胞には中心体がなく細胞壁が存在することから，細胞分裂における紡錘体の形成や細胞質の分裂は動物細胞の場合と異なる。一方，間期の細胞は視覚的には細胞が大きくなる以外目立った変化はみられないが，この間に細胞分裂の準備が行われる。

間期は，M 期直後の G_1 期（Gap 1 phase）と直前の G_2 期（Gap 2 phase），その間の S 期（synthesis phase）に分けられる（図 1-25）。G_1 期は，環境と細胞自身のサイズを監視して，DNA 複製の開始を準備し，また分裂周期の完了に向かうことを決定する。その長さは細胞の種類によって異なる。DNA の複製は S 期に始まり，その終わりには，細胞の DNA 含量は 2 倍となる。G_2 期では，細胞分裂の準備が行われる。M 期では，染色体上の DNA は細胞分裂に沿って，2 個の娘細胞に分配される。一方，分化した細胞などで，それ以上分裂しない細胞のステージは，G_0 期（Gap 0 phase）とよばれ，盛んに分裂をしている細胞と区別される。G_0 期の細胞はなんらかの刺激によって，再び G_1 期または M 期に突入し，分裂周期に戻ることがある。

真核細胞では，いろいろなタンパク質によって，細胞周期（$G_1 \rightarrow S \rightarrow G_2 \rightarrow M$）の進行が正確に制御されるが，DNA の複製も細胞周期の厳密な制御下にある。動物細胞の G_1/S 期を制御している遺伝子群が，植物細胞からも多数単離されたことから，G_1 から S 期への転換の制御機構は動植

物細胞でほぼ共通しているものと考えられている。一方,細胞周期の制御に主要な役割をもつセリン/スレオニンプロテインキナーゼ(CDK)を調節するタンパク質であるサイクリンのS/G_2期における発現解析では,Bタイプサイクリン遺伝子が,植物と動物とでは異なる分子機構により制御されることが明らかになっている。

(2) 細胞の分化調節

分化とは,受精卵が卵割を重ねて多細胞系となり,さらに発生を続けて,個々の細胞が特殊化した細胞になることである。また,クローン化細胞集団内の細胞に多様性が生じた場合も分化がおこったという。受精卵は1個の細胞であり,将来の個体がもつすべての細胞種の源であり,分化全能性(totipotency)をもっている。個々の細胞がもつ遺伝子組成は同一と考えられているが,発生過程では,個々の遺伝子がそれぞれの発生期で,ある種の細胞で経時的に,その機能を発現し,特異タンパク質を合成することにより,その細胞の分化調節がおこると考えられている。したがって,ある発生期における遺伝子作用の的確な発現がなぜおこるかが,分化機構の解明において重要な問題となる。

(i) 動物細胞

生体組織をつくる細胞のほとんどは,異なる環境におかれてもその専門化した性質を維持する。分化の状態は安定しており相互に転換しないのが一般的で,哺乳類のある種の細胞(神経細胞,心筋細胞,光や音の感覚受容細胞など)は,一生の間,分裂もせず置き換わりもしない。しかし,他の大部分の永続細胞では代謝活動が行われており,細胞の成分は絶え間なく入れ換わる。肝細胞などでは,完全に分化した細胞から分裂によって同型の分化した細胞ができる。肝細胞の増殖と生存は,総細胞数が適切に維持されるように調節されており,通常,それぞれの型の細胞数が組織内で適切なバランスを保つように,はたらいている。また多くの組織,とくにすみやかに交替しなければならない組織(消化管上皮,皮膚,造血組織など)の細胞は,幹細胞によって新しくつくりだされる。幹細胞とは,自己保存能と分化能をもつ細胞であり,最終分化をせず,その生物の一生の間,分裂する能力をもち,分化の道をたどる子孫と幹細胞のまま残る子孫をつくりだす。

多様な血液細胞は,すべて共通な多能性を備えた幹細胞からつくりだされる。成体では,幹細胞は主に骨髄に存在し,各種の方向づけられた前駆

細胞を生みだす.方向づけられた前駆細胞は,さまざまな糖タンパク質性の仲介物質(コロニー刺激因子,CSF とよぶ)の影響下で盛んに分裂しつつ成熟血液細胞に分化する.これらは,通常数日から数週間で一生を終える.CSF の量によって調節される細胞死は,成熟分化血液細胞の数の制御に重要である.細胞死は細胞内の自殺プログラムの活性化によっておこり,あらゆる動物の組織で細胞数の制御を助けている.結合組織の細胞族には,線維芽細胞,軟骨細胞,骨細胞,脂肪細胞,平滑筋細胞が含まれ,線維芽細胞はこの一族の任意細胞に転換できると考えられている.場合によってはこの転換は可逆的である.しかし,この性質は,1種類の多能性の線維芽細胞の存在を示すものなのか,限られた能力しかない複数の種類の線維芽細胞の存在によるものなのかは,はっきりしていない.

　もともと,分化は古典的な組織学的分類,つまり顕微鏡的な細胞の形態や構造と,いろいろな色素に対する親和性から,おおまかに判断した化学的性質に基づいた概念であり,多細胞系における細胞の特殊化の問題として取り扱われてきた.また,初期の卵割においては,個々の細胞は全能であるが,やがて全能性を失い,いくつかの細胞種へ分化が可能である多能性を有する過程を経て分化単能性となり,特定の細胞へ分化すると考えられてきた.しかし,イギリスのロスリン研究所で雌羊の体細胞を使ったクローン羊「ドリー」が世界で初めて誕生し(1996年),分化が完了した体細胞が全能性を有することが示され,最近では,分化の概念が拡大されている.

(ⅱ)　植　物　細　胞

　植物細胞は,基本的に全身の細胞が分化全能性をもっている.近年の植物における形質転換(transformation)などのバイオテクノロジー技術の発達は,この植物細胞特有の性質によるところが多い.植物の生長・分化は DNA の遺伝情報によって規定されているが,その情報発現には外部環境から強く影響を受ける.植物は外部環境の刺激を感受,感応,そして,伝達し,その刺激に反応する.この一連の過程には,不明な点が多いが,こうして情報を受け取った後,実際に細胞を分化させる物質として植物ホルモンが存在する.現在のところ知られているホルモンには,オーキシン(auxin),ジベレリン(gibberellin),サイトカイニン(cytokinin),エチレン(ethylene),アブシジン酸(abscisic acid),ブラシノステロイド(brassinosteroid)などがある.これらホルモンは,単独ではたらくよりは複数

のホルモンが組み合わさり，その割合を変化させることによって作用することが多い．一例としては，タバコの茎の切片を，無菌的に適当な条件で培養すると，カルス(callus)という未分化の細胞塊が形成される．これをさまざまな割合でオーキシンとサイトカイニンを含む培地に移して，さらに培養を続けると，オーキシン濃度の方がサイトカイニン濃度よりも高い場合は根の形成が，逆の場合は，芽が形成され茎や葉の分化がおこることが観察できる．植物ホルモンの組織中の濃度は，生重量1gあたり数十ngと微量であるが，これは植物のおかれている環境，器官や組織，年齢などによって大きく異なる．それはこれら要因が，植物体内でのホルモンの代謝や移動に影響を与えるためと考えられる．

1-2-5 細胞のエネルギー代謝

(1) ATPとエネルギー変換

生物は，自らの生命活動を営むため外界からさまざまな物質を取り入れ，いろいろな物質に変換(代謝；metabolism)している．代謝には，同化(合成反応)と異化(分解反応)がある．同化は，簡単な物質から有用な複雑な化合物を生成し，エネルギーを必要とする反応である．それに対し，異化は，同化物質を分解して簡単な物質を生成しエネルギーを生産する反応である．同化や異化の物質代謝に伴い，生体内ではエネルギーの生産と利用(消費あるいは移動)が生じており，これらの代謝をとくにエネルギー代謝とよぶ．生体内では，ATP(adenosine triphosphate；アデノシン三リン酸)とADP(adenosinediphosphate；アデノシン二リン酸)の変換系がエネルギーの生産と利用の仲立ちをしている．ATPは，塩基アデニンと糖リボースが結合したアデノシンにリン酸が3個結合したヌクレオチド(2章参照)で，リン酸の結合が切れて，ADPとリン酸に分解するとき，多量の自由エネルギー($7 \sim 10$ kcal/mol)が放出される(図1-26)．逆に，多量の自由エネルギーを使ってADPとリン酸からATPが生産される．

$$ATP + H_2O \rightleftarrows ADP + HPO_4^{2+} + (7 \sim 10 \text{ kcal})$$

ATP合成の中心器官であるミトコンドリア(図1-6)と葉緑体(図1-29)は，いずれも膜で区切られた細胞小器官で，エネルギーを細胞内での反応に利用できる形態に変換する．ミトコンドリアは有機物質，葉緑体は太陽光というようにエネルギーの出発の形態は異なるが，二つの小器官は電子伝達系を含む膜構造をもち，化学浸透共役により大量のATPを生産する．ミトコンドリアの場合は，食物のエネルギーを使って内膜にあるプロトンポ

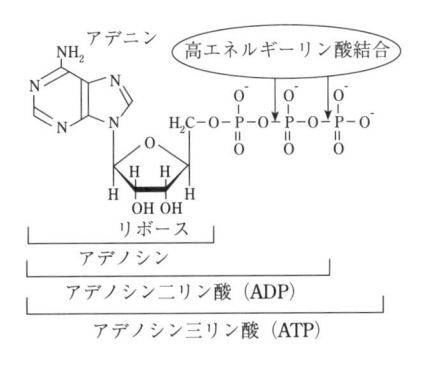

図 1-26 ATP と ADP の構造

ンプを駆動し，H⁺(プロトン；proton)を膜の内腔に輸送し，その結果，膜の内外に電気化学的プロトン勾配が生じ，プロトンがこの勾配の低い方に移動する時にATPが合成される。このプロトンポンプの駆動には電子伝達経路にて高エネルギー状態から低エネルギー状態へと電子が移動する際に放出される自由エネルギーが用いられ，勾配に従うプロトンの移動時にATP合成酵素がはたらく。これらエネルギー変換の原理は，ミトコンドリアと葉緑体に共通である。

(2) ミトコンドリアと呼吸

(a) 呼吸の概要とミトコンドリアの構造

呼吸(respiration)は，物質異化に関わるエネルギー代謝で，酸素を必要とする好気呼吸と酸素を必要としない嫌気呼吸とがある。ミトコンドリアを有する生物はすべて好気呼吸を行っており，ここではそれについて述べる。細胞におけるエネルギー代謝は，三つの段階に分けることができる(図1-27)。第一段階は，アセチルCoA(acetyl CoA)の合成である。食物に含まれてエネルギー源となるのは，糖質，脂質およびタンパク質で，とくに糖質の場合は，細胞質での解糖系(glycolytic pathway)を経ることになる。いずれも代謝されてミトコンドリア内でアセチルCoAを生成する。第二段階は，アセチルCoAの酸化である。アセチルCoAはミトコンドリアのTCA回路(tricarboxylic acid cycle) [別名，クエン酸回路(citric acid cycle)またはクレブス回路] によって酸化され還元当量(-Hまたは電子)を生じる。脂肪酸のβ酸化では，アセチルCoAに加えて直接還元当量が生じる。第三段階は，上で述べたミトコンドリア内膜の電子伝達系

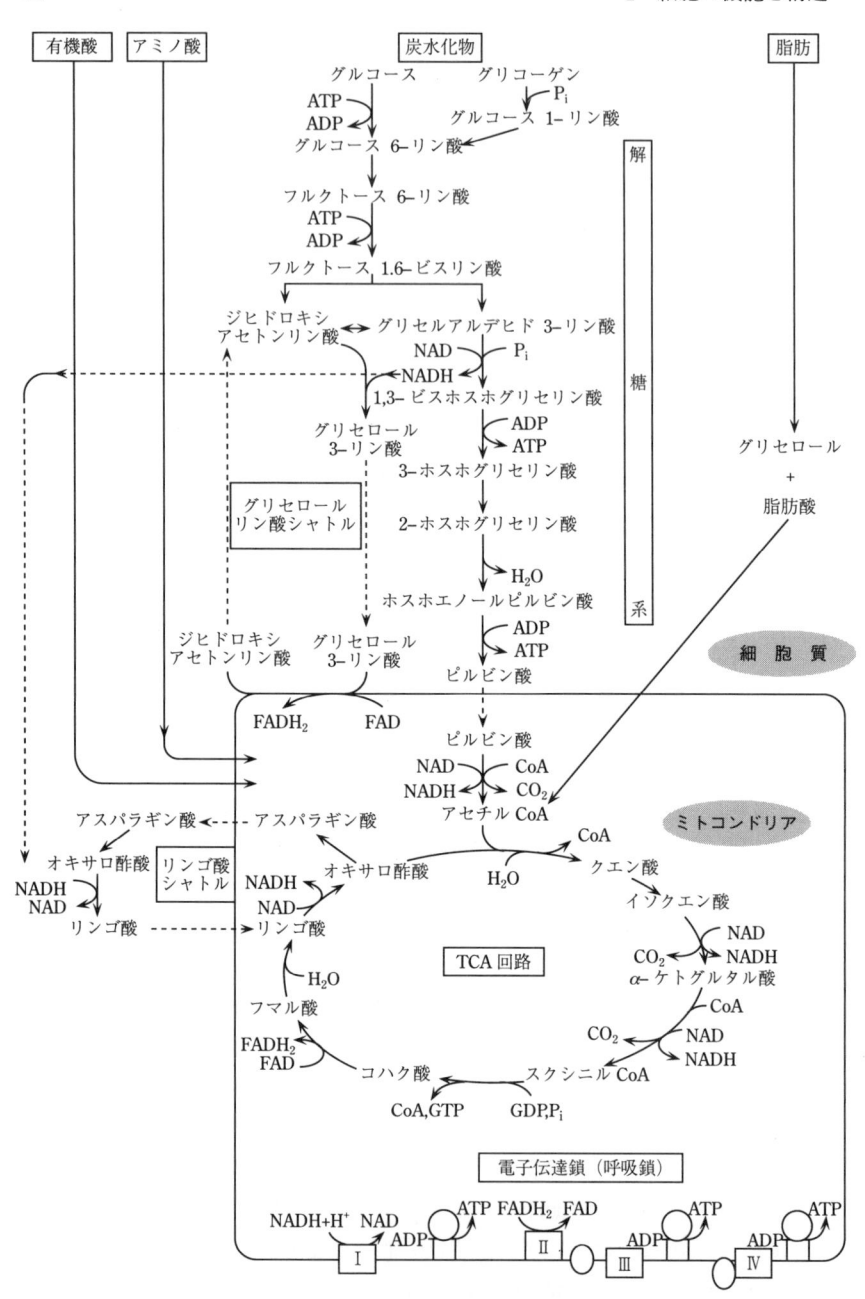

図 1-27 呼吸の経路とミトコンドリア

とATP合成酵素の共役によるATP合成である。TCA回路で生じた還元当量は電子伝達系によって最終的に酸素と反応して水を生ずるが、このとき遊離する自由エネルギーがATP合成に用いられる。第二段階は、TCA回路の反応に必要な可溶性の酵素が存在するミトコンドリアのマトリックスにおける反応過程で、第三段階は、ATP合成に関わる酵素や電子伝達系のタンパク質複合体が存在しているミトコンドリアのクリステにおける過程である。

(b) TCA回路

TCA回路は、ピルビン酸から出発して、クエン酸を経由してクエン酸に帰る回路で、反応の経路を図1-27に示す。グルコース1分子を呼吸基質に換算した場合、TCA回路2回転分に相当し、計算上は、TCA回路において8分子のNADH(還元型ニコチンアミドアデニンジヌクレオチド；nicotinamido adenine dinucleotide)、2分子のFADH$_2$(還元型フラビンアデニンジヌクレオチド；flavin adenine dinucleotide)および2分子のGTP(グアノシン三リン酸；guanosin triphosphate)が生産されることになる。ここで生産された還元当量NADHとFADH$_2$は速やかにミトコンドリア内膜に存在する電子伝達系への電子供与体として電子を伝達し、NAD$^+$とFAD$^+$にもどる。GTPは、ATPと等価のエネルギー物質としてはたらく。TCA回路におけるエネルギー代謝の面からのもっとも重要な役割は、このNAD$^+$とFAD$^+$の還元にあるといえる。

(c) 電子伝達系とATP合成

電子伝達系はミトコンドリア内膜に存在し、複合体I(NADH-ユビキノンレダクターゼ複合体)、複合体II(コハク酸デヒドロゲナーゼ複合体)、複合体III(シトクロムbc_1複合体またはユビキノール-シトクロムcレダクターゼ複合体)、複合体IV(シトクロムcオキシターゼ)より構成される(図1-28)。複合体IとIIIおよび複合体IIとIIIの間の電子伝達は脂溶性のユビキノン(補酵素Q)で連結され、複合体IIIとIVの間は膜間腔に存在するシトクロムcで連結されている。複合体IはNADHを酸化してユビキノンを還元する。複合体IIはコハク酸を酸化してユビキノンを還元する。ここで生じた還元型ユビキノン(ユビキノール)を複合体IIIが酸化してシトクロムcを還元する。最後に複合体IVが還元型シトクロムcをO_2で酸化してH_2Oを生じる。電子伝達系の最初の反応であるNADH/NAD$^+$の標準酸化還元電位は-0.32 Vともっとも低く、最後の

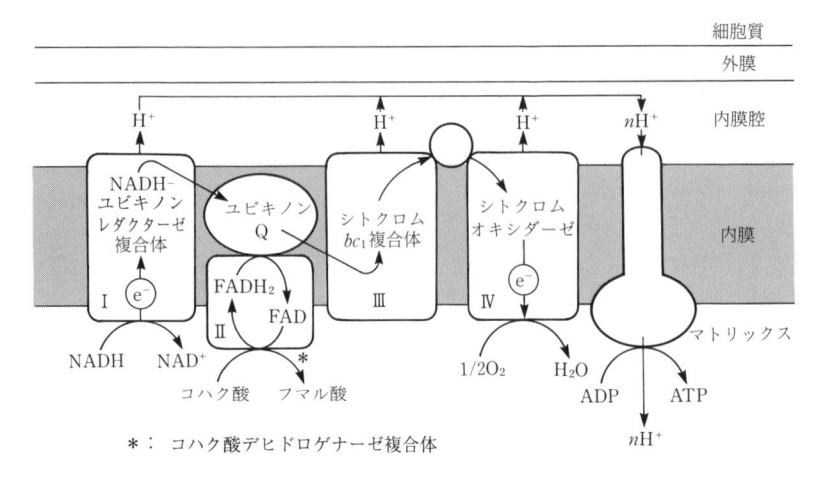

図 1-28 内膜上での電子伝達系の分子複合体モデル

$1/2\,O_2+2\,H^+/H_2O$ は $+0.82\,V$ で，その間にユビキノン，シトクロム b，シトクロム c，シトクロム aa_3 がこの順序で存在し，電子が酸化還元電位が低い方から高い方へむかって複合体 I → 複合体 III → 複合体 IV → O_2 または複合体 II → 複合体 III → 複合体 IV → O_2 へと流れていくことになる。なお，複合体 I は FMN(フラビンモノヌクレオチド)と非ヘム鉄を，複合体 II は FAD と非ヘム鉄を含む。

この電子が流れる過程で，複合体 I，III，IV においてプロトンがミトコンドリアのマトリックスから膜間腔へむけてベクトル輸送され，電気的勾配($\Delta\phi$)と化学的勾配(ΔpH)からなるプロトン勾配が形成される。プロトンはミトコンドリアの内膜を通過することができず，ATP 合成酵素のプロトン特異的チャネルを通ってのみマトリックスにもどることができる。ATP 合成酵素は，このプロトン駆動力を用いた ADP のリン酸化により ATP を生産している。このようにミトコンドリアでは，電子伝達系における酸化と ATP 合成酵素によるリン酸化が共役(酸化的リン酸化反応)して ATP が合成される。なお，1 分子の NADH から 2.5 分子の ATP(従来は 3 分子とされていた)が，1 分子の $FADH_2$ から 1.5 分子(従来は 2 分子)の ATP がそれぞれ生産される。

(d) ATP と ADP の交換輸送と還元当量の運搬

ADP と Pi からの ATP の合成は，ミトコンドリアマトリックスで行わ

れ，一方 ATP の消費による ADP と Pi への分解は，主として細胞質でおこる．ATP と ADP の交換輸送はミトコンドリア内膜に存在する ATP-ADP 交換輸送体によって行われる．

　細胞質の解糖系で生成された NADH は，ミトンコンドリア内膜を通過できないため，直接電子伝達系への電子供与体として機能することはない．細胞質からの NADH の還元力の伝達は，いくつかの物質を仲介したシャトル機構によって行われる（図 1-27）．代表例として，骨格筋や脳細胞にみられるグリセロールリン酸シャトル機構では，細胞質側に NAD 依存型，ミトコンドリア内膜側に FAD 依存型のグリセロールリン酸デヒドロゲナーゼがそれぞれ存在し，NADH の還元力を $FADH_2$ に変換する．また，肝臓，腎臓，心臓などには，リンゴ酸シャトル機構が知られており，ここではリンゴ酸とアスパラギン酸を仲介とする．植物では，リンゴ酸とオキサロ酢酸を介したリンゴ酸・オキサロ酢酸シャトルが存在し，効率よくはたらく．

（3）葉緑体と光合成

（a）葉緑体の構造

　葉緑体は，緑藻や高等植物に存在する光合成を行うオルガネラである．高等植物の場合，葉緑体は葉の葉肉細胞と気孔を取り囲む孔辺細胞に存在し，一部の植物では，維管束を取り囲む維管束鞘細胞にも存在する（図 1-29）．しかし，表皮細胞には葉緑体は存在しない．葉緑体の外形は，短径 1〜3 μm，長径約 5 μm ほどの楕円型の円体で，透過性の高い外膜とほとんど透過性のない内膜からなる葉緑体包膜（エンベロープ；envelope）で包まれる．内部は，偏平な円盤状の袋が重なり合った部分と空洞の部分か

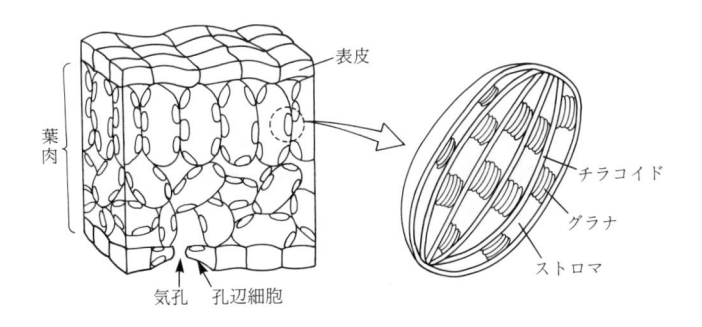

図 1-29　高等植物の光合成の場所と葉緑体

らなり，その偏平な袋状の部分をチラコイド(thylakoid)，その重なり合った部分をとくにグラナチラコイド(grana thylakoid)という。また，空洞の部分をストロマ(stroma)という。ストロマには，多量のタンパク質が溶解しており，また葉緑体タンパク質の一部をコードするDNAやリボソームも存在する。

（b） 光合成のしくみと葉緑体

　光合成(photosynthesis)とは，高等植物などの独立栄養生物(5章5-1-3参照)が光エネルギーを利用し，CO_2から有機物を生産する一連の反応を意味する。その一連の反応は，図1-30に示す1から4の四つの反応に分けられる。反応1と2は，チラコイドでおこる反応，反応3はストロマ，反応4は葉緑体全体での反応と細胞質での反応との相互作用で生ずる。

（i） 反応1：集光系・光化学反応

　光合成の反応は，光エネルギーの獲得反応から始まる。これを集光反応(light-harvesting reaction)とよぶ。光エネルギーの獲得のほとんどは，光合成色素，クロロフィル(chlorophyll)で行われる。光エネルギーを吸収したクロロフィル分子は励起状態になり，その励起エネルギーは効率よく反応中心(reaction center)のクロロフィル分子へ伝達される。励起エネルギーを受け取った反応中心のクロロフィルが，それにつながる電子伝達系に電子をわたす。クロロフィルの100から400分子に1分子の割合で反応中心クロロフィルが存在する。これらのクロロフィル分子は，すべて

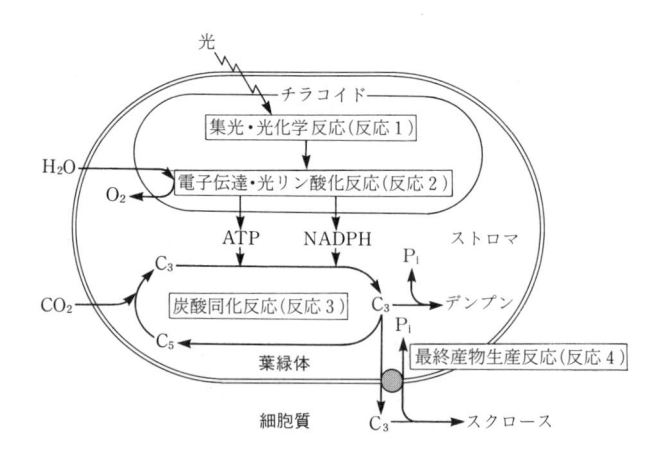

図 1-30　光合成のしくみ(4つの反応)　　P_i：無機リン酸

タンパク質と結合し，数種の複合体を形成する。それらは，① 光捕集（アンテナ）の機能をもつ集光性色素タンパク質複合体（LHC I と LHC II）と ② 反応中心クロロフィル分子を含む色素タンパク質複合体に分けられる。反応中心は2種類あり，それらが結合する色素複合体も2種類に分かれており，PS I と PS II とよばれる。PS I の反応中心は，酸化されたとき 700 nm に吸収があらわれることから，P 700，PS II の反応中心は，同じく酸化されたとき 680 nm に吸収があらわれ，P 680 とよばれる。そして，① の集光性色素タンパク質複合体の LHC I は PS I，LHC II は PS II への光エネルギーの捕集の役割を担っている。これらの色素タンパク質複合体は，同じチラコイド膜に存在する他のタンパク質より量的に多く，全チラコイドタンパク質の 50％ 以上にも相当する。

光合成色素には，クロロフィルのほかに，カロチノイドとフィコビリンが存在し，タンパク質と結合して光合成色素としてはたらく。カロチノイドは，ひろく植物界に認められる色素であるが，フィコビリンは，ラン藻や紅藻などの主要な光捕集色素としてはたらく。クロロフィルには a, b, c 型があり，高等植物には，a と b 型が存在する。両者の比はほぼ 3：1 から 2：1 である。PS I と PS II の色素タンパク質のクロロフィル分子はすべて a 型で，反応中心クロロフィルも a 型である。一方，クロロフィル b 型はすべて集光性色素タンパク質に結合する。なかでも，90％ 以上のクロロフィル b 型は LHC II に結合し，LHC II に結合するクロロフィル分子の a/b 比はほぼ 1：1 である。

(ii) 反応2：電子伝達・光リン酸化反応

反応中心クロロフィル分子では，集められた励起エネルギーを使って強力な酸化還元反応による電荷分離が生じ，反応中心から電子が放出される。このとき，酸化型となった反応中心への電子供与体が H_2O に由来し，最終的な電子受容体が $NADP^+$（ニコチンアミドアデニンジヌクレオチドリン酸；nicotinamide adenine dinucleotide phosphate）である。この間の一連の電子伝達（electron transport）反応に伴いチラコイド膜の内外にプロトンの濃度勾配が生じ，その電気化学エネルギーを利用して，ATP が生産される。この反応を光リン酸化反応（photophosphorylation）という。

図 1-31 にチラコイド膜上での集光・電子伝達およびそれらの反応に伴うプロトン輸送と ATP 合成を担う分子複合体のモデル的な配置について示した。PS II 複合体は，P 680 を含む PS II 色素タンパク質，LHC II，

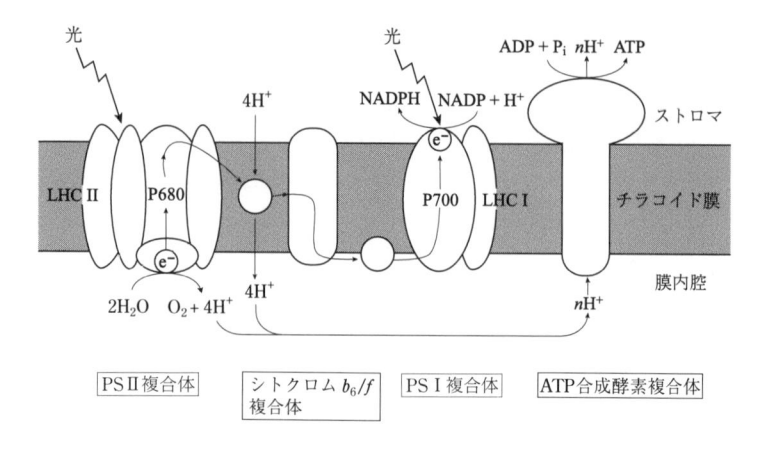

図 1-31 チラコイド膜上の分子複合体モデル

および水分解系タンパク質などのいくつかの電子伝達成分より構成される。酸素発生系の成分はチラコイド内腔側に存在し，H_2O を分解して，O_2 を発生し，プロトンを放出し，H_2O 由来の電子を反応中心にわたす。PS II を経た電子は，シトクロム b_6/f 複合体にわたされる。次に，PS I 複合体を経由して，最終的に $NADP^+$ にわたされ，還元物質 NADPH となる。PS I 複合体は，P 700 を含む PS I 色素タンパク質，LHC I，および一連の電子伝達成分と NADP 還元酵素などから構成されている。

　これらチラコイド膜を介する電子の流れが，ストロマからチラコイド内腔へのプロトンの輸送と共役している。生じたプロトン濃度差による電気化学ポテンシャルを使って，チラコイド膜内腔から再びストロマへプロトンが流出するときに，ATP 合成酵素 CF_1 (coupling factor 1) が ADP とリン酸から ATP を合成する。

　(iii) 反応 3：炭酸同化反応

　カルビン回路　　反応 1 と 2 において，生産された ATP のエネルギーと NADPH の還元力を用いて，葉緑体ストロマ内において CO_2 ガスから有機物が生産される。この反応を炭酸同化反応 (carbon assimilation) という。また，この CO_2 固定と CO_2 受容体を生産する代謝回路を，カルビン回路 (Calvin cycle) [別名，カルビン・ベンソン回路，または炭素還元回路] という。この回路は，一連の酵素反応による代謝で，その概略とそれに関連する光合成の他の代謝を含めて図 1-32 にまとめた。カルビン回

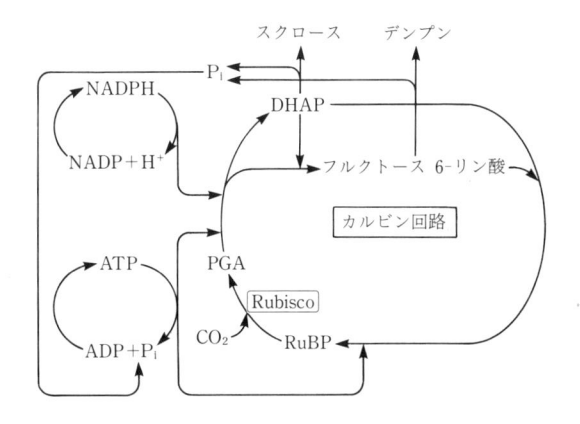

図 1-32 カルビン回路と関連する光合成の代謝

路は，機能の面から炭酸固定反応と RuBP 再生産反応の二つにまとめることができる。

炭酸固定反応は，1分子の CO_2 が，その受容体である1分子の5炭糖(C_5)リブロースジリン酸(ribulose-1,5-bisphosphate：RuBP)に付加され，2分子の3炭糖(C_3)ホスホグリセリン酸(phosphoglyceric acid：PGA)を生産する反応をさす。この反応は，リブロースジリン酸カルボキシラーゼ・オキシゲナーゼ(ribulose-1,5-bisphosphate carboxylase/oxygenase；Rubisco)によって触媒される。Rubisco は，地球上でもっとも多量に存在するタンパク質で，一般の高等植物の場合，緑葉全タンパク質の25％から35％をも占める。Rubisco の基質は，HCO_3^- ではなくストロマ内での溶存 CO_2 である。CO_2 は，外気から気孔を通り葉内に拡散し，細胞間隙，細胞壁，細胞膜，細胞質，葉緑体包膜，ストロマの順に単純拡散される。

RuBP の再生産反応は，炭酸固定初期産物である PGA から CO_2 の受容体である RuBP を再生産する過程をさす。この過程で，光化学系・電子伝達反応で生産された ATP と NADPH が一連の酵素反応によって消費される。途中の中間代謝産物の一つである3炭糖(C_3)ジヒドロキシアセトンリン酸(DHAP)において，この化合物が6分子に1分子の割合でカルビン回路からはずれ，ショ糖合成やデンプン合成の出発代謝産物として利用される。

光呼吸 CO_2の固定酵素 Rubisco は，同時にオキシゲナーゼ活性を有し，O_2 分子も取り込む機能を有する。この O_2 分子は CO_2 分子と Rubisco の同一触媒部位に拮抗的に結合するため，両活性の比率は，CO_2 と O_2 の分圧比で決まる。なお，現在の大気分圧下条件での両活性の割合は，ほぼ 4：1 である。

Rubisco は，O_2 分子と RuBP から 1 分子の PGA とホスホグリコール酸を生産する（図 1-33）。PGA はカルビン回路へ流れる。ホスホグリコール酸は葉緑体中でグリコール酸となり，別の細胞小器官であるペルオキシソーム（本章 1-1-2 参照）に移行し，アミノ化されてグリシンとなる。グリシンは，ミトコンドリアに移行し，脱炭酸（CO_2放出）・脱アミノ（NH_4^+放出）を受け，セリンに変換し，再びペルオキシソームにもどり，脱アミノと還元を受けてグリセリン酸となる。グリセリン酸は葉緑体へもどりリン酸化され，PGA となり，カルビン回路へ流れ込む。この代謝は光呼吸 (photorespiration) とよばれ，光合成や呼吸とは異なる別の代謝として位置づけられる。しかし，代謝そのものは完全に光合成の炭酸同化反応と連結し，同時進行するので，光合成の代謝の一部と考えるべきである。

(iv) 反応 4：最終産物生産反応

光合成の最終産物は，デンプンとスクロースである。デンプンは葉緑体内で合成され，スクロースは細胞質でつくられる。どちらの合成も，3 炭糖（C_3）DHAP を起点にカルビン回路から分岐する（図 1-30 と図 1-32）。いずれの合成も，その途中経路で脱リン酸される過程があり，脱リン酸さ

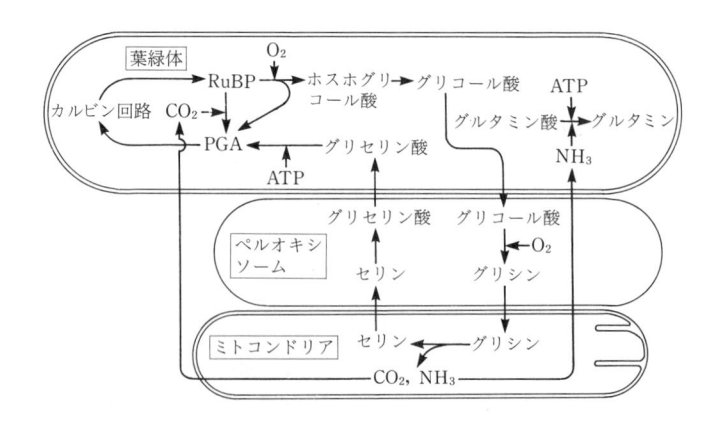

図 1-33 光呼吸の経路

れたリン酸は，電子伝達・光リン酸化反応における ATP 生産のためのリン酸源として，循環再利用されるので，この循環経路は生理学的に重要である。最終産物生産反応が滞ると，このリン酸の循環経路が機能せず，光合成の機動力の源となっている ATP の生産が止まり，光合成全体の反応が抑制される。スクロースの合成では，葉緑体包膜に存在するリン酸トランスロケイターとよばれるタンパク質が，DHAP を無機リン酸との交換で細胞質へ輸送する。

2 生命現象の化学

2-1 タンパク質と酵素

タンパク質(protein)は，その名がギリシャ語の"proteios(もっとも重要なもの)"から由来しているように，生物体の主要構成成分であり，生命活動を続けるうえでもっとも重要な分子の一つである。生物の体全体や器官の骨格構造を形成しているコラーゲンなどの構造タンパク質から生体機能を調節するホルモン，受容体，酵素あるいは生体防御に関わる抗体分子などさまざまである。

2-1-1 アミノ酸とタンパク質

(1) タンパク質中のアミノ酸

タンパク質は，カルボキシル基とアミノ基が同一炭素原子に結合している α-アミノ酸(α-amino acid：図 2-1(a))が，カルボキシル基とアミノ基の間でペプチド結合(peptide bond)により重合したものである。一般に，

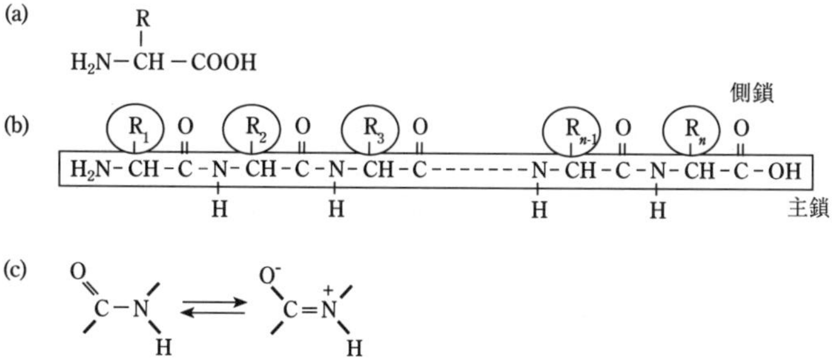

図 2-1 アミノ酸およびタンパク質の基本構造　(a)アミノ酸，(b)タンパク質，(c)ペプチド結合

アミノ酸が約100個以上重合したものをタンパク質，100個より少ないものをペプチド(peptide)とよんでいる。タンパク質およびペプチドは規則的に繰り返される一連の結合（α炭素-ペプチド結合-α炭素）からなる骨格部分，主鎖(backbone)と構成アミノ酸の種類により多様な特性を示す側鎖部分(side chain)からなっている（図2-1(b)）。ペプチド結合は，図2-1(c)に示すような共鳴構造をとっているため，二重結合性をもつ。実際にペプチド結合のC-N間の距離は，単結合の距離が1.48 Å，二重結合では1.28 Åであるのに対し，1.32 Åと二重結合に近い値となっている。ペプチド結合の二重結合性のため，ほぼ平面上にα炭素がくるが，これはペプチド結合がトランスとシスしかとらないことを示しており，タンパク質の規則正しいいくつかの高次構造を決めている一つの要因となっている。通常はより安定なトランス型の構造をとっている（図2-2）。

タンパク質を酸加水分解やタンパク質分解酵素により加水分解すると，ペプチド結合が切断され，表2-1に示す20種のアミノ酸に遊離する（ただし，酸加水分解ではGlnおよびAsnの側鎖のアミド部分も水解されるため，GluおよびAspとの区別はできない）。アミノ酸の側鎖の化学的性質に基づいていくつかのグループに分類することができる。表2-1中には各アミノ酸の構造式のほか，略号（3文字表記および1文字表記）を示した。この略号は，タンパク質の構造を表すときに構造式の代わりに用いる。また，表2-1中の＊印で示した八つのアミノ酸は，成人のヒトの必須アミノ酸(essential amino acid)とよばれ，これらアミノ酸を合成する酵素がな

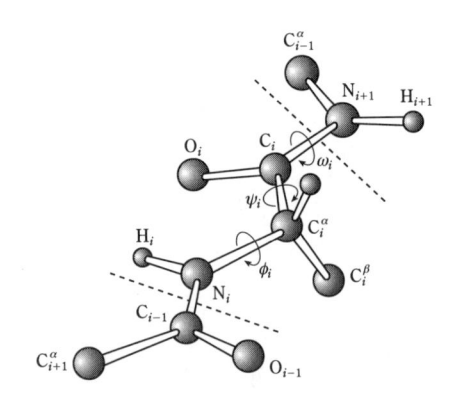

図 2-2 ペプチド結合の構造と結合角　N-C$^\alpha$：ϕ，C$^\alpha$-C：ψ，N-C：ω；$\omega = 180°$のときトランス。図は完全に伸びた構造を示し$\psi = \phi = \omega = 180°$である。

いため，生体を正常に維持するためには食品として外から摂取しなければならない（必須アミノ酸は動物の種類，性別，年齢によって種類が異なってくる）。

　表2-1に示した20種のアミノ酸はRNAからの翻訳（タンパク質の生合成）に着目した場合であり，実際にはこの他にも存在する。例えば，筋肉のセレノタンパク質やグルタチオンペルオキシダーゼなどの活性部位にはセレノシステイン（selenocystein）が含まれる。これはUGA特異的tRNAにより翻訳の際に導入されるので21番目のアミノ酸といえる。その他は，主に翻訳後に修飾されて生じるアミノ酸である。シスチンはタンパク質中の2個のシステインが高次構造形成に伴って空間的に近づいたとき，酸化により側鎖がジスルフィド結合を形成したものである。また，ゼラチンやコラーゲン中には，アミノ酸がヒドロキシル化されたヒドロキシルプロリン，ヒドロキシルリシンが存在し，またチログロブリンなど甲状腺に存在するタンパク質にはチロキシンなどヨウ素を含むアミノ酸を含んでいる。血液凝固系因子であるプロトロンビンやVII，IX，X因子は，グルタミン酸の側鎖が，さらにカルボキシル化されたγ-カルボキシグルタミン酸を含む。また発光クラゲの蛍光タンパク質GFPは，クロモフォアとしてセリン-チロシン-グリシン部分が，その誘導体である4-(p-hydroxybenzylidene)-imidazolidin-5-oneを形成している。一方，タンパク質中の特定のチロシン残基やセリン，トレオニン残基は，プロテインキナーゼによるリン酸化やホスファターゼによる脱リン酸化によりアミノ酸側鎖の性質が変化するためタンパク質の構造が変化し，スイッチのオン-オフの役割をする。その他に，非タンパク質性の異常アミノ酸とよばれるものがある。これらは，尿中のオルニチン（Orn）などアミノ酸の代謝過程での遊離アミノ酸やデヒドロアラニンなど微生物由来のペプチドの構成アミノ酸として存在する。その代表的な修飾アミノ酸・異常アミノ酸の構造を図2-3に示す。

（2）アミノ酸の立体異性

　側鎖Rが水素原子のもっとも簡単なアミノ酸であるグリシン以外のα-アミノ酸では，α炭素が不斉炭素原子であるため，側鎖Rの立体配置の違いにより図2-4のような光学異性体（L型およびD型）が存在する。L-アミノ酸とD-アミノ酸の溶解度や融点など化学的な性質は同一であるが，偏光面を回転する方向やその能力（旋光度）は異なる。タンパク質中のアミ

表 2-1 タンパク質を構成するアミノ酸

アミノ酸	構造式	3文字表記	1文字表記	アミノ酸	構造式	3文字表記	1文字表記
A. 中性アミノ酸				**チオール含有**			
脂肪族				システイン	COO⁻ / ⁺H₃N-C-H / CH₂ / SH	Cys	C
グリシン	COO⁻ / ⁺H₃N-C-H / H	Gly	G	メチオニン*	COO⁻ / ⁺H₃N-C-H / CH₂ / CH₂ / S / CH₃	Met	M
アラニン	COO⁻ / ⁺H₃N-C-H / CH₃	Ala	A	**イミノ酸**			
バリン*	COO⁻ / ⁺H₃N-C-H / HC / H₃C CH₃	Val	V	プロリン	COO⁻ / ⁺H₂N―C-H / H₂C CH₂ / CH₂	Pro	P
ロイシン*	COO⁻ / ⁺H₃N-C-H / CH₂ / CH / H₃C CH₃	Leu	L	**酸アミド**			
				アスパラギン	COO⁻ / ⁺H₃N-C-H / CH₂ / C / O NH₂	Asn	N
イソロイシン*	COO⁻ / ⁺H₃N-C-H / H-C-CH₃ / CH₂ / CH₃	Ile	I	グルタミン	COO⁻ / ⁺H₃N-C-H / CH₂ / CH₂ / C / O NH₂	Gln	Q
セリン	COO⁻ / ⁺H₃N-C-H / H-C-OH / H	Ser	S	**B. 酸性アミノ酸**			
				アスパラギン酸	COO⁻ / ⁺H₃N-C-H / CH₂ / O O⁻	Asp	D
トレオニン*	COO⁻ / ⁺H₃N-C-H / H-C-OH / CH₃	Thr	T	グルタミン酸	COO⁻ / ⁺H₃N-C-H / CH₂ / CH₂ / O O⁻	Glu	E
芳香族							
フェニルアラニン*	COO⁻ / ⁺H₃N-C-H / CH₂ / ⌬	Phe	F	**C. 塩基性アミノ酸**			
				リシン*	COO⁻ / ⁺H₃N-C-H / CH₂ / CH₂ / CH₂ / CH₂ / NH₃⁺	Lys	K
チロシン	COO⁻ / ⁺H₃N-C-H / CH₂ / ⌬ / OH	Tyr	Y	アルギニン	COO⁻ / ⁺H₃N-C-H / CH₂ / CH₂ / CH₂ / N-H / C=NH₂⁺ / NH₂	Arg	R
トリプトファン*	COO⁻ / ⁺H₃N-C-H / CH₂ / C / CH / N / H	Trp	W	ヒスチジン	COO⁻ / ⁺H₃N-C-H / CH₂ / C=CH / ⁺HN NH / C / H	His	H

＊：成人のヒトの必須アミノ酸

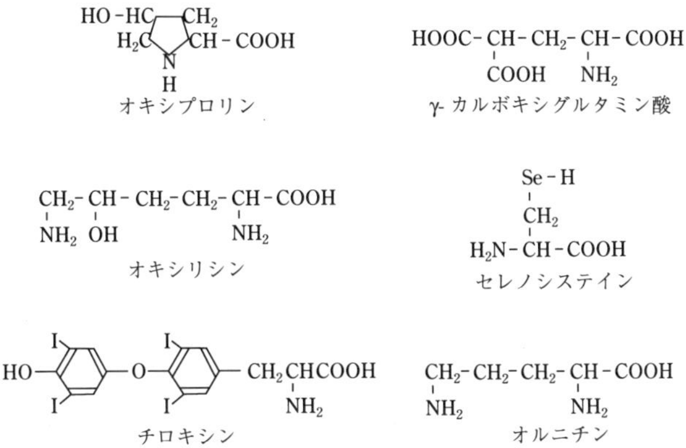

2-1 タンパク質と酵素

(構造式)
オキシプロリン　　　γ-カルボキシグルタミン酸

オキシリシン　　　セレノシステイン

チロキシン　　　オルニチン

図 2-3 代表的な修飾アミノ酸および異常アミノ酸

ノ酸はほとんどL型のアミノ酸である。しかしながら，なぜ，地球上の全生物のタンパク質がL-アミノ酸からなるのかはよくわかっていない。ただし，例外としてタンパク質の生合成時にはL-アミノ酸だが，その後D-アミノ酸として存在する場合もある。例えば，カエルの皮膚から単離された鎮痛ペプチドであるダーモルフィン (dermorphin) 中のD-アラニンや納豆の糸の主成分である γ-ポリグルタミン酸中のD-グルタミン酸は，アミノ酸ラセマーゼにより特異的に立体異性化している。さらに，タンパク質中のD-アミノ酸については，ラセミ化という現象を介してみることができる。ラセミ化とは，光学活性な化合物が他方の鏡像体へと変化し，旋光度がゼロになり光学不活性（ラセミ体）になる現象である。タンパク質

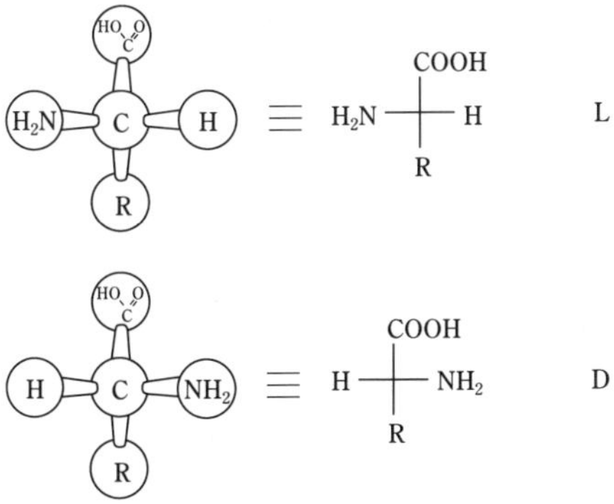

図 2-4 α-アミノ酸の光学異性体

表 2-2 トレオニンの光学異性体

構造式	L-トレオニン	D-トレオニン	L-アロトレオニン	D-アロトレオニン
	COOH H₂N—L—H H—D—OH CH₃	COOH H—D—NH₂ HO—L—H CH₃	COOH H₂N—L—H HO—L—H CH₃	COOH H—D—NH₂ H—D—OH CH₃

中のL-アミノ酸は，時間の経過に従ってラセミ化により一部がD-アミノ酸へと変化する。通常のタンパク質は代謝回転が速いのでラセミ化によるD-アミノ酸は無視できるが，新陳代謝のない歯や目，古い皮のタンパク質はラセミ化速度が速いアスパラギン酸を調べれば，おおよその年齢(年代)が判明する。アミノ酸のうち不斉炭素を二つもつトレオニンとイソロイシンは，それぞれ4種の光学異性体をもつ。表2-2にトレオニンの光学異性体の構造を示す。光学異性体のうち光学対掌体(L-トレオニンとD-トレオニンあるいはL-アロトレオニンとD-アロトレオニン)でない組合せ(L-トレオニンとL-アロトレオニンあるいはL-トレオニンとD-アロトレオニンなど)の関係をジアステレオマー(diastereomer)という。

2-1-2 タンパク質の構造と性質

(1) タンパク質の一次構造

タンパク質はアミノ酸がペプチド結合によりつながったものであると述べたが，その両端は通常 α-アミノ基と α-カルボキシル基が遊離の状態で存在する。アミノ基側をN末端，カルボキシル基側をC末端といい，N末端側からC末端までのアミノ酸の配列(並び方)，またシスチンが存在するときにはそのジスルフィド結合の位置(組合せ)を含めた化学構造をタンパク質の一次構造(primary structure)という。そして，タンパク質中のあるアミノ酸残基の位置を示すのに，通常N末端から何番目にあるかで示す。例えば，図2-5にウシのリボヌクレアーゼAの一次構造を示しているが，N末端はリシン(Lys[1])で，10番目のアミノ酸はアルギニン(Arg[10])である。タンパク質は，DNAの暗号に基づいてN末端からC末端へとアミノ酸がつながり，生合成される(1章1-2-1を参照)。したがってタンパク質の一次構造は，基本的にその構造遺伝子であるDNAの塩基配列により一義的に決まり，DNAあるいはmRNA(実際には対応する相補的DNA(cDNA)から)の塩基配列からタンパク質の一次構造を推定す

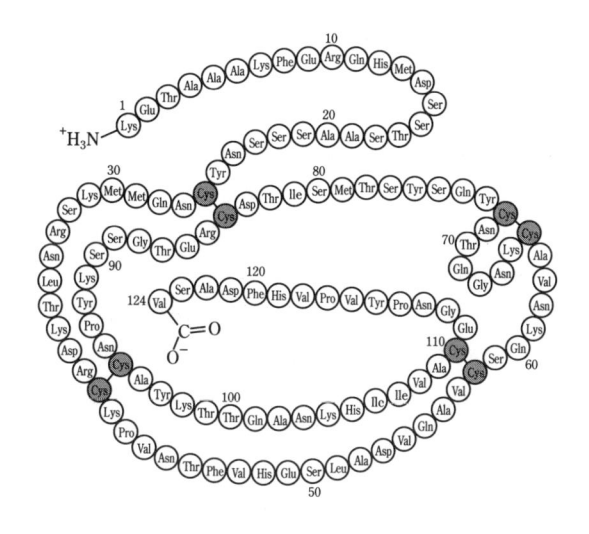

図 2-5 ウシリボヌクレアーゼ A の一次構造

図 2-6 エドマン法による N 末端アミノ酸からの配列解析

ることができる。また、タンパク質の一次構造を直接解析する方法として、エドマン法がある。これは、図2-6に示すように、まずフェニルイソチオシアネートをアミノ基に反応させ、トリフルオロ酢酸により末端のペプチド結合のみを選択的に切断し、N末端アミノ酸を2-アニリノ-5-チアゾリン誘導体として遊離する。その後、安定な3-フェニルチオヒダントイン誘導体(PTHアミノ酸)へと変換し、検出する。この一連の反応サイクルをくり返すことにより、N末端から順次アミノ酸配列順序を決定できる。

（2） タンパク質の高次構造

一次構造は、あくまでタンパク質の設計図的な構造にすぎない。実際にタンパク質が生物学的な活性や機能を発揮するためには、三次元的に折り畳まれて(フォールドして)ある特定の立体構造(高次構造)をとる必要がある。高次構造は、二次構造、三次構造、四次構造と細分される。タンパク質の二次構造(secondary structure)は、立体構造において主にペプチド鎖(主鎖)中のC=O基とNH基との間の水素結合により部分的にみられる規則的な構造である。水素結合の位置によりらせん状のαヘリックス、平面的なβ構造(並行および逆並行)、ターン構造がある(図2-7)。シス型のペプチド結合の配置をとるプロリンや側鎖がないグリシンがあるとターン構造をとりやすく、アラニン、ロイシンがあるとαヘリックス、側鎖の大きなバリン、イソロイシンなどはβ構造をとりやすいなど、二次構造はアミノ酸配列と相関がある。二次構造は、基本的に水素結合によって安定化されているので、比較的穏やかな処理により変化する。また、二次構造が局部的に組み合わさって規則的になっている構造を「超二次構造(super secondary structure)」とよび、αヘリックスがターン構造によりつながり束状になったヘリックスバンドル構造や8本のβ構造がαヘリックスで連結され樽状になっているβバレル(TIMバレル)構造などがあり(図2-8)、立体構造での新しいタンパク質の分類に関わっている。

タンパク質の三次構造(tertiary structure)は、二次構造がさらに折り畳まれて三次元的にとる実際の立体構造をいい、タンパク質の機能に直接関わってくる。ウシリボヌクレアーゼAの三次構造を図2-9に示している。三次構造を安定化しているのは、構成しているアミノ酸の側鎖間の相互作用であり、ある残基間の水素結合や静電相互作用、疎水結合、システイン間のジスルフィド結合などがある。とくに疎水結合が大きく寄与しており、有機溶媒や界面活性剤により疎水結合を切断すると、タンパク質の

2-1 タンパク質と酵素

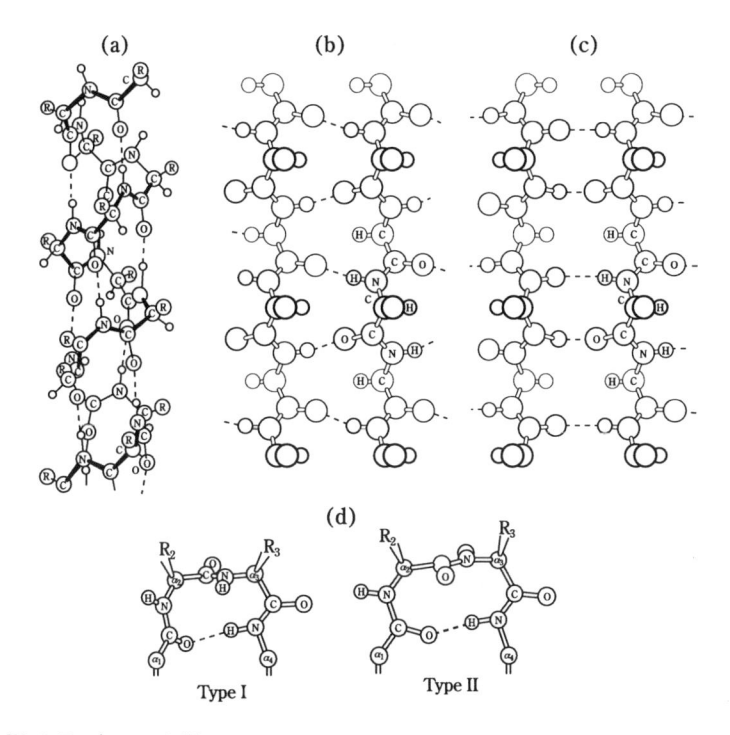

図 2-7 タンパク質の二次構造　(a) α ヘリックス，(b) 並行型 β 構造，(c) 逆並行型 β 構造，(d) β ターン構造

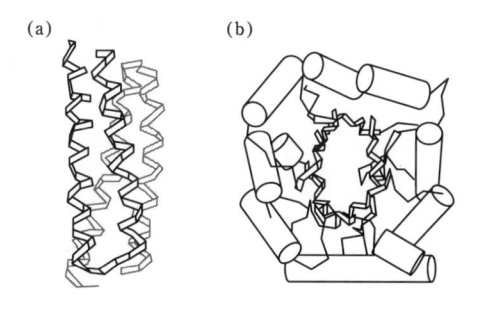

図 2-8 タンパク質の超二次構造　(a) 4 ヘリックスバンドル，(b) β バレル構造

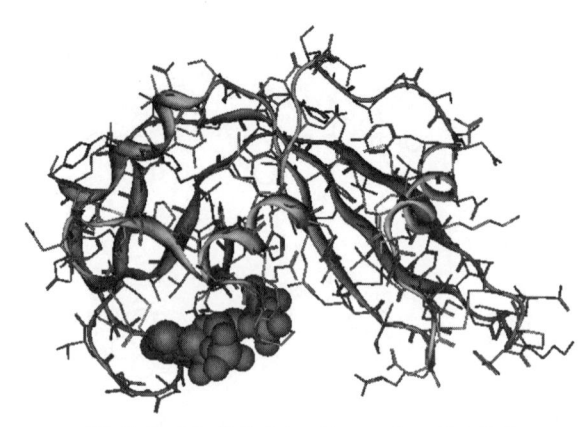

図 2-9 ウシリボヌクレアーゼ A の三次構造

三次構造は壊れ変性する。

　タンパク質によっては，さらに三次構造をもつポリペプチド鎖が非共有結合により会合して，特定の空間的配置をとっている。これを四次構造（quaternary structure）とよぶ。各ポリペプチド鎖をサブユニット（あるいはプロトマー）といい，会合したものをオリゴマーという。サブユニットの数により，二量体，三量体，四量体となるが，同じサブユニットからなる場合，相互作用している部分が相補的であるため対称性を示す。また，RNAポリメラーゼや脂肪酸合成酵素複合体などのように多種類のサブユニットからなる場合もある。四次構造は，複合体の一連の酵素反応を効率的に行ったり，四量体であるヘモグロビンのようにサブユニットの一つが酸素と結合すると他のサブユニットの結合性が増加するようなアロステリック効果に関係している。

　タンパク質の高次構造は，変性させたタンパク質がある適切な条件下で元の立体構造に巻戻るというアンフィンセン（C. B. Anfinsen, 1972年ノーベル化学賞）の実験などから，その一次構造により一義的に決まると考えられている。ところが狂牛病の原因タンパク質であるプリオンは，同じ一次構造をもつ正常型タンパク質（αヘリックスを含む）の三次構造が脳に傷害を与えるプリオン型（βシート構造に富む）に変化するためであることが明らかになった（S. B. Prusiner, 1997年ノーベル医学・生理学賞）。遺伝子をもたないにも関わらず伝染性を示すという謎が，プリオン型のものが正常型の三次構造の変化を引きおこすことから説明された。まだ不明な点

が多いが，まったく同じ一次構造のタンパク質が異なる高次構造をとる興味深い例である。

2-1-3 酵素の機能と生化学
(1) 酵素反応の特徴

　タンパク質のうち，ある特定の化学反応を触媒するものを酵素という。酵素は，通常その生物が住む環境や生体内での反応であるため，アルカリ土壌細菌や温泉中の好熱細菌の酵素など例外もあるが，一般的には中性pH域で生理的な温度の穏やかな条件で化学反応を進める。例えば，エタノールをアセトアルデヒドに酸化する反応の場合，通常の化学反応ではエタノールを二クロム酸ナトリウムの硫酸水溶液中で加熱するような過酷な条件下で行うが，酵素反応ではアルコールデヒドロゲナーゼが生理的な穏やかな条件で作用して酸化する。また，化学反応では過剰酸化により副生成物として酢酸が生じるが，酵素反応では副反応はおきず，特異的にアセトアルデヒドになる。これは，酵素が反応原料である基質(substrate)に対して特異的に識別する基質特異性(substrate specificity)と触媒反応を行う活性中心(active center)あるいは活性部位(active site)をもっていることと，酵素がタンパク質であるために極端なpHや熱によって変性し，失活することに関係する。酵素によっては基質に対する特異性が非常に厳密なものがあり，例えば細菌や植物に広く分布するアスパラギン酸アンモニアリアーゼは，L-アスパラギン酸のみが基質となる。またフマラーゼはトランス型のフマル酸に作用し，シス型のマレイン酸には作用しない。このように，酵素は光学異性体や幾何異性体を認識する立体特異性をもっている。この基質特異性は，基質と酵素の反応部位が相補的に結合するためであり，それはあたかも鍵が鍵穴に合うような関係であると説明される。これは1894年にフィッシャー(E. Fisher)が提唱した鍵と鍵穴説(lock and key theory)で基本的には正しいとされているが，実際は固定されているのではなく，基質分子が活性部位に近づくと活性部位の立体構造が変化して基質との相補的な複合体を形成するという，コシュランド(D.E. Koshland, 1968)の誘導適合仮説(induced fit model)が，実験的に明らかにされている。

　もう一つ酵素反応の特徴として特筆されるのは，反応を厳密に制御できる点である。酵素は必要なときに不活性な前駆体として生合成され，特定の場所に運ばれた後，プロセッシングを受けて活性型となる。特に，血液

凝固-線溶系や補体系など生体の機能と深く関係し，その恒常性を維持するために重要である酵素はさらに厳密に制御されている。通常，前駆体（プロ酵素，チモーゲン）として不活性な状態で存在し，必要時に酵素によるプロセッシングで変換され，さらに補酵素的な機能をもつタンパク質や金属イオン，リン脂質などとの結合により活性が増強される。また，不要となったときには，インヒビター（阻害物質）が酵素と複合体をつくり酵素反応を抑える。

(2) 酵素の分類

酵素の分類は，酵素の化学的性質に基づく方法あるいは酵素反応の種類に基づく方法などが考えられるが，その中で後者の方法は酵素に特異的であるため分類にもっとも適している。このため酵素は，国際生化学および分子生物学連合酵素命名委員会（NC-IUBMB）の規定に従って，酵素反応の種類によって分類されている（最新版は1992年で3196エントリー，2002年まで追録8で3833エントリー）。酵素はECで始まる4組の数字が付けられているが，第一の数字により以下に示すように大きく六つに分類されている（http://www.chem.qmw.ac.uk/iubmb/enzyme/を参照）。

1. 酸化還元酵素（オキシドレダクターゼ）
2. 転位酵素（トランスフェラーゼ）
3. 加水分解酵素（ヒドラーゼ）
4. 除去付加酵素（リアーゼ）
5. 異性化酵素（イソメラーゼ）
6. 合成酵素（リガーゼ）

さらに，第二，第三の数字によりさらに細かく分類されている。例えば，消化酵素であるキモトリプシンはEC.3.4.21.1であるが，最初の番号3は加水分解酵素であることを示し，次の4はペプチド結合に作用するものを示す。また，次の21はセリンエンドペプチダーゼであることを示し，最後の1はその中での通し番号となっている。このように，EC番号をみればどのような酵素であるかがわかるようになっている。

(3) 酵素の触媒反応機構

酵素の触媒機能は，変性により失われるので，その立体構造が機能発現に大切であることがわかる。とくに，触媒機能に直接関わっている活性中心のアミノ酸がどのような立体配置をとり，どう基質にはたらくかという酵素の触媒機能の発現機構について，いくつかの酵素について明らかにな

2-1 タンパク質と酵素

$(CH_3)_2CHO$ — $P(=O)$ — F with $(CH_3)_2CHO$
ジイソプロピルフルオロリン酸 (DFP)

C6H5—CH_2SO_2F
フェニルメタンスルホニルフルオリド (PMSF)

図 2-10 セリンプロテアーゼ阻害剤

っている。一般的に，活性中心にはヒスチジン，セリン，システイン，アスパラギン酸，グルタミン酸，リシン，アルギニン，チロシン，トリプトファンのような側鎖に官能基をもつアミノ酸が存在する。さらに官能基は，遊離アミノ酸としての反応性とは異なり，異常に高い反応性をもっている。この高い反応性を利用して，特異的な反応試薬を用いて活性部位アミノ酸のみを化学修飾し，機能の変化を調べて酵素の活性中心を同定することができる。もっともよくわかっている例は，キモトリプシンやトリプシンなどのセリンプロテアーゼである。セリン残基が活性中心に存在し，ジイソプロピルフルオロリン酸 (DFP) やフェニルメタンスルホニルフルオリド (PMSF)(図2-10)と容易に反応し，失活する。セリン残基の反応性が高くなっているのは，セリンおよびアスパラギン酸，ヒスチジンが側鎖間で水素結合を形成し(図2-11(a))，セリンの水酸基の求核性が増加しているためである。セリンプロテアーゼは，さらに基質の切断されるペプチド結合のカルボニル基がオキシアニオンホールとよばれる部位との水素結合により，セリンの水酸基の求核攻撃を受けやすくしている(図2-11(b))。こ

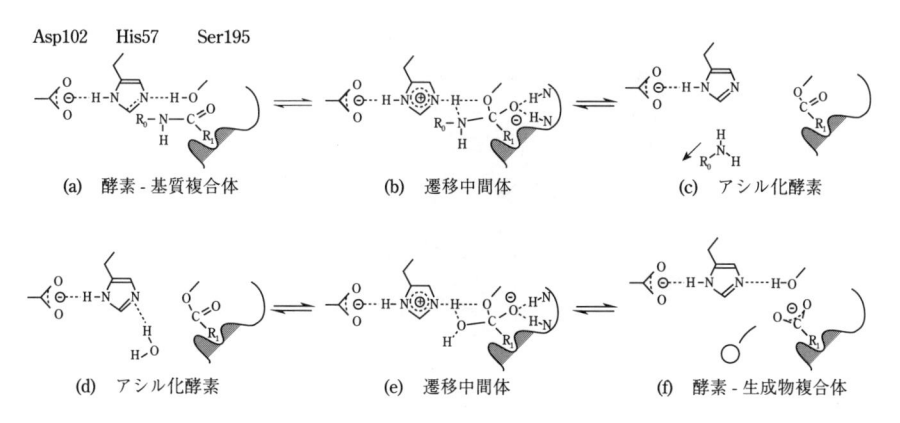

Asp102　His57　Ser195

(a) 酵素-基質複合体　　(b) 遷移中間体　　(c) アシル化酵素

(d) アシル化酵素　　(e) 遷移中間体　　(f) 酵素-生成物複合体

図 2-11 セリンプロテアーゼの触媒反応機構

のように，酵素は特異的な立体構造をとることによって活性中心のアミノ酸の官能基を厳密に配置し，高い反応性をもたせることで触媒機能を獲得している．酵素の活性中心は，反応の遷移状態(transition state)にある基質と結合し(図2-11(b))，活性化エネルギーを低くすることにより反応を促進すると考えられる．C端側ペプチドの遊離と活性セリンのアシル化(図2-11(c),(d))ののち，水分子の攻撃をうけ，もう一度遷移状態(図2-11(e))を介してN端側ペプチドが遊離し(図2-11(f))反応が終わる．この遷移状態の考え方は，1948年ポーリング(L. Pauling)により述べられ，その後，遷移状態型基質類似体と酵素の複合体の立体構造解析や抗体酵素の研究により証明されている．また，遺伝子操作技術の進歩により，酵素の反応機構を調べる有力な手段として酵素の特定のアミノ酸を他のアミノ酸に置換した変異体を作製して調べるタンパク質工学による方法が一般的になった．基質特異性についても例えば芳香族アミノ酸あるいは側鎖の大きな脂肪族アミノ酸を認識するキモトリプシンとリシンやアルギニンなど塩基性アミノ酸を認識するトリプシンの違いは，189位アミノ酸 Ser(キモトリプシン)とAsp(トリプシン)など基質認識部位の立体構造の違いによることがX線立体構造解析やタンパク質工学的解析からわかっている

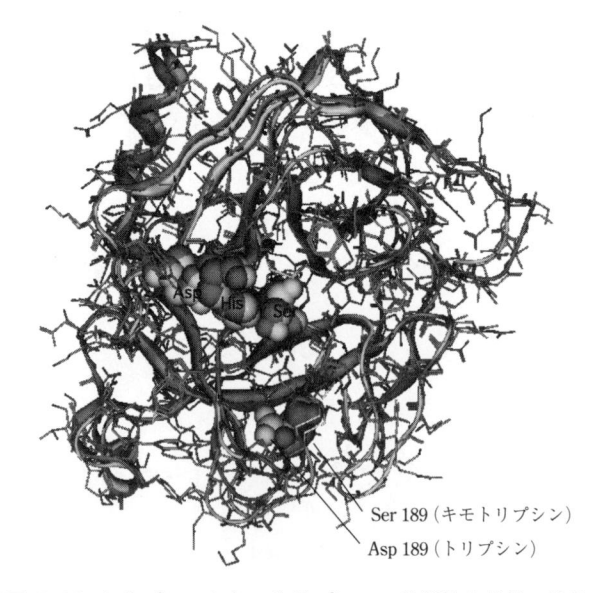

図 2-12 トリプシンとキモトリプシンの基質結合部位の比較

（図 2-12）。

（4） 酵素の反応速度論

　酵素の反応機構を理解するためには，反応量を時間軸に対して解析する速度論的な方法も重要である。例えばマルトースをマルターゼ(EC.3.2.1.20)によりグルコースに加水分解する反応をみてみると，

$$\text{A}(マルトース) + \text{B}(\text{H}_2\text{O}) \longrightarrow \text{C}(グルコース)$$

であり，この場合

$$v = -\frac{d[\text{A}]}{dt} = -\frac{d[\text{B}]}{dt} = \frac{d[\text{C}]}{dt} = k[\text{A}][\text{B}]$$

で二次反応となる。ところが酵素反応の場合，反応物質の一方Bが水のようにAに比べて大過剰存在するので，反応前後での変化量を不変とみなせる。したがって，Bの初濃度を$[\text{B}]_0$とすると$[\text{B}]_0$は定数となり，

$$v = -\frac{d[\text{A}]}{dt} = \frac{d[\text{C}]}{dt} = k[\text{A}][\text{B}]_0 = k_{\text{app}}[\text{A}]$$

のように見かけ上は一次反応(擬一次反応とよぶ)となる。酵素反応では，初速度v_0($t=0$のときの速度)と基質濃度$[\text{S}]_0$の関係をみると，基質濃度が低い場合は直線関係であるのに対し，高くなると飽和する現象がみられる(図 2-13)。これは，酵素反応が酵素-基質(ES)複合体を形成するということにより説明できる。ミカエリス(L. Michaelis)らは，この考えをもとに酵素反応を，

$$\text{E} + \text{S} \longrightarrow \text{ES} \longrightarrow \text{E} + \text{P}$$

で表し，次のミカエリス-メンテン(Michaelis-Menten, 1913)の式を導いた。

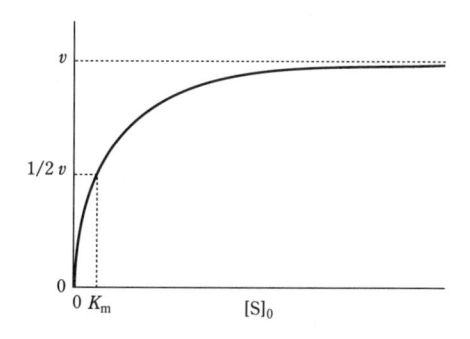

図 2-13　酵素反応における初速度v_0と基質濃度$[\text{S}]_0$の関係

$$v = \frac{V_{\max}[S]_0}{K_m + [S]_0}$$

$V_{\max}$ は最大反応速度であり，酵素分子がすべて基質で飽和されたときの速度である。K_m はミカエリス定数で最大反応速度の 1/2 の初速度を与える基質濃度として定義され，$K_m = (k_{-1} + k_{+2})/k_{+1}$ で示される。$k_{-1} \gg k_{+2}$ のとき $K_m = k_{-1}/k_{+1}$ となり，酵素-基質複合体の解離定数と等しくなる。また，k_{+2} が分子活性 ($V/[E]_0$) となる。

(5) 酵素の応用

酵素は，触媒としては非常に優れているため従来から工業的にも利用されている。とくに，微生物の酵素を利用したものは，酒，味噌，醬油の製造など代謝系を利用する発酵法と微生物の特定の酵素のみを利用して物質を生産する酵素法がある。酵素の特徴からとくにアミノ酸の合成など光学活性な化合物の生産に有効である。酵素の特異性は特徴であるとともに，新しい化合物を合成するためには基質認識能が限られてくるため欠点ともなっている。新しい化合物に対しては，タンパク質工学的に酵素の特異性を変換するほか，基質認識の多様性に富んでいる抗体に触媒機能を付与した酵素抗体を用いる方法もある。

2-2 糖，核酸および脂質の生化学

2-2-1 糖の構造，分類および役割

(1) 糖質とは

糖質(サッカリド，saccharide)は，ウイルスを含めてあらゆる生物にひろく存在し，地球上でもっとも多量に存在する有機化合物である。糖質は，グルコース(ブドウ糖，glucose)やスクロース(ショ糖，sucrose)，あるいはデンプン，グリコーゲンのような $C_n(H_2O)_n$ の組成式で示される化合物，炭水化物(carbohydrate)として長いこと定義されてきたが，C, H, O 以外の元素(NやS)を含む糖質，またカルボキシル基(—COOH)を含む糖質，デオキシ糖など上記の組成式にあてはまらない糖質も数多く知られるようになってきたため，現在，糖質は，「ポリヒドロキシルアルデヒドまたはポリヒドロキシルケトンとその誘導体」と定義されている。簡単にいえば，少なくとも1個のカルボニル基($>C=O$)と2個以上の水酸基(—OH)をもつ化合物とその重合(脱水縮合)体あるいは誘導体となる。

糖質は単糖，オリゴ糖，多糖と分子量(糖残基の重合度)により大きく三つに分けられる。オリゴ糖以上の糖質を糖鎖(sugar chain)ともよぶ。

(2) 糖質の構造と分類

単糖 単糖(モノサッカリド，monosaccharide)はこれ以上加水分解されない，単一なポリヒドロキシアルデヒドまたはケトンであり，主な単糖の構造と所在を表2-3に示す。

オリゴ糖 オリゴ糖(オリゴサッカリド，oligosaccharide)は単糖が数個脱水縮合(グリコシド結合)したもので，ギリシャ語で少数を意味する"oligos"に由来があるように，一般には重合度が10前後のものまでをオリゴ糖とよんでいたが，今日では，糖タンパク質糖鎖も含めて重合度20前後までをオリゴ糖としている。

天然に存在する主な遊離の二糖，三糖の構造と所在を表2-4に示す。

多糖 正式には多糖(ポリサッカリド，polysaccharide)のことをグリカン(glycan)とよぶ。これは糖(glyco-)と糖の高分子を意味する語尾(アン，-an)をつけたもので，グルコースのポリマーはグルカン(glucan)，マンノースのポリマーはマンナン(mannan)となる。表2-5に主要な多糖を起源の違いにより分類した。

複合糖質 糖タンパク質，糖脂質，プロテオグリカンを総称して複合糖質(glycoconjugate あるいは complex carbohydrate)とよんでいる。これら複合分子の糖鎖部分は，生体内において，細胞間の認識，識別，相互作用など重要な機能をもつ。糖タンパク質糖鎖は，タンパクとの結合部の違いにより，アスパラギン結合(N-グリコシド)型糖鎖とセリン，トレオニン結合(O-グリコシド)型糖鎖に分類される。糖脂質は，動物によくみられるスフィンゴ糖脂質と植物，微生物に存在するグリセロ糖脂質に分けられる。プロテオグリカンは，糖鎖としてグリコサミノグリカン(glycosaminoglycan；GAG)をもつタンパク質の総称である。ヒアルロン酸，コンドロイチン硫酸などがよく知られている。

配糖体 天然には糖とほかの化合物が結合した物質，配糖体が数多く存在する。糖と結合している部分をアグリコン(aglycon)とよび，その多くは植物体中に見い出され，フェノール，アルコール，酸と結合して薬理作用をもったり，毒性を示すものがある。またミカンの黄色(フラボノイド配糖体)やアサガオの青(アントシアニジン配糖体)など色素と結合しているものもある。微生物では，抗生物質として見い出される。

表 2-3 主な単糖の名称，構造，所在

分類	構造	名称	所在
三炭糖	CHO / HCOH / CH₂OH	D-グリセルアルデヒド	糖代謝の中間体
四炭糖	CHO / HCOH / HCOH / CH₂OH	D-エリスロース	糖代謝の中間体
五炭糖	(環状構造)	D-キシロース (α-, β-D-Xyl)	植物細胞壁多糖キシランの構成成分
六炭糖	(環状構造)	D-グルコース (α, β-D-Glc)	血糖，デンプン・グリコーゲンの構成成分，配糖体
	(環状構造)	D-フルクトース (D-Fru)	果汁，砂糖やフルクタンの構成成分
	(環状構造)	D-ガラクトース (α-, β-D-Gal)	乳糖の成分，ガラクタンの構成成分
	(環状構造)	D-マンノース (α-, β-D-Man)	コンニャクのグルコマンナンの構成成分，糖タンパク質
デオキシ糖	(環状構造)	L-フコース (α-L-Fuc)	褐藻のフコイダン，血液型物質
糖アルコール	CH₂OH / HOCH / HOCH / HCOH / HCOH / CH₂OH	D-マンニトール	褐藻中の遊離糖
ウロン酸	(環状構造)	D-グルクロン酸 (α-, β-D-GlcA)	ムコ多糖の構成成分
	(環状構造)	D-ガラクツロン酸 (α-, β-D-GalA)	ペクチンの構成成分
アミノ糖	(環状構造)	D-N-アセチルグルコサミン (α-, β-D-GlcNAc)	キチンの構成成分

2-2 糖，核酸および脂質の生化学　　　　　　　　　　　　　　　　　　　　　　　61

表 2-4　天然に存在する主なオリゴ糖

分類	構造	名称	所在
還元性二糖		マルトース（麦芽糖） (Glc α1→4 Glc)	デンプン・グリコーゲンの部分加水分解物
		セロビオース (Glc β1→4 Glc)	セルロースの部分加水分解物
		ラクトース（乳糖） (Gal β1→4 Glc)	乳の成分
非還元性二糖		スクロース（ショ糖） (Glc α1→2 βFru)	砂糖
還元性三糖		マルトトリオース (Glc α1→4Glc α1→4 Glc)	デンプン・グリコーゲンの部分加水分解物
非還元性三糖		ラフィノース (Gal α1→6 Glc α1→2 βFru)	植物の遊離糖

2-2-2　核酸の構造，分類および役割

(1) DNA，RNA の構造

　核酸には，デオキシリボ核酸(deoxyribonucleic acid；DNA)とリボ核酸(ribonucleic acid；RNA)が存在し，物理的な構造は両者間でよく似ている．DNA は遺伝子の本体であり，その役割は遺伝情報の図書館にも例えられる．DNA の機能の制御を考えるうえで，DNA の物理的構造を知ることは重要である．DNA の基本的な構造は，1953 年にワトソン(J.D. Watson)，クリック(F.H.C Crick)によって明らかにされた．ワトソン・クリック DNA 構造の特徴は，対称的二重らせん構造と，相補的塩基対の形成にある．

　核酸は，プリンまたはピリミジン誘導体の塩基，糖(ペントース)，リン酸からなるヌクレオチドを基本単位とし(図 2-14)，各ヌクレオチドが糖

表 2-5 主な多糖の構造と所在

多糖名	糖組成	結合の種類	主な所在
アミロース	Glc	Glc(α1-4)Glu	植物デンプンの成分
アミロペクチン	Glc	Glc(α1-4)Glu, α1-6分岐	植物デンプンの成分
グリコーゲン	Glc	Glc(α1-4)Glu, α1-6分岐	動物肝臓，筋肉，微生物
デキストラン	Glc	Glc(α1-6)Glu	乳酸菌
セルロース	Glc	Glc(β1-4)Glu	植物細胞壁
イヌリン	Fru	Fru(β1-2)Fru	キク，ユリなどの根茎
キシラン	Xyl	Xyl(β1-4)Xyl	植物細胞壁
ラミナラン	Glc	Glc(β1-3)Glu	褐藻，酵母細胞壁
ガラクタン	Gal	Gal(β1-4)Gal	植物細胞壁
グルコマンナン	Glc/Man	Glc(β1-4)Man, Man(β1-4)Man	コンニャクの塊茎
ペクチン酸	GalU	GalU(α1-4)GalU	植物細胞壁(ペクチン)
アガロース	Gal/3,6 anhydro Gal	(β1-4)結合	天草(寒天の成分)
キチン	GlcNAc	GlcNAc(β1-4)GlcNAc	甲殻類，昆虫，カビ細胞壁

Glc；D-グルコース，Fru；D-フルクトース，Xyl；D-キシロース，Gal；D-ガラクトース，Man；D-マンノース，GalU；D-ガラクチュロン酸，GlcNAc；D-Nアセチルグルコサミン
注：細菌細胞壁の多糖など，多くの多糖は複雑な分岐構造と糖組成をもっており，表にするのが困難なため，本表にはとりあげていない。

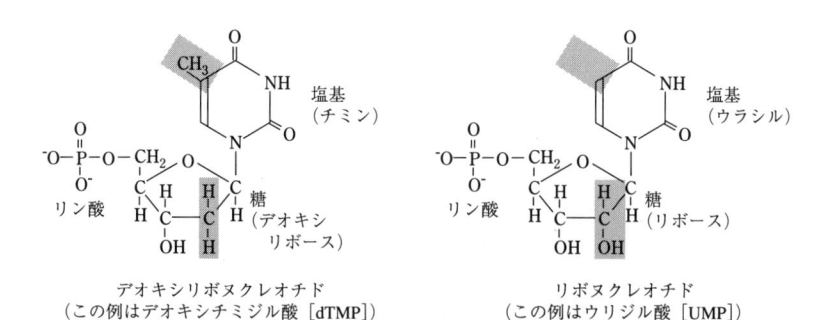

図 2-14 核酸(DNAおよびRNA)の構成単位

2-2 糖，核酸および脂質の生化学

の 3′ と 5′ 位炭素の間のジエステル結合で結ばれた長い鎖状のポリヌクレオチドである(図 2-15)。糖の部分がリボースかデオキシリボースかが，RNA と DNA の基本構造の違いである(図 2-14)。図 2-15 に示した，糖-リン酸-糖の繰返し結合を DNA，RNA 鎖の骨格とよび，鎖状構造を形成する役割を果たしている。この構造には方向性があり，一端は 5′-OH(単に 5′ とも記す)であり，他端は 3′-OH(単に 3′ とも記す)である。一般に，核酸の塩基配列は，5′ から 3′ の方向に書き表す。DNA 中の塩基部分には，アデニン(A)，グアニン(G)，シトシン(C)，チミン(T)の 4 種のいずれかが位置し(図 2-15)，その他に微量のメチル化塩基，たとえば 5-メチルシトシンが含まれていることもある。これらの塩基の固有の配列が，遺伝情報そのものである。RNA の場合は DNA と一部異なり，4 種の主要塩基のうち，チミン(T)の代わりにウラシル(U)が含まれている。

細胞内では，DNA のほとんどは B 型 DNA(B-form DNA, B-DNA)として知られるコンフォメーションをとる。B-DNA は二本鎖として存在し，右巻の二重らせん構造を形成する(図 2-16)。二本の DNA 鎖は反対

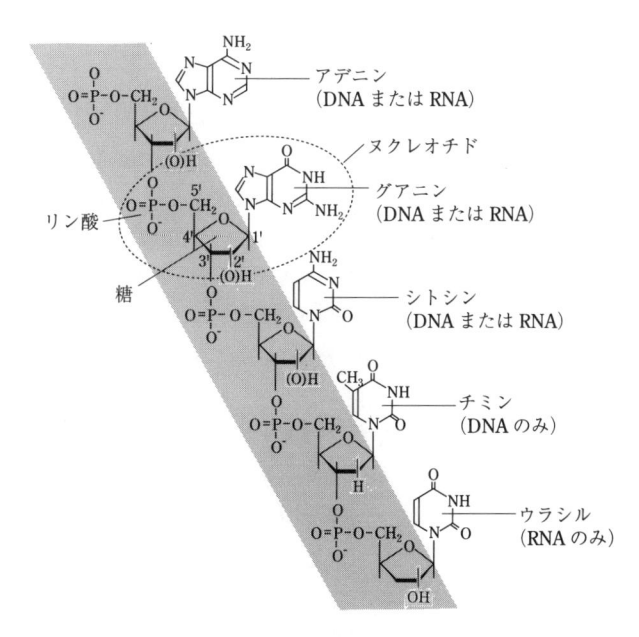

図 2-15 核酸(DNA または RNA)のポリヌクレオチド鎖の一部(DNA(RNA)鎖の骨格部分を灰色で示す)

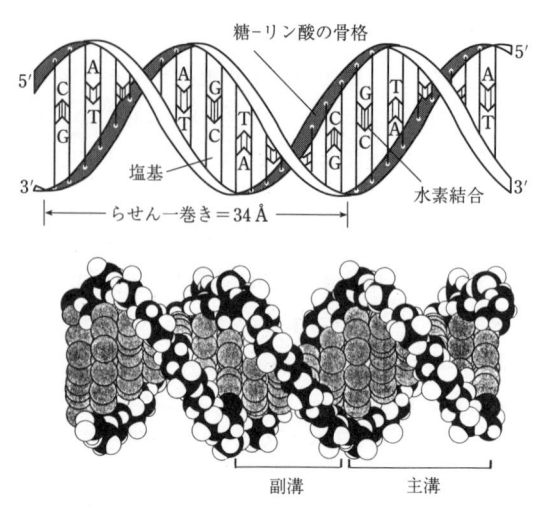

図 2-16 DNA の二重らせん構造

向き，すなわち逆平行に互いにらせんを巻いている．それぞれの鎖から中心軸にむかって塩基が突出して存在し，らせんの長軸に直角な平面上で他の鎖の塩基とむかい合って，AとT，GとC，という相補性に基づいた水素結合(塩基対)をつくり，全体の構造を安定化している(図2-17)．糖-リン酸鎖による二重らせんの骨格は，その間に2種類の溝をつくる．一つは副溝(minor groove)で もう一つは主溝(major groove)である(図2-16)．溝の底の部分では塩基対の縁は溶媒が塩基対に接近可能であり，タンパク質が配列を認識して特異的に結合できる領域を提供する．また，条件によってDNAは左巻きのZ-DNAや彎曲した構造のbent-DNAなどの構造をとる．RNAの場合，ある種のウイルスなどを除いて，その分子は一本鎖である．しかしRNA分子にも，ヘアピンループ形成などによって生じる二重らせん領域が存在する．

細胞から取り出したDNAを，加熱(あるいはアルカリ)処理すると，塩基間の水素結合が切れて一本鎖DNAとなる．この変化をDNAの変性とよぶ．変性したDNA溶液の温度を徐々に下げてゆくと，塩基間の相補性をもつ一本鎖DNA間で再び水素結合が形成され，元の二本鎖DNAに戻る．これを，DNAの再会合あるいはアニーリング(annealing)という．このDNAのアニーリングの特性が，多くの分子生物学的な研究手法に用いられている．

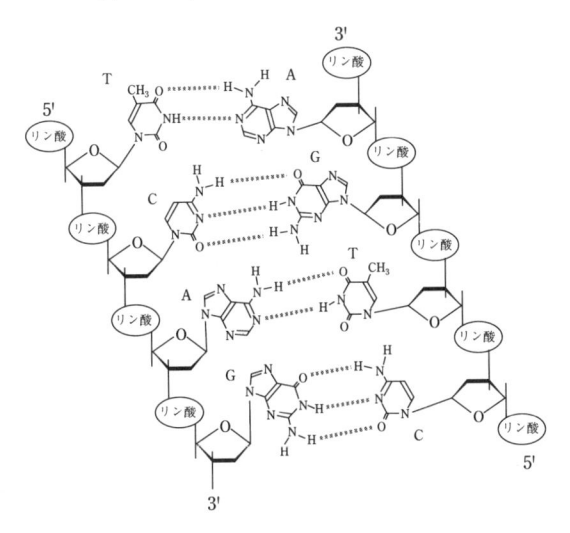

2-2 糖，核酸および脂質の生化学　　　　　　　　　　　　　　　　　　　65

図 2-17　DNA 二本鎖間の相補的な塩基の水素結合

（2） DNA の機能

　細胞内に存在する DNA には，二つの重要な役割が存在する．すなわち，遺伝子として RNA 転写の鋳型となることでタンパク質合成に関わること，および細胞分裂に際して DNA 分子の複製を行い，娘細胞に同じ遺伝情報を伝えることである．これらの過程では，二本鎖 DNA がほどけて形成された一本鎖 DNA の塩基の上に相補性をもつヌクレオチドが並んで，新しい RNA 鎖（転写の場合），あるいは DNA 鎖（複製の場合）がつくられる．このような，塩基の相補性に基づく半保存的な DNA 鎖，RNA 鎖の合成が，DNA の機能には重要である．DNA の複製は 3-1-2 で，RNA 転写は 3-1-3 で詳しく述べる．

　細胞内に存在し，生物を維持するために必要な遺伝情報を担う DNA のひとそろいをゲノム DNA とよぶ．DNA 複製は半保存的に行われるため，生物のゲノム DNA には A と T，G と C がそれぞれ等量含まれる（表 2-6）．一方，（A＋T）：（G＋C）の比は，それぞれの生物種で異なっている．ウイルスはゲノム DNA として，通常一本の比較的短い分子量 1×10^6 〜200×10^6（1.6×10^3 塩基対〜3.2×10^5 塩基対）程度の DNA をもつ．また，ϕX 174 ファージのように，環状一本鎖ゲノム DNA をもつものもある．原核生物は環状二本鎖ゲノム DNA をもつものが多く，大腸菌 DNA の分

表 2-6 DNA 中の塩基組成（モル数の％）

生物名	A	T	G	C
天然痘ウイルス	29.5	29.9	20.6	20.3
大腸菌	24.7	23.6	26.0	25.7
バッタ	29.3	29.3	20.5	20.7
サケ	30.9	29.4	19.9	19.8
ヒトの精子	31.0	31.5	19.1	18.4

子量は約 $3.1×10^9$（約 $5×10^6$ 塩基対）である。真核生物の場合，ゲノムDNA は数本から数十本の線状の分子として細胞核に存在しており，それぞれが一つの染色体を構成する。出芽酵母のゲノム DNA の分子量は約 $8×10^9$（約 $1.2×10^7$ 塩基対）であり，これが 16 本の染色体として存在する。また，ヒトゲノム DNA は約 $2×10^{12}$（約 $3×10^9$ 塩基対）で，23 本の DNAに分かれているが，母方と父方由来の両方のゲノム DNA を有するため（二倍体），染色体数は 46 本である。これらのゲノム DNA とは別に，真核生物では少量の DNA がミトコンドリアや葉緑体にも含まれ，このDNA 上にはこれらのオルガネラを構成する一部のタンパク質の遺伝子を有している。これらのオルガネラ DNA は，ゲノム DNA とは異なり，環状 DNA である。

　真核生物のゲノム DNA は，細胞が分裂するとき（細胞周期分裂期）には染色体として目にみえる凝縮した構造をタンパク質とともに形成するが，それ以外の時期（細胞周期間期）では核内に分散して存在している。しかし，細胞周期間期においても，ゲノム DNA は多くの核タンパク質と結合した構造体を形成して存在しており，この DNA-タンパク質複合体をクロマチンとよぶ。クロマチンの構造については，3-1-1 で述べる。

（3） RNA の機能

　細胞がつくるタンパク質のアミノ酸配列を規定する遺伝情報は，DNAに塩基の固有な並びとして刻まれており，以下のような過程により，DNA の遺伝情報に基づいたタンパク質合成が行われる。

　　　　　DNA ⟶ （転写） ⟶ mRNA ⟶ （翻訳） ⟶ タンパク質

　すなわち，DNA に刻み込まれている塩基配列の情報は，メッセンジャーRNA（mRNA）に転写され，この mRNA を鋳型として転移 RNA（tRNA）が，リボソーム RNA（rRNA）の関与する反応によりタンパク質が合成される。したがって，原核生物でも真核生物においても，mRNA，

2-2 糖，核酸および脂質の生化学

tRNA, rRNA の 3 種類の分子が RNA の大半を占めている(表 2-7)。真核細胞ではこのほかの RNA も存在しており，例えば，核内低分子 RNA (small nuclear RNA；snRNA)は RNA エキソンのスプライシングに関与している。しかし，このほかにも多種の RNA が存在しており，その機

表 2-7 大腸菌の RNA 分子

種類	相対量(%)	沈降定数(S)	質量 (kD)	ヌクレオチド数
リボソーム RNA（rRNA）	80	23	1.2×10^3	3700
		16	0.55×10^3	1700
		5	3.6×10^1	120
転移 RNA（tRNA）	15	4	2.5×10^1	75
メッセンジャー RNA(mRNA)	5		不均一	

表 2-8 遺伝暗号表

1 文字目 (5′末端)	2 文字目				3 文字目 (3′末端)
	U	C	A	G	
U	Phe Phe Leu Leu	Ser Ser Ser Ser	Tyr Tyr 終止 終止	Cys Cys 終止 Trp	U C A G
C	Leu Leu Leu Leu	Pro Pro Pro Pro	His His Gln Gln	Arg Arg Arg Arg	U C A G
A	Ile Ile Ile Met	Thr Thr Thr Thr	Asn Asn Lys Lys	Ser Ser Arg Arg	U C A G
G	Val Val Val Val	Ala Ala Ala Ala	Asp Asp Glu Glu	Gly Gly Gly Gly	U C A G

注：この表はそれぞれのトリプレットで指定されるアミノ酸を示す。例えば，mRNA の 5′AUG3′というコドンはメチオニンを指定し，CAU はヒスチジンを指定する。UAA, UAG, UGA は終止コドンである。AUG は，ペプチド鎖の内部のメチオニンをコードするほかに，翻訳開始シグナルの一部分でもある。

mRNAはタンパク質合成の鋳型となるもので，遺伝子それぞれに対してつくられ，分子量は非常に不均一である．翻訳の際には，DNAから写しとられたmRNA中の3連の塩基(コドン)がアミノ酸残基ひとつを指定し，特定のタンパク質が合成される(表2-8)．真核生物の遺伝子DNAには，イントロン(intron；介在配列)とエキソン(exon)とよばれる領域が入り交じっており，これらはどちらも転写されるが，イントロンは転写されたばかりのRNA分子から切り取られ，エキソンだけが残ってつながり，成熟mRNA分子となる(図2-18)．

tRNAは，mRNAのコドンによって決められた順序で，活性型アミノ酸をリボソームに運び，ペプチド結合を形成させる(図2-19)．20種のアミノ酸それぞれに対して，少なくとも1種のtRNAが存在する．mRNA上のコドンの認識は，tRNAにあるアンチコドンという塩基配列によって行われる(図2-19)．リボソームは，50種以上のタンパク質とrRNAとの集合体であり，タンパク質合成の際に，触媒としての役割と構造的な役割を同時に果たす．

2-2-3　脂質の構造と分類，および役割

水に溶けず，アルコール，エーテル，クロロホルムなどの有機溶剤に可溶の生体成分を脂質(lipid)と総称する(図2-20)．主に炭素，水素，酸素の3元素からなり，炭素と酸素は炭化水素の長い鎖—$(CH_2)_n$—である脂肪酸を構成する．

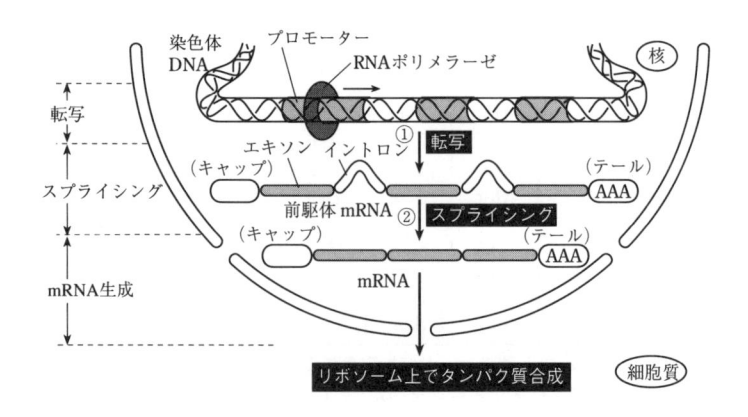

図 2-18　真核生物におけるmRNAのでき方(プロセシング)

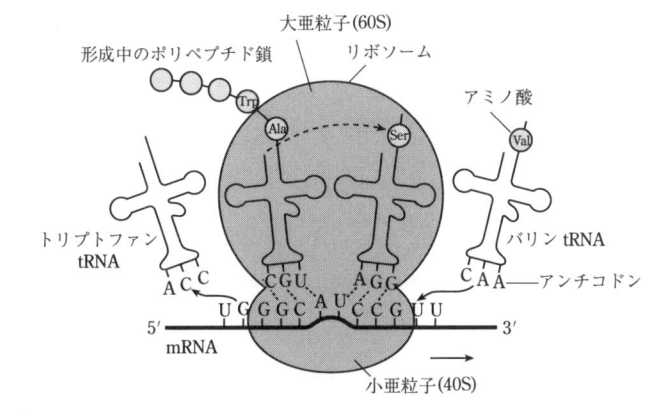

図 2-19 タンパク質が生合成される際の tRNA および mRNA のはたらき
（リボソームは mRNA 上を 5′→3′ 方向に移動する）

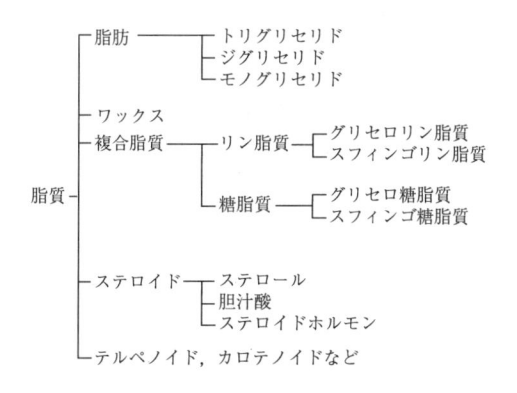

```
          ┌─脂肪─────┬─トリグリセリド
          │         ├─ジグリセリド
          │         └─モノグリセリド
          ├─ワックス
          │                   ┌─グリセロリン脂質
          │         ┌─リン脂質─┤
   脂質─┤─複合脂質─┤         └─スフィンゴリン脂質
          │         │         ┌─グリセロ糖脂質
          │         └─糖脂質──┤
          │                   └─スフィンゴ糖脂質
          │         ┌─ステロール
          ├─ステロイド─┼─胆汁酸
          │         └─ステロイドホルモン
          └─テルペノイド, カロテノイドなど
```

図 2-20 脂質の分類

（1） 脂 肪 酸

　脂質に共通の構成分が脂肪酸(fatty acid)である。天然の脂肪酸は，ほとんどが偶数個の炭素(C_4—C_{22})が直鎖状に結合した構造をしており，末端にカルボキシル基(—COOH)をもつもので，一般式は R—COOH で表す。分子内に二重結合をもたないものを飽和脂肪酸(表2-9)，二重結合をもつものを不飽和脂肪酸(表2-10)という。不飽和脂肪酸の二重結合はシス型とトランス型の立体構造をとり，天然ではほとんどがシス型である

表 2-9 飽和脂肪酸

脂肪酸	炭素数	構造	融点(°C)	主な所在
酢酸	2	CH_3COOH	18	酢, 反芻胃
プロピオン酸	3	CH_3CH_2COOH	-20	反芻胃
酪酸	4	$CH_3(CH_2)_2COOH$	-8	乳脂
カプロン酸	6	$CH_3(CH_2)_4COOH$	-3	乳脂, やし油
ラウリン酸	12	$CH_3(CH_2)_{10}COOH$	43	やし油, パーム核油
パルミチン酸	16	$CH_3(CH_2)_{14}COOH$	63	動植物油脂一般
ステアリン酸	18	$CH_3(CH_2)_{16}COOH$	70	動植物油脂一般

表 2-10 不飽和脂肪酸

脂肪酸	炭素数:二重結合数	二重結合の位置*	主な所在
パルミトレイン酸	16:1	9	魚油, 牛脂, 豚脂
オレイン酸	18:1	9	乳脂, オリーブ油, なたね油
リノール酸	18:2	9, 12	サフラワー油, 大豆油, なたね油
リノレン酸	18:3	9, 12, 15	大豆油, アマニ油, シソ油
アラキドン酸	20:4	5, 8, 11, 14	肝油, 牛肉, 豚肉, 魚肉
エイコサペンタエン酸	20:5	5, 8, 11, 14, 17	魚油
ドコサヘキサエン酸	22:6	4, 7, 10, 13, 16, 19	魚油

＊カルボキシル基の炭素から数えた番号。

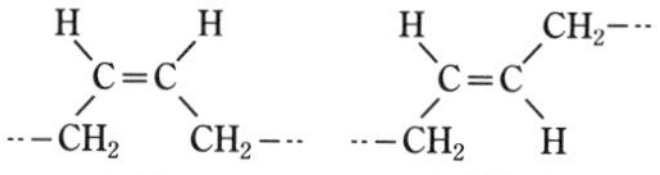

図 2-21 シス型とトランス型

(図 2-21)。動物体内で合成できないリノール酸, リノレン酸, アラキドン酸を必須脂肪酸という。

(2) 脂　　肪

　脂肪(fat)は油脂ともいう。グリセロールに脂肪酸がエステル結合したものなのでグリセリド(glyceride)という。また, 脂肪酸の酸基が結合に使われているので中性脂肪ともいわれる。結合する脂肪酸の数によりモノグリセリド, ジグリセリド, トリグリセリドがあるが, 天然に多いのはトリグリセリド(triglyceride, triacylglycerol)である(図 2-22)。

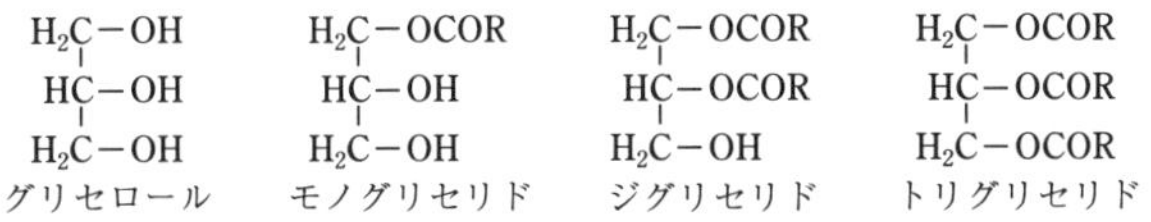

```
H₂C-OH        H₂C-OCOR      H₂C-OCOR      H₂C-OCOR
HC-OH         HC-OH         HC-OCOR       HC-OCOR
H₂C-OH        H₂C-OH        H₂C-OH        H₂C-OCOR
グリセロール   モノグリセリド  ジグリセリド   トリグリセリド
```

図 2-22 脂肪の種類と構造

（3） 複 合 脂 質

複合脂質は，リン酸を含むリン脂質と糖を含む糖脂質とがある。リン脂質は，さらにグリセロリン脂質とスフィンゴリン脂質に分けられる。同様に，糖脂質もグリセロ糖脂質とスフィンゴ糖脂質に分類できる(図2-20)。

グリセロリン脂質(glycerophospholipid, 図2-23)はホスファチジン酸の誘導体であり，トリグリセリドの脂肪酸1個がリン酸に置き換わったものである。ホスファチジン酸にコリンの結合したものがホスファチジルコリン(phosphatidylcholine)であり，脳神経組織，肝臓，卵黄，大豆に多く，古くはレシチンともよばれ，卵黄レシチンや大豆レシチンというよび方をした。

スフィンゴリン脂質(sphingophospholipid)として代表的なものは，スフィンゴミエリン(sphingomyelin)である。長鎖アミノアルコールであるスフィンゴシンに脂肪酸が酸アミド結合し，さらにリン酸コリンが結合した構造をとる(図2-24)。動物組織にひろく分布し，とくに神経突起のミエリン膜に多い。なお，スフィンゴミエリンからリン酸コリンのとれた N-アシルスフィンゴシンをセラミド(ceramide)という。スフィンゴミエリンは，コリンの供給体であるとともに神経における電気信号の絶縁体としてはたらくと考えられている。

グリセロ糖脂質(glyceroglycolipid)は，トリグリセリドから脂肪酸が1

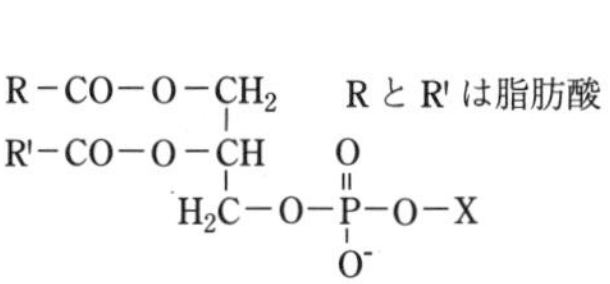

```
        R-CO-O-CH₂        R と R' は脂肪酸
        R'-CO-O-CH    O
              H₂C-O-P-O-X
                    ‖
                    O⁻
```

X 基が －H で ホスファチジン酸
　　　 －CH₂CH₂N⁺(CH₃)₃ （コリン）で ホスファチジルコリン
　　　 －CH₂CH₂NH₂ （エタノールアミン）で ホスファチジルエタノールアミン
　　　 －CH₂CH(NH₂)COOH （セリン）で ホスファチジルセリン

図 2-23 グリセロリン脂質の構造

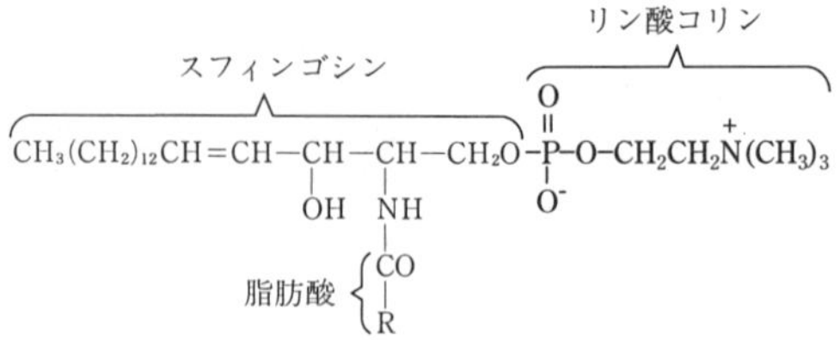

$CH_3(CH_2)_{12}CH=CH-CH-CH-CH_2O-\overset{\overset{O}{\|}}{\underset{\underset{O^-}{|}}{P}}-O-CH_2\overset{+}{N}(CH_3)_3$

(スフィンゴシン: $CH_3(CH_2)_{12}CH=CH-CH(OH)-CH(NH-)-CH_2O-$; 脂肪酸: $CO-R$ に結合; リン酸コリン部分)

図 2-24 スフィンゴミエリンの構造

個はずれ，その代わりに糖がグリコシド結合した構造をしている。植物に多いが，とくに葉緑体にはガラクトースが1個ないし2個ついたモノガラクトシルジグリセリドやジガラクトシルジグリセリドが局在する（図2-25）。糖の輸送や葉緑体の構造と機能維持に関与する。

スフィンゴ糖脂質（sphingoglycolipid）としての代表は，セレブロシド（cerebroside）である。スフィンゴシンに脂肪酸とガラクトースかグルコースを1個結合している（図2-26）。脳からはじめて分離され，大脳（cerebrum）にちなんで名づけられた。セレブロシドにさらに糖鎖が結合し，ヘキソサミンとシアル酸を含むのがガングリオシド（ganglioside）であり，脳，脊椎，末梢神経に分布する。細胞内の膜マトリックスの構成分として構造を保つ機能，血液型物質としての抗原作用，毒素やウイルスなどのレセプター機能が知られる。

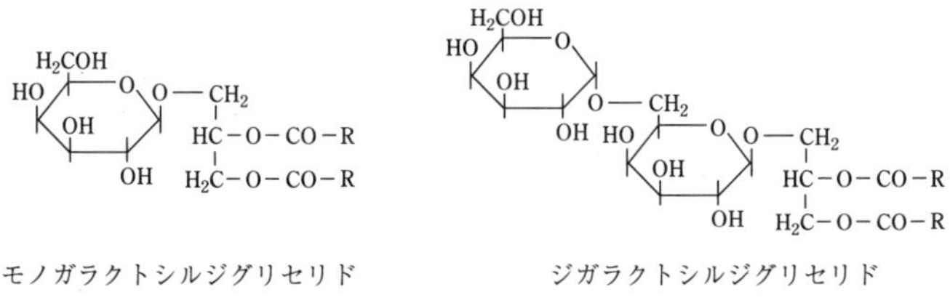

モノガラクトシルジグリセリド　　ジガラクトシルジグリセリド

図 2-25 モノガラクトシルジグリセリドとジガラクトシルジグリセリドの構造

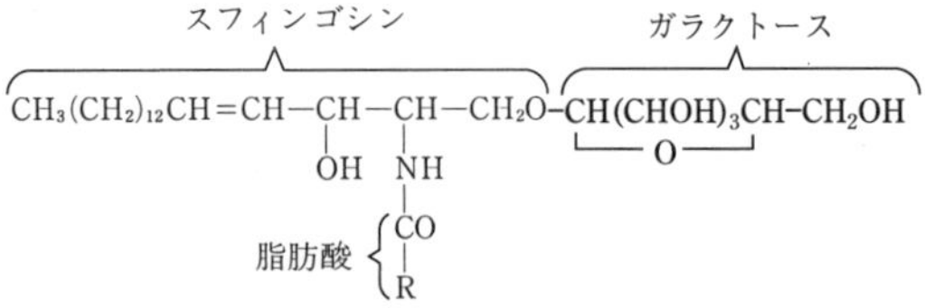

$CH_3(CH_2)_{12}CH=CH-CH-CH-CH_2O-CH(CHOH)_3CH-CH_2OH$

（スフィンゴシン，脂肪酸，ガラクトース部分）

図 2-26 セレブロシドの構造

（4） ステロイド

ステロイド(steroid)には，ステロール，胆汁酸，ステロイドホルモンなどがある。シクロペンタン（5角環状の炭化水素）とパーヒドロフェナンスレン（水素化されたフェネンスレン）の縮合形をステロイド環（シクロペンタパーヒドロフェナンスレン環，図2-27）といい，これを骨格にする化合物がステロイドと総称されている。

ステロールの中でコレステロール(cholesterol)は，代表的な動物ステロールである（図2-28）。動物組織にひろく分布し，とくに神経組織，脂肪細胞，胆汁に多い。細胞内の膜の構造と性質の維持，ステロイドホルモンや胆汁酸の生合成源，ビタミン D_3（コレカルシフェロール）の前駆体としての機能などがある。

胆汁酸(bile acid)の主なものは，コール酸(cholic acid)である。動物の胆のうから分泌される。遊離で存在することは少なく，グリシンやタウリンと結合してグリココール酸やタウロコール酸として存在する（図2-29）。この形は脂肪を乳化する作用が強い。グリココール酸はヒトや草食動物の胆汁に多く，タウロコール酸は肉食動物や爬虫類，鳥類の胆汁に多い。

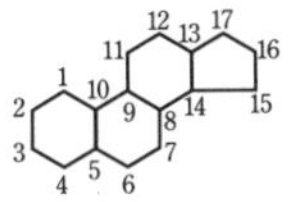

図 2-27　ステロイド環の構造

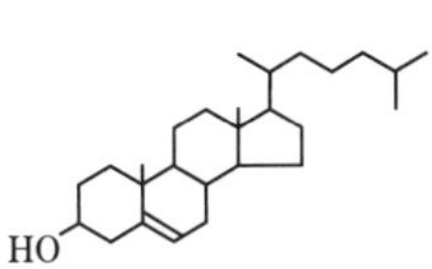

図 2-28　コレステロール($C_{27}H_{46}O$)の構造

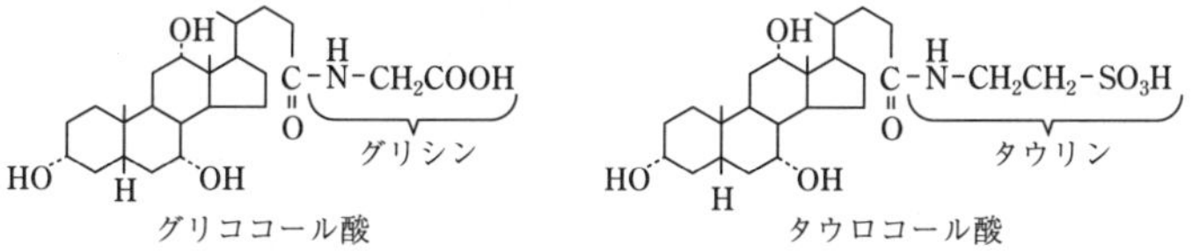

図 2-29　グリココール酸とタウロコール酸の構造

2-3 アミノ酸,核酸および脂質の生合成

2-3-1 アミノ酸の生合成

アミノ酸分子中の窒素は,もとをたどれば大気中の窒素に由来する。N_2 を NH_3 に還元する反応を窒素固定といい,細菌とラン色細菌(ラン藻,シアノバクテリアともいう)が行う。しかし,高等生物は窒素固定を行うことができないため,窒素源を摂取し代謝する必要がある。細菌,植物では20種類すべてのアミノ酸を自身で生合成することができる。一方,ヒトを含む動物では約半数のアミノ酸を生合成できない。生合成できないものや,合成が可能であっても合成能が十分ではないものは必須アミノ酸,生合成できるものは非必須アミノ酸とよばれる。

アミノ酸生合成における窒素代謝に関して重要な二つの反応は,有機酸などの炭素化合物にアンモニアを結合させる方法(アミノ化反応)と,有機酸などに他のアミノ酸のアミノ基を移す方法(アミノ転移反応)である。

アミノ化反応に関与する代表的な酵素は,グルタミン酸脱水素酵素(glutamate dehydrogenese;GDH)とグルタミン合成酵素(glutamine synthetase;GS)である。それぞれが関与する反応を図 2-30 と図 2-31 に

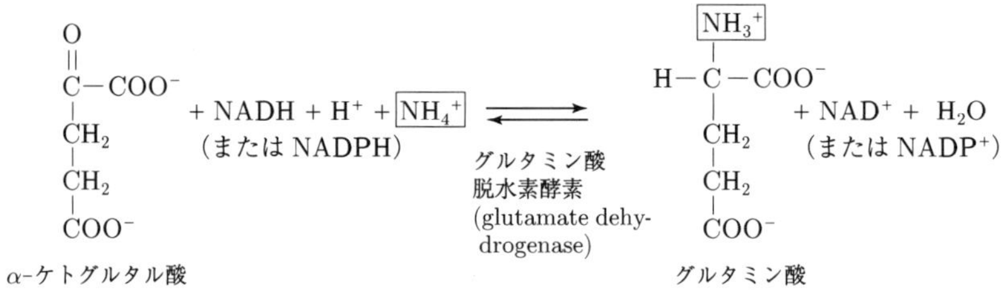

図 2-30 グルタミン酸脱水素酵素によるアミノ化反応

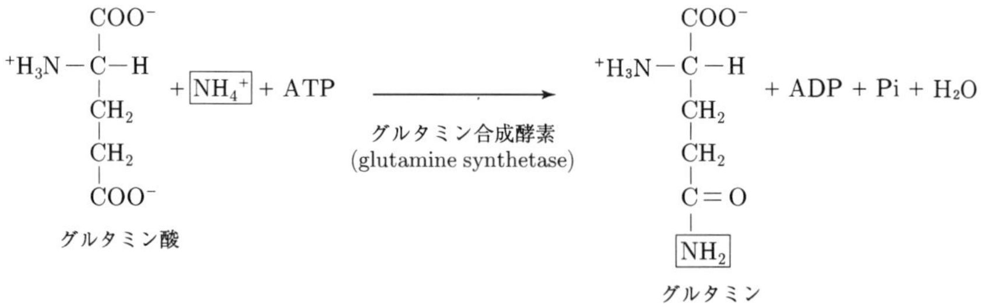

図 2-31 グルタミン合成酵素によるアミノ化反応

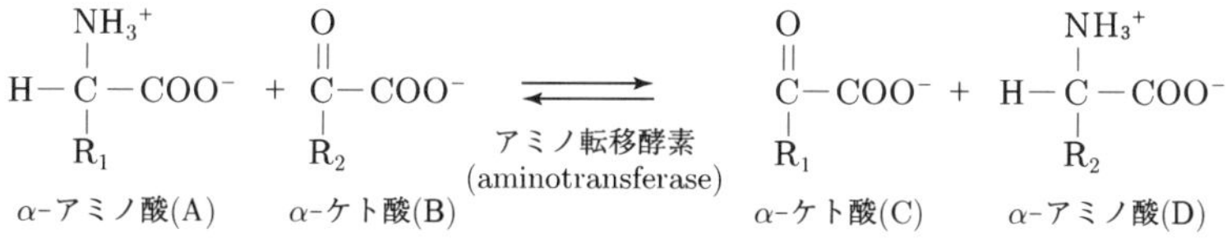

2-3 アミノ酸，核酸および脂質の生合成

$$\underset{\alpha\text{-アミノ酸(A)}}{\overset{NH_3^+}{\underset{R_1}{H-C-COO^-}}} + \underset{\alpha\text{-ケト酸(B)}}{\overset{O}{\underset{R_2}{C-COO^-}}} \underset{\text{アミノ転移酵素}}{\overset{}{\rightleftarrows}} \underset{\alpha\text{-ケト酸(C)}}{\overset{O}{\underset{R_1}{C-COO^-}}} + \underset{\alpha\text{-アミノ酸(D)}}{\overset{NH_3^+}{\underset{R_2}{H-C-COO^-}}}$$

(aminotransferase)

図 2-32 アミノ転移酵素によるアミノ転移反応

示す。

アミノ転移反応は，アミノ転移酵素(aminotransferase)によって触媒される。この酵素は，トランスアミナーゼ(transaminase)ともよばれる。この反応は可逆的で，図2-32のように進む。

アミノ転移酵素のもっとも重要なものの一つであるアスパラギン酸アミノ転移酵素は，アスパラギン酸のアミノ基をα-ケトグルタル酸へ転移する反応を触媒する。

アスパラギン酸＋α-ケトグルタル酸 $\rightleftarrows$ オキサロ酢酸＋グルタミン酸

これらの反応(および逆反応)は，アミノ酸の分解過程でも重要な役割を果たしている。

ヒトの非必須アミノ酸は，限られた数の共通代謝中間体から，単純な経路で合成される。例として，図2-33に，3種類の有機酸より6種類のアミノ酸が生合成される経路を示す。また，アミノ酸分解の過程でも，その構造の多様性にもかかわらず，そのほとんどが限られた数の共通の代謝中間体に集められる。これにより，代謝による分子の変換が経済的に行われている。

2-3-2 核酸の生合成

核酸を構成する基本単位はヌクレオチドである。ヌクレオチドはDNAやRNAの構成因子としてだけでなく，生体のさまざまな反応に重要な役割を果たしている。例えば，アデニンヌクレオチドのATPは生体内の普遍的なエネルギー担体である。また，アデニンヌクレオチドは，主要な補酵素3種，$NAD(P)^+$，FAD，CoAの構成要素である。また，ホルモンなどにより細胞外から核への転写制御の情報が伝達される際には，サイクリックAMP，GTP，GDPなどが重要な役割を果たしている。

ヌクレオチドの合成には，簡単な物質から新しく合成される *de novo* 合成と，すでに存在する塩基の再利用というかたちで合成される再利用(サルベージ)合成がある。

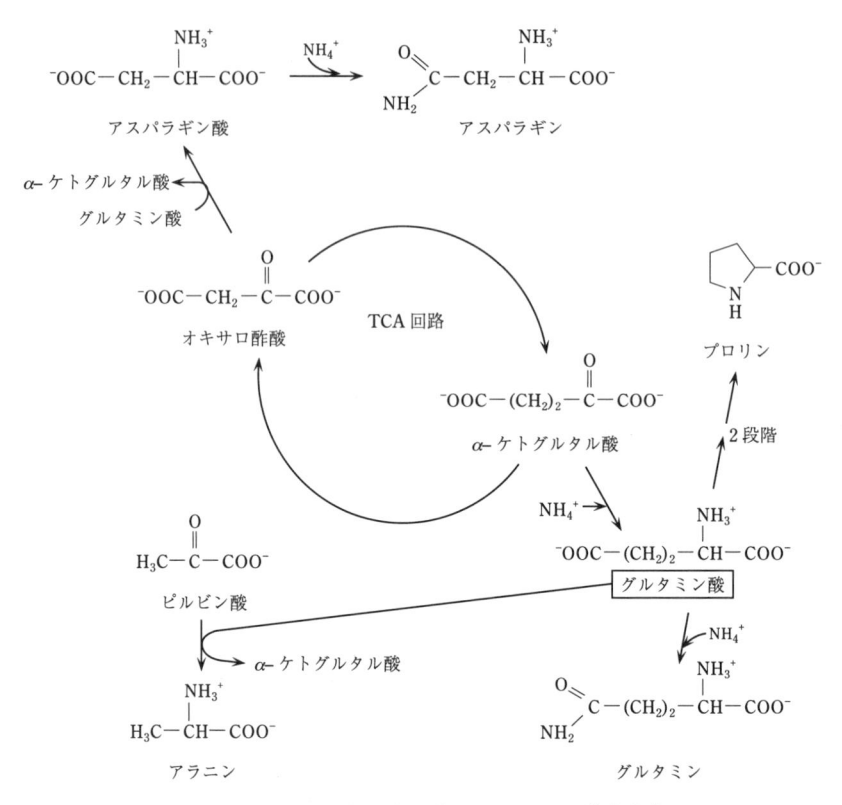

図 2-33 TCA 回路中間体からのアミノ酸生合成

　de novo 合成では，ヌクレオチドの塩基部分を構成するプリンとピリミジンは，アミノ酸，テトラヒドロ葉酸誘導体，NH_4^+，CO_2 から *de novo* で組み立てられる。プリン環の原子の由来(図2-34)とピリミジン環の原子の由来(図2-35)を示す。プリンやピリミジンヌクレオチドの糖-リン酸部分は，5-ホスホリボシル-1-ピロリン酸(5-phoshoribosyl-1-pyrophosphate; PRPP)に由来している。PRPP は ATP とリボース5-リン酸から PRPP 合成酵素により合成される(図2-36)。プリン環の *de novo* 合成はリボースリン酸と結びついた形で，5員環の形成，6員環の形成という順で行われる。それに対しピリミジンヌクレオチドの場合には，ピリミジン環がまず形成されてからリボースリン酸に結合する。
　一方，プリンヌクレオチドの再利用(サルベージ)反応では，PRPP のリボースリン酸部分がプリンに転移され，対応するリボヌクレオチドが形

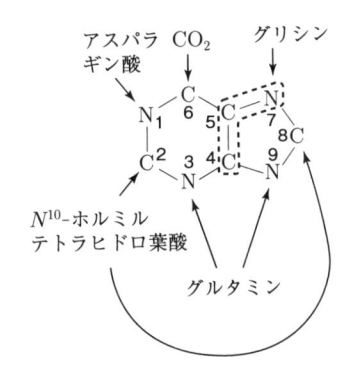

2-3 アミノ酸，核酸および脂質の生合成

図 2-34 プリン環の原子の由来

図 2-35 ピリミジン環の原子の由来

図 2-36 リボース5-リン酸からの PRPP の合成

図 2-37 塩基の再利用反応によるプリンヌクレオチドの形成

成される（図 2-37）。

デオキシリボヌクレオチドは，リボヌクレオチドの還元によりつくられる。このとき，リボースの $2'$-ヒドロキシル基が水素原子に置き換わる（図 2-38）。

以上に述べたヌクレオチドの生合成は，さまざまな機構により厳密に制御されていることが知られている。

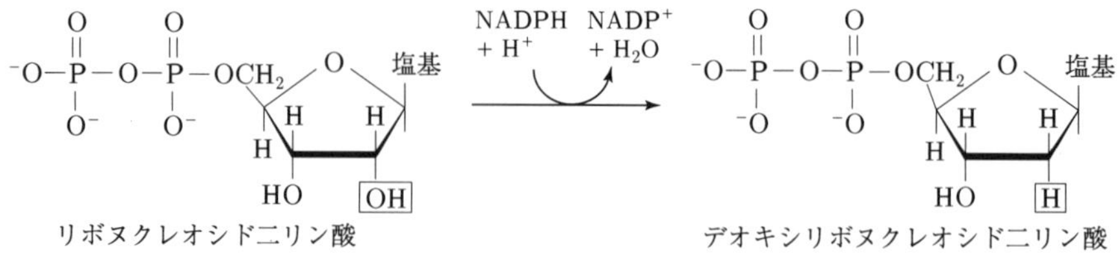

図 2-38 リボヌクレオチドの還元によるデオキシリボヌクレオチドの形成

2-3-3 脂質の生合成
(1) 脂肪酸の生合成

脂質の基本構成分である脂肪酸(アシル基)は，CoA や ACP と結合した形で代謝される。CoA は補酵素 A(coenzyme A)ともよばれ，アデノシン—リン酸(AMP)にホスホパンテテイン基が結合したものである。ACP はアシルキャリアプロテインといわれるタンパクであり，末端にホスホパンテテイン基をもつ(図2-39)。CoA，ACP ともアシル基とチオエステルを形成し，脂肪酸は CoA 結合型(アシル CoA)として β 酸化を受けたり脂質合成に使われ，一方，ACP 結合型(アシル ACP)として脂肪酸合成に使われる。

脂肪酸の生合成の経路を図2-40 に示す。アセチル ACP(C_2)とマロニル ACP(C_3)を出発物質として，脱炭酸とともに両者が縮合してアセトアセチル ACP になり，還元，脱水，還元を受けて C_4 のブチリル ACP がつくられる。この反応をさらに 6 回くり返し，ACP を放つとパルミチン酸ができる。動物では脂肪酸シンターゼという 2 個のサブユニットからでき

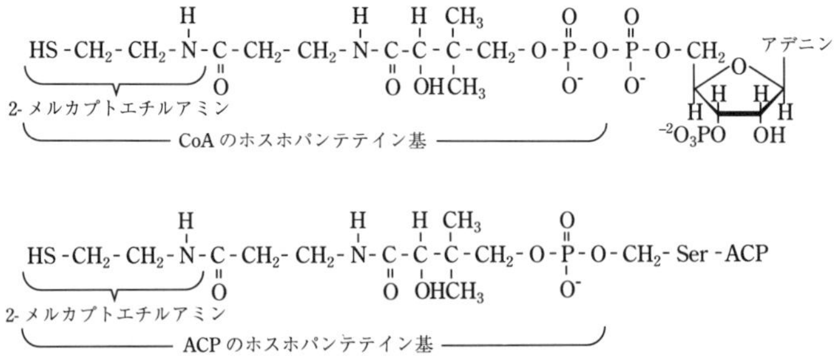

図 2-39 CoA と ACP のホスホパンテテイン基

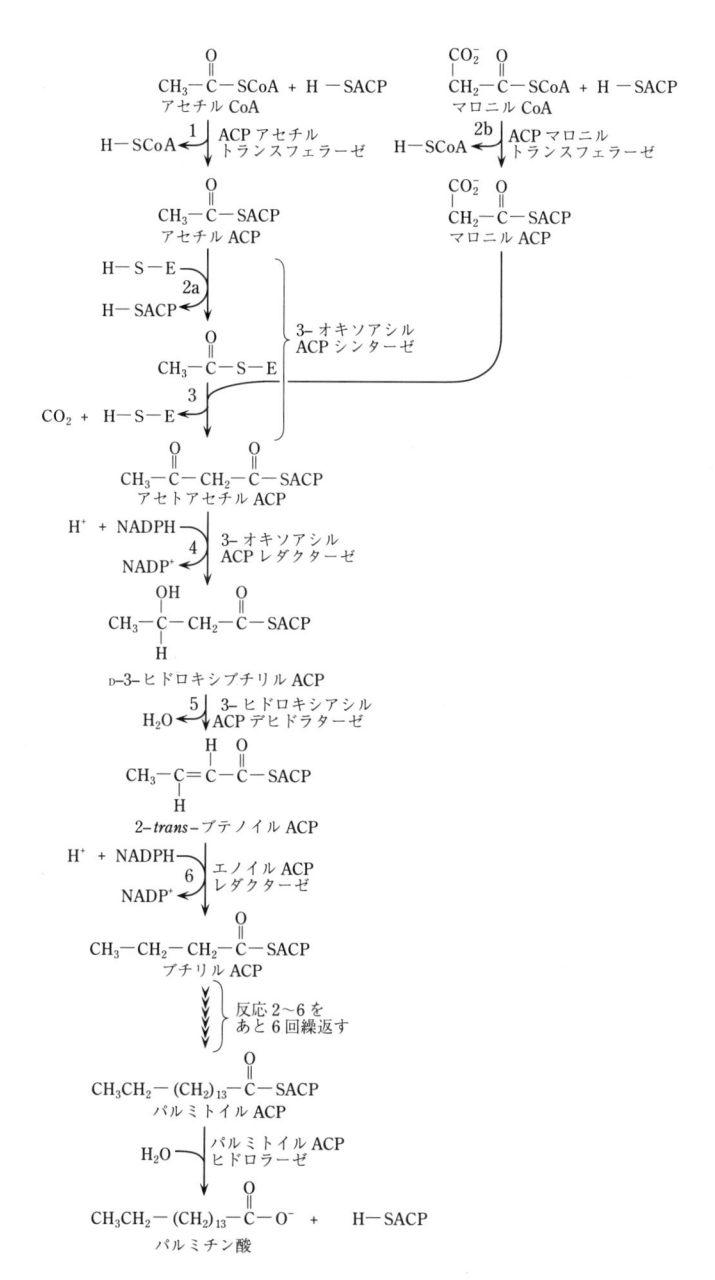

2-3 アミノ酸，核酸および脂質の生合成

$$
\begin{array}{c}
\text{O} \\
\parallel \\
CH_3-C-SCoA + H-SACP \\
\text{アセチル CoA}
\end{array}
\qquad
\begin{array}{c}
CO_2^- \quad O \\
\mid \qquad \parallel \\
CH_2-C-SCoA + H-SACP \\
\text{マロニル CoA}
\end{array}
$$

反応経路:

- 1: ACP アセチルトランスフェラーゼ（H-SCoA 放出）
- 2b: ACP マロニルトランスフェラーゼ（H-SCoA 放出）

$$
\begin{array}{c}
\text{O} \\
\parallel \\
CH_3-C-SACP \\
\text{アセチル ACP}
\end{array}
\qquad
\begin{array}{c}
CO_2^- \quad O \\
\mid \qquad \parallel \\
CH_2-C-SACP \\
\text{マロニル ACP}
\end{array}
$$

2a: H-S-E → H-SACP

$$
\begin{array}{c}
\text{O} \\
\parallel \\
CH_3-C-S-E
\end{array}
$$

3: 3-オキソアシル ACP シンターゼ（$CO_2 + $ H-S-E 放出）

$$
\begin{array}{c}
\text{O} \quad\quad \text{O} \\
\parallel \quad\quad \parallel \\
CH_3-C-CH_2-C-SACP \\
\text{アセトアセチル ACP}
\end{array}
$$

4: 3-オキソアシル ACP レダクターゼ（$H^+ + NADPH \rightarrow NADP^+$）

$$
\begin{array}{c}
OH \quad\quad\quad O \\
\mid \qquad\qquad \parallel \\
CH_3-C-CH_2-C-SACP \\
\mid \\
H \\
\text{D-3-ヒドロキシブチリル ACP}
\end{array}
$$

5: 3-ヒドロキシアシル ACP デヒドラターゼ（H_2O 放出）

$$
\begin{array}{c}
H \quad O \\
\mid \quad\, \parallel \\
CH_3-C=C-C-SACP \\
\mid \\
H \\
\text{2-trans-ブテノイル ACP}
\end{array}
$$

6: エノイル ACP レダクターゼ（$H^+ + NADPH \rightarrow NADP^+$）

$$
\begin{array}{c}
\text{O} \\
\parallel \\
CH_3-CH_2-CH_2-C-SACP \\
\text{ブチリル ACP}
\end{array}
$$

反応 2～6 をあと6回繰返す

$$
\begin{array}{c}
\text{O} \\
\parallel \\
CH_3CH_2-(CH_2)_{13}-C-SACP \\
\text{パルミトイル ACP}
\end{array}
$$

パルミトイル ACP ヒドロラーゼ（H_2O 付加）

$$
\begin{array}{c}
\text{O} \\
\parallel \\
CH_3CH_2-(CH_2)_{13}-C-O^- + H-SACP \\
\text{パルミチン酸}
\end{array}
$$

図 2-40 脂肪酸の生合成 [D. Voet *et al.*／田宮信雄他訳(1996)『生化学 第2版』，東京化学同人より改変]

ている多機能酵素が脂肪酸合成を行う。もっと鎖長の長い脂肪酸や不飽和脂肪酸はパルミチン酸から鎖長延長酵素や不飽和化酵素によりつくられる。

（2） 脂肪酸の酸化

ミトコンドリアにおける脂肪酸の酸化分解の経路を図2-41に示す。アシルCoAが不飽和化，水和，不飽和化を受けたのちβ位で分解されて，アセチルCoA（C_2）とはじめの脂肪酸よりC_2だけ少ないアシルCoAを生じる。この反応を一回りするたびにC_2ずつ放たれ，結局，全部がアセチ

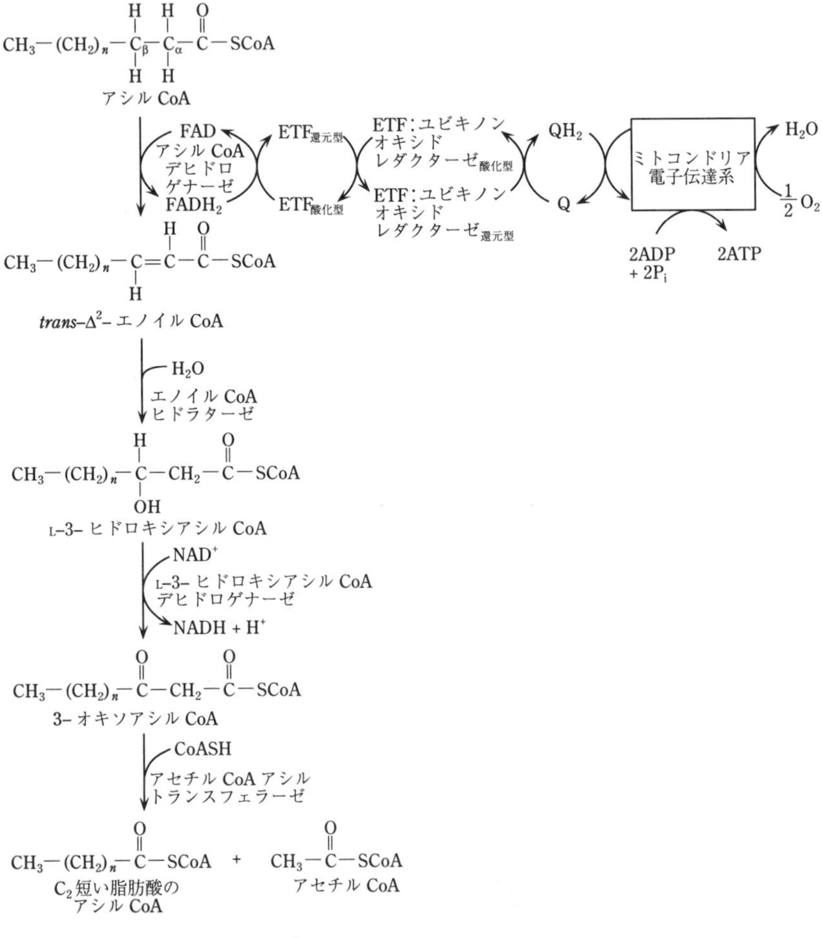

$$CH_3-(CH_2)_n-\underset{H}{\overset{H}{C}}_\beta-\underset{H}{\overset{H}{C}}_\alpha-\overset{O}{\overset{\|}{C}}-SCoA$$
アシルCoA

↓ アシルCoAデヒドロゲナーゼ FAD → FADH$_2$ ETF還元型 ⇌ ETF酸化型 ETF：ユビキノンオキシドレダクターゼ酸化型 ⇌ ETF：ユビキノンオキシドレダクターゼ還元型 QH$_2$ ⇌ Q ミトコンドリア電子伝達系 H$_2$O, $\frac{1}{2}$O$_2$ 2ADP + 2P$_i$ → 2ATP

$$CH_3-(CH_2)_n-\overset{H}{\underset{}{C}}=\overset{H}{\underset{}{C}}-\overset{O}{\overset{\|}{C}}-SCoA$$
trans-Δ^2-エノイルCoA

↓ エノイルCoAヒドラターゼ（H$_2$O）

$$CH_3-(CH_2)_n-\underset{OH}{\overset{H}{C}}-CH_2-\overset{O}{\overset{\|}{C}}-SCoA$$
L-3-ヒドロキシアシルCoA

↓ L-3-ヒドロキシアシルCoAデヒドロゲナーゼ（NAD$^+$ → NADH + H$^+$）

$$CH_3-(CH_2)_n-\overset{O}{\overset{\|}{C}}-CH_2-\overset{O}{\overset{\|}{C}}-SCoA$$
3-オキソアシルCoA

↓ アセチルCoAアシルトランスフェラーゼ（CoASH）

$$CH_3-(CH_2)_n-\overset{O}{\overset{\|}{C}}-SCoA \quad + \quad CH_3-\overset{O}{\overset{\|}{C}}-SCoA$$
C_2短い脂肪酸のアシルCoA　　アセチルCoA

図 2-41 脂肪酸のβ酸化　[D. Voet *et al.*／田宮信雄他訳（1996）『生化学 第2版』，東京化学同人より引用]

ルCoAに分解される。生じたアセチルCoAはTCAサイクルに流入し完全酸化される。脂肪酸の酸化分解ではβ位が酸化されるので，β酸化とよぶ。アセチルCoAの一部はケトン体(アセト酢酸，ヒドロキシ酢酸，アセトン)になり，心臓や筋肉のエネルギー源になる。

(3) 脂質の生合成

脂肪(トリアシルグリセロール)は，細胞小胞体などでグリセロール3-リン酸あるいはジヒドロキシアセトンリン酸とアシルCoAから合成される。いずれの経路でもリゾホスファチジン酸がつくられたのち，アシル化，脱リン酸化，アシル化を経てトリアシルグリセロールになる。途中に生じるホスファチジン酸とジアシルグリセロール(ジグリセリド)は，リン脂質の合成にも使われる。

ジアシルグリセロールに，CDPコリンまたはCDPエタノールアミンが反応して，ホスファチジルコリンまたはホスファチジルエタノールアミンが生じる。肝臓ではS-アデノシルメチオニンがメチル基の供与体になって，ホスファチジルエタノールアミンをメチル化してホスファチジルコリンをつくることもある。また，ホスファチジルエタノールアミン・セリントランスフェラーゼの作用によりホスファチジルセリンがホスファチジルエタノールアミンからできる。さらにホスファチジン酸からはホスファチジルイノシトールとホスファチジルグリセロールが合成される。

3 遺伝

3-1 遺伝子の分子機構
3-1-1 遺伝子の本体
(1) 遺伝子の概念の誕生

　生物のもっとも顕著な特徴は，ある世代から次の世代へ，その形質を伝達することができる点である。このような「遺伝」とよばれる現象の存在は，親の性質が子孫に伝わる現象などにより，昔から認識されていたと考えられる。しかし，遺伝が本格的に研究の対象とされるのは，19世紀になってからである。

　1865年にチェコ（当時はオーストリア領）のメンデル（G. J. Mendel）は，エンドウマメの交配実験によって遺伝形質を伝搬する因子を想定し，その伝搬の規則性を明らかにすることにより遺伝学の基礎を築いた。メンデルが想定したこの因子が，後に「遺伝子（gene）」とよばれるようになった。メンデルが発見した遺伝の法則については，3-2-1で述べる。細胞学的な立場からは，顕微鏡観察などにより，19世紀のなかばまでには遺伝形質の伝搬が精子と卵細胞との受精を介して伝搬されることが明らかにされていた。そして精子の大部分が細胞核に相当する成分により構成されていることから，細胞核が遺伝を担っていると考えられた。さらに，有糸分裂，減数分裂，受精などの詳細が明らかになるにつれ，細胞に一定数が存在するひも上の物体「染色体」が遺伝形質の伝搬に関与していると考えられるようになった。1905年にメンデルの再評価をしたサットン（W. S. Sutton）は，遺伝子は染色体の一部であると仮定し，これによりはじめて遺伝学（交配実験）と細胞学（細胞構造の研究）における遺伝子の研究が結び

つくことになった。

しかし、染色体や遺伝子の物質的な基礎は、20世紀なかばになるまで理解されることはなかった。

（2） 物質としての遺伝子の発見

サットンが想定した遺伝子は、1928年にグリフィス(F. Griffith)らにより細胞外に取り出され、遺伝子が物質であることが明らかにされた。肺炎双球菌には、顕微鏡で観察可能な外膜の莢膜多糖(capsular polysaccharide)の有無とその種類によっていくつかの株(strain)があり、それぞれの株の病原性はその莢膜多糖の有無とその種類によっている。菌体の表面に莢膜多糖をもつS株(smoothに由来)をマウスに感染させたときには致死的な病原性を示す(図3-1)。一方、莢膜多糖をもたないR株(roughに由来)には病原性はほとんどない。グリフィスはS株を加熱滅菌した後、遠心分離した上澄みをR株と混ぜてからマウスに感染させると、無毒株のはずのR株を感染させたにも関わらず、マウスは発病して死んでしまうことを見い出した。そして、死んだマウスの血液から見つかった肺炎双球菌は莢膜多糖をもつS株であった(図3-1)。この事実は、加熱処理により

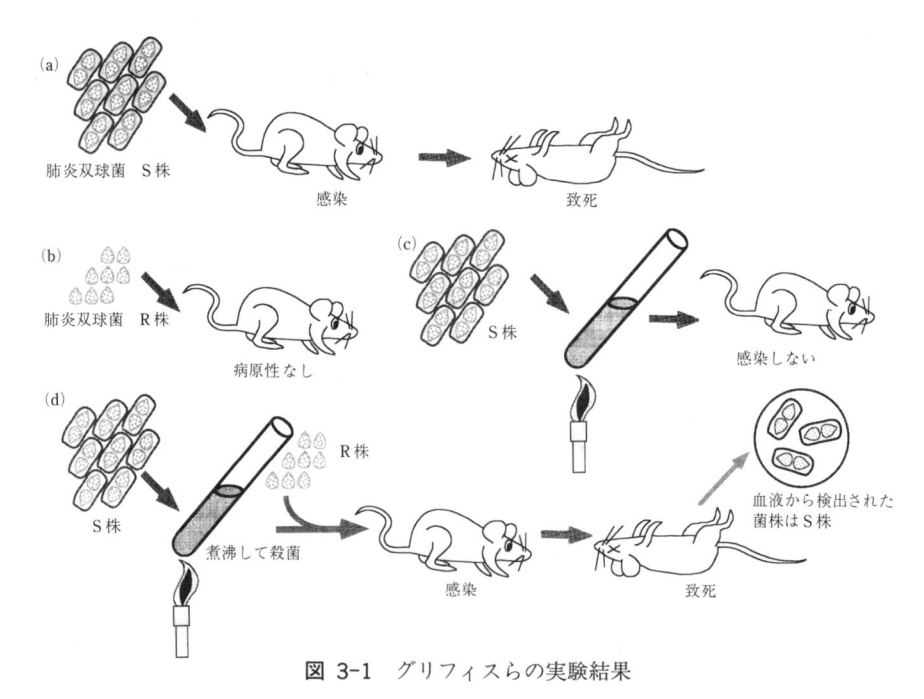

図 3-1 グリフィスらの実験結果

殺菌されたS株に由来する物質Xが，無毒のR株を病原性のS株に変えてしまう遺伝子として機能することを示している。しかし，この物質が何であるかが明らかにされるには，さらにもうしばらく時間が必要であった。

(3) 遺伝子の本体としてのDNA

メンデルの再評価の後，染色体上に存在する遺伝子を物質として同定することが試みられ，染色体がDNAとタンパク質から構成されることも示されていた。そして1944年に，エーブリー(O. T. Avery)らにより遺伝子の本体がDNAであることが最初に明らかにされた。彼らは病原性をもつ肺炎双球菌S株を培養し，細胞を溶かして遠心分離した上澄みからタンパク質を除き，さらに脂質も多糖類も除いたが，その上澄みにはR株を致死性の病原体に変える物質が含まれていた。最終的に，彼らはこの物質がDNAであることを明らかにした。これにより，グリフィスらの実験は，以下のように説明された。S株がもつ病原性の形質を伝搬する遺伝子であるDNAが，菌体の熱処理後，断片となり遠心分離した上澄みに抽出され，この遺伝子DNAの一部がR株に取り込まれることによって，病原性の形質が伝搬された。

その後，1953年にワトソン(J. D. Watson)とクリック(F. H. C. Crick)によってDNAの構造が解明され，これを契機として，分子のレベルで遺伝子の構造や転写，複製などの機能を解析する分子遺伝学とよばれる研究分野が開かれた。

(4) ゲノムDNAに刻まれた遺伝情報

DNAは遺伝子の本体であり，生物の生存に必要な遺伝情報は染色体を構成するゲノムDNAに刻まれている。さまざまな生物の一倍体ゲノムDNAの量を図3-2で比較した。ゲノムDNAの量は原核生物から真核生物の間で10万倍以上の範囲で変化するが，ゲノムDNAの量と生物の複雑さの間には正確な相関関係はない。例えば，両生類や植物にはヒトの数十倍のゲノムDNA量をもつものがある。

ヒトのような二倍体の生物では，常染色体は2本ずつあり，一方は母親から，他方は父親から受け継いだものである。ヒトの二倍体ゲノムDNAでは約6×10^9塩基対が，46個の線状の染色体(44個の常染色体と2個の性染色体)上に存在する。これらをつなげると，ヒトの一つの細胞核には約2mのDNAが収納されていることになる。

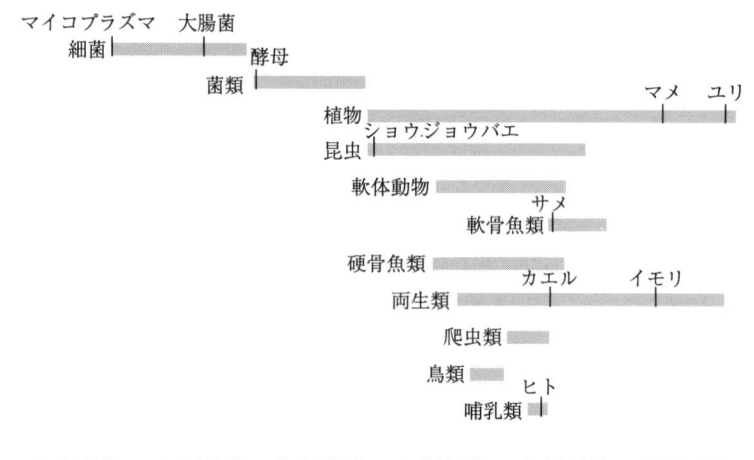

図 3-2 さまざまな生物のゲノム DNA 量の比較［B. Alberts et al./中村桂子他監訳(1995)『細胞の分子生物学 第3版』, ニュートンプレスより改変］

　ゲノム DNA が機能するためには, 遺伝子を RNA として転写するだけでは不十分で, 細胞分裂のつど自身を複製し, 正確に娘細胞に分配する必要がある。DNA の複製には DNA 複製開始点 (DNA replication origin) としてはたらく特定の塩基配列が必要であり, さらに染色体の分配には細胞の分裂期に紡錘体と結合するセントロメア (centromere) とよばれる塩基配列部分も必要である (図 3-3)。セントロメアは真核生物で一般に認められるが, 最近大腸菌のゲノム DNA にもセントロメアと類似した機能を有する配列が存在することが示されている。ほとんどの染色体は, 一つのセントロメアをもっている。また線状染色体の両端にはテロメア (telomere) が存在する (図 3-3)。テロメアは, 単純な塩基配列の繰返しにより構成されており, これは線状のゲノム DNA の末端の塩基配列が DNA 複製に伴って短くならないようにする機能がある。詳細については, 3-1-2 で述べる。複製開始点, セントロメア, テロメアなどの配列は遺伝子ではないが, ゲノム DNA の機能を維持するためには必要な DNA 領域である。

　これらのゲノム DNA の機能に関与する配列を除けば, 原核生物ではゲ

3-1　遺伝子の分子機構

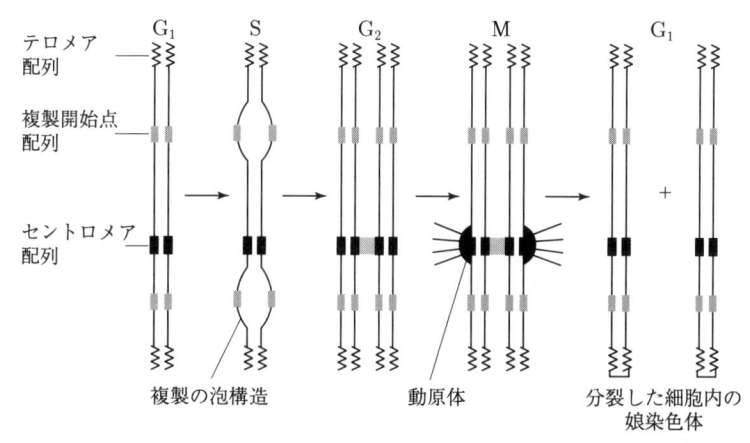

```
テロメア       G₁      S      G₂      M      G₁
配列
複製開始点
配列
セントロメア
配列
           複製の泡構造        動原体        分裂した細胞内の
                                           娘染色体
```

図 3-3　真核生物の染色体の維持に必要な 3 種類の DNA 領域［B. Alberts *et al.*／中村桂子他監訳(1995)『細胞の分子生物学 第 3 版』，ニュートンプレスより改変］

ノム DNA のほとんどの部分がタンパク質をコードする遺伝子によって占められている。しかし，真核生物ではゲノム DNA の限られた部分に遺伝子が存在するに過ぎない。例えばヒトの場合，ゲノム DNA に占める遺伝子の割合は 3％程度であるといわれている。遺伝子以外の部分は意味をもたない DNA によって占められているのではなく，そのなかのある部分は遺伝子の転写の制御や染色体機能の維持・制御などに関与していると考えられている。

（5）　クロマチンの構造と遺伝子発現の制御

　真核生物のゲノム DNA は，染色体が観察されない細胞周期間期においてもタンパク質と複合体を形成して存在しており，この DNA-タンパク質複合体はクロマチンとよばれている。クロマチンの基本単位は，ヌクレオソームとよばれる構造体で，これは二本鎖 DNA とヒストン (histone) とよばれる 4 種の塩基性タンパク質との規則的な複合体である（図 3-4）。H2A，H2B，H3，H4 の 4 種のコアヒストンの各二分子が H2A・H2B-$(H3)_2$・$(H4)_2$-H2B・H2A のような構成の八量体を形成し，その周囲に DNA が約 2 回転巻きつくことで，ヌクレオソームは形成されている（図 3-5）。このとき，コアヒストンの N 末端側のヒストンテールとよばれる領域はヌクレオソームの外側に位置している。ヌクレオソームが連続して形成される直径 10 nm のクロマチンファイバーは，さらに細胞核内

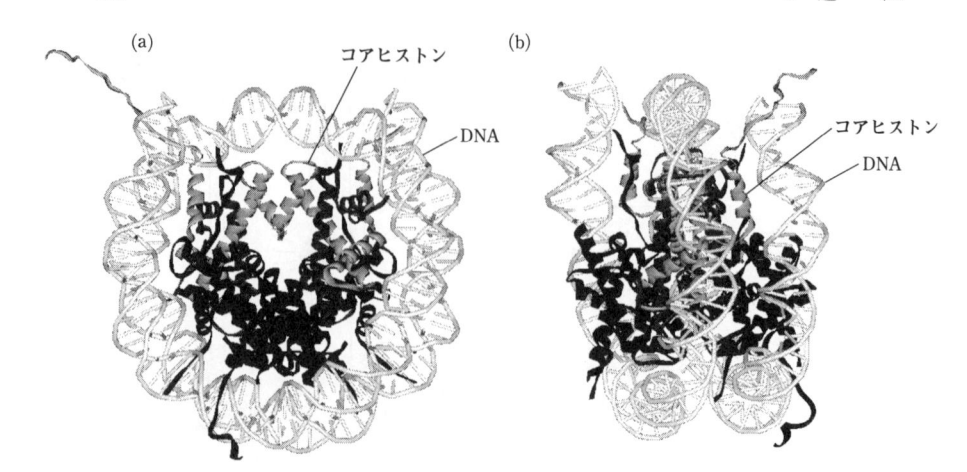

図 3-4 ヌクレオソームの構造 PDB Protein Data Bank の構造情報（accession ID: 1ADI）を可視化した。(a)は正面から，(b)は側面からの像

でソレノイド状の 30 nm ファイバーを形成する。このようなクロマチンの構造により，ゲノム DNA は細胞核内に効率的に収納されている。一方で，このようなクロマチンの構造は，RNA 転写や DNA 複製の制御に関わるタンパク質が DNA に接近することを妨げることから，転写や複製に際してはクロマチンの構造を弛める必要がある。近年，このようなクロマチンの構造の変換により，転写や複製が制御されていることが明らかになった。クロマチン構造変換の機構は長い間不明であったが，最近になり，

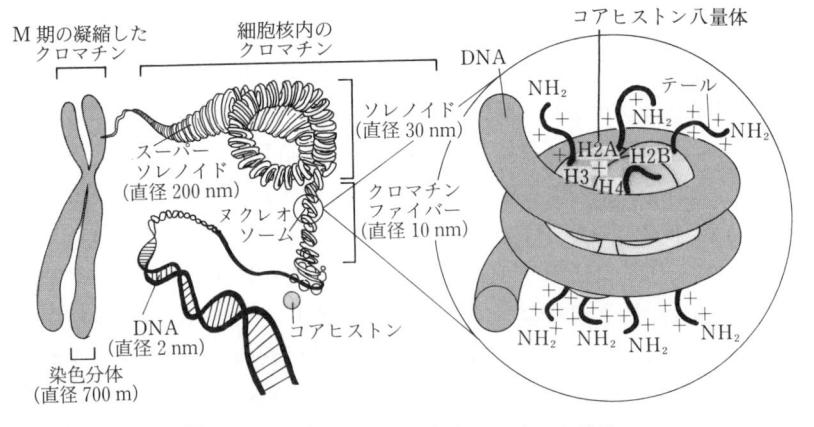

図 3-5 ヌクレオソームとクロマチンの構造

3-1 遺伝子の分子機構

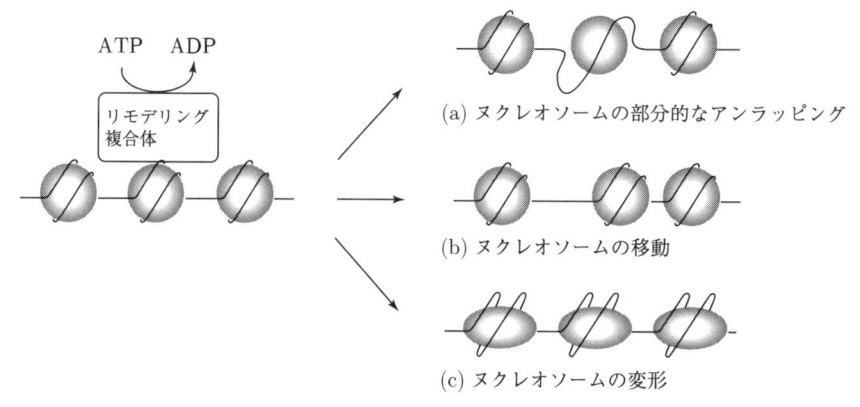

図 3-6 クロマチンリモデリング複合体によるクロマチン構造の変換
［細胞工学, **18**, 7(1999)より一部改変］

(a) ヌクレオソームの部分的なアンラッピング
(b) ヌクレオソームの移動
(c) ヌクレオソームの変形

大別して2種類の酵素複合体がクロマチン構造変換に重要な役割を果たしていることが示された。その一つはクロマチンリモデリング複合体であり，もう一つはヒストン修飾複合体である。

クロマチンリモデリング複合体は，ATPを加水分解して得たエネルギーを用いて，ヌクレオソームの変型や破壊をするはたらきをもつ(図3-6)。この複合体は，通常数個から十数個のタンパク質で構成され，このうちクロマチンリモデリング酵素がATPの加水分解に，他の因子はクロマチンリモデリングの制御に関与すると考えられている。一方ヒストン修飾複合体は，ヒストンのN末端のテールとよばれる領域のアミノ酸をアセチル化，メチル化，あるいはリン酸化修飾するはたらきをもつ(図3-7)。ある種のタンパク質が，これらの修飾の一つ，あるいは複数の組合せを認識して結合することにより，クロマチンの構造変換を介した転写調節を行っている可能性が考えられている。ヒストン修飾複合体のうち，もっとも研究が進んでいるのがヒストンアセチル化(histone　acetyltransferase；HAT)複合体である。一般に，HAT複合体によるヒストンのアセチル化によって転写は活性化し，ヒストン脱アセチル化酵素(histone deacetylase；HDAC)による脱アセチル化により不活性化する。クロマチンリモデリング複合体やHAT複合体の機能についてはまだ不明な点も多く，これら複合体の構成因子(例：アクチン関連タンパク質など)の解析がすすめられている。

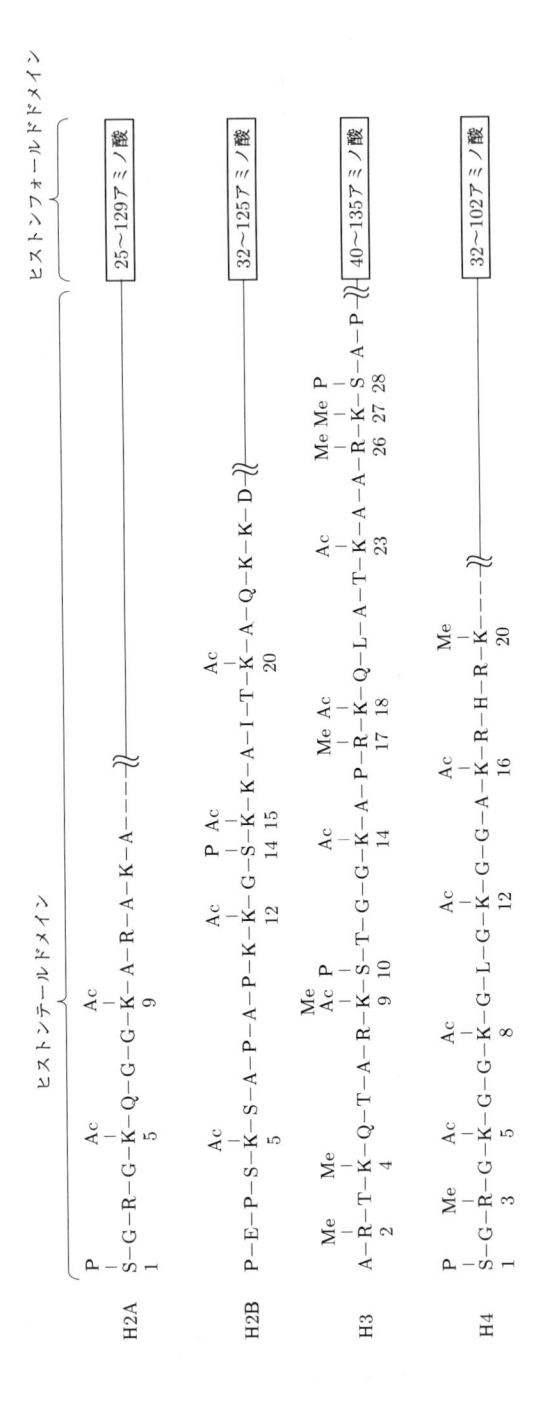

```
                                                        ヒストンフォールドドメイン
                                                       ┌──────────┐
           ヒストンテールドメイン
              Ac
              |
      P       K                                          ┌─────────────┐
      |   5   │                                          │ 25~129アミノ酸 │
H2A   S-G-R-G-K-Q-G-G-K-A-R-A-K-A---              ───────┤             │
      1                    9                             └─────────────┘

              Ac        P  Ac
              |         |  |                             ┌─────────────┐
              K         K                                │ 32~125アミノ酸 │
H2B   P-E-P-S-K-S-A-P-A-P-K-G-S-K-K-A-I-T-K-A-Q-K-K-D──  │             │
              5            12 14 15                 20   └─────────────┘

                              Me
                              Ac  P               Ac           Me Me P
          Me    Me            |   |               |            |  |  |
          |     |             K   K               K            K  K  K
H3    A-R-T-K-Q-T-A-R-K-S-T-G-G-K-A-P-R-K-Q-L-A-T-K-A-A-R-K-S-A-P  ┌─────────────┐
          2     4             9 10              14           17 18     23      26 27 28 │ 40~135アミノ酸 │
                                                                   │             │
                                                                   └─────────────┘

                      Ac                  Ac      Me
      P   Me          |                   |       |                ┌─────────────┐
      |   |           K                   K       K                │ 32~102アミノ酸 │
H4    S-G-R-G-K-G-G-K-G-L-G-K-G-G-A-K-R-H-R-K---              ─────┤             │
      1   3       5       8       12            16       20        └─────────────┘
```

図 3-7 ヒストンテールの修飾　Ac；アセチル化，P；リン酸化，Me；メチル化

3-1 遺伝子の分子機構

(6) ゲノムプロジェクトとポストゲノム

　近年，さまざまな生物について，ゲノム DNA のすべての塩基配列を決定する「ゲノムプロジェクト」とよばれる研究がひろく行われている。1996 年には出芽酵母のゲノム DNA が，2001 年にはヒトのゲノム DNA のほとんどが解読され発表された。これらのゲノムプロジェクトの成果は，今後の研究や応用にひろく応用されることが期待されている。とくに生物をこのような DNA 情報の面から研究する分野はバイオインフォマティクス（生物情報学）とよばれる。ヒトでは，疾患関連遺伝子の発見に基づく創薬の分野や，塩基配列の個人ごとの異なり（遺伝子多型）に基づいたオーダーメイド医療分野への応用も期待されている。

　一方で，ゲノムプロジェクトの進展により，高等動物では遺伝子の数が従来の予想よりも少ないことも明らかになっている。例えば，10 万と予想されていたヒトの遺伝子は，3 万前後であると見積られた。これは，もっとも下等な真核生物である出芽酵母の遺伝子の数，約 6000 と比べても驚くほど少なく，この程度の遺伝子の数でヒトの複雑な生命活動を説明するためには，遺伝子の発現の制御が多様に，かつ正確に行われることが必要であると考えられるようになってきた。また，動物の一個体を構成するすべての細胞は基本的に同じゲノム DNA をもつが，それぞれの細胞はさまざまに異なった形態・性質に分化している。このようなゲノム情報だけでは説明ができない現象をひろく「エピジェネティクス(epigenetics)」(epi-；…の上を表す接頭語)という言葉を用いて表す。エピジェネティクスのしくみを明らかにするためには，ゲノム DNA の塩基配列情報だけでなく，タンパク質と DNA の相互作用や，クロマチンの分子構築や動態を詳しく解析することが必要となる。

　ゲノム情報を用いた応用研究や，エピジェネティクスの研究をひろく指し示す言葉として「ポストゲノム」が用いられる。ゲノムプロジェクトが完了した比較的単純な出芽酵母でさえ，機能が明らかにされた遺伝子の数は半分に満たない。今後，ポストゲノム研究はますます重要性を増すものと考えられる。

3-1-2　DNA の複製

(1)　DNA 複製の機構

　DNA の複製は，ヌクレオチドを重合させる酵素，DNA ポリメラーゼによって行われる。DNA ポリメラーゼは一本鎖 DNA を鋳型として，相

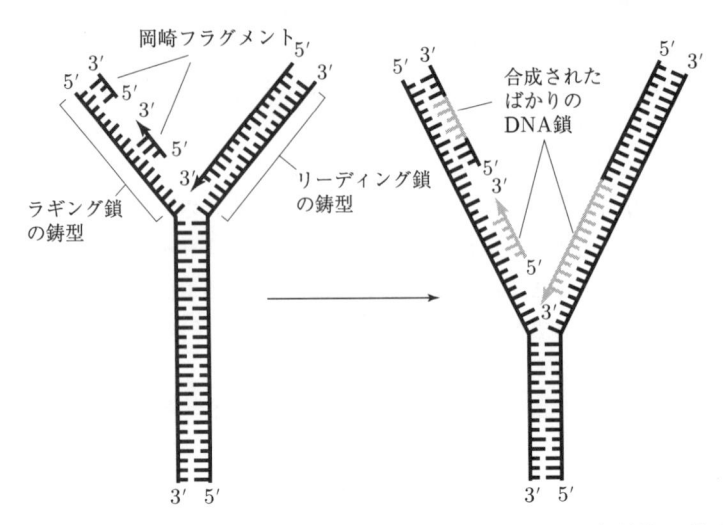

図 3-8 DNA複製フォークの構造［B. Alberts *et al.*／中村桂子他監訳（1995）『細胞の分子生物学 第3版』，ニュートンプレスより改変］

補的な塩基対形成（AとT，GとC）によって塩基配列をコピーし，相補的な配列をもつDNAを合成する。DNAポリメラーゼにより，元のDNAのそれぞれの鎖が鋳型となり2本の新しい二本鎖DNAがつくられる複製は，「半保存的複製」とよばれる（図3-8）。

複製の際には，DNAに沿って，Y字型の複製領域である「DNA複製フォーク」が動いてゆく。DNAポリメラーゼは5′→3′方向への合成を行うので，一方のDNA鎖の合成は連続的に行うことができる。連続的に合成される側の鎖をリーディング鎖（leading strand）とよぶ（図3-8）。もう一方のDNA鎖の合成は，岡崎フラグメントとよばれる一連の短いDNAとして最初に合成され，合成後に酵素（DNAリガーゼ）によってつながれ連続したDNA鎖ができる。この不連続に合成される鎖をラギング鎖（lagging strand）とよぶ（図3-8）。岡崎フラグメントの合成に際しては，短いRNA断片がDNAプライマーゼによって合成され，これがDNA合成の足掛かりであるプライマーとして利用されることも知られている。このRNAはその後除去されてDNAに置き換えられる。原核生物やSV40 DNAを用いた解析から，複製フォークにはDNAポリメラーゼだけでなく，DNAプライマーゼや二本鎖DNAを一本鎖にほどくDNAヘリカー

ゼなどのタンパク質を含む分子複合体が形成されていることが明らかになっている。

DNA の複製は非常に正確に行われ，10^9 塩基につきわずか一つ程度の間違いしかおこらない。DNA 複製を忠実に行うために，複製時に誤って導入された塩基をただちに除去する校正機能（proof reading）が存在する。校正の反応の一つは，DNA ポリメラーゼの性質を利用している。すなわち，DNA ポリメラーゼの多くは $3'\to5'$ エキソヌクレアーゼ活性を有し，間違って取り込んだヌクレオチドを，次のヌクレオチドが付加される前に $3'$ 末端から取り除くことができる。このように DNA ポリメラーゼは校正反応を行いながら DNA 複製を進めてゆく。

（2） 原核細胞染色体 DNA の複製

原核生物のゲノム DNA は一般に長大な環状であり，その複製は *oriC* とよばれる1か所の複製開始点から始まる。この単一の複製開始点から始まった複製は等速度で両方の向きに進み，ゲノム DNA の複製は両鎖の DNA が完全に複製し終わるまで続く。DNA の複製に関して一つの複製開始点から始まる複製単位をレプリコンというが，すなわち原核生物は基本的に一つのゲノム DNA が一つのレプリコンに対応する。大腸菌の *oriC* は 240 bp の長さをもつ領域で，任意の DNA をこの断片につなげて環状 DNA の構造にすると，染色体外遺伝因子（プラスミド）として大腸菌内で複製する。複製中のプラスミドやファージウイルスなどの環状 DNA を電子顕微鏡で観察すると，複製の完了した領域とこれから複製された領域が目のような形にみえる。これは θ 構造ともよばれる（図 3-9(a)）。

バクテリアに感染するウイルスであるファージなどの環状 DNA の複製を電子顕微鏡で観察すると，θ 構造とは異なる図 3-9(b) のような構造がみられることがある。この構造はローリングサークルとよばれ，まず二本鎖 DNA の片方にニック（切れ目）が入り，このニックに生じた DNA の $3'$-OH 末端から DNA ポリメラーゼにより鎖の伸長がおこる。そして新しい鎖の合成は鋳型にされなかった方の鎖を押し出しながらすすみ，図 3-9(b) のような状態が形成される。押し出された一本鎖の DNA に対する相補鎖の合成がやがて始まり，二本鎖 DNA 分子となる。

（3） 真核細胞染色体 DNA の複製

真核生物は，長いゲノム DNA を有するため多数の複製開始点が存在し，多くのレプリコンとしてゲノム DNA が複製される点で原核生物の複製と

(a) θ構造　　(b) ローリングサイクルモデル

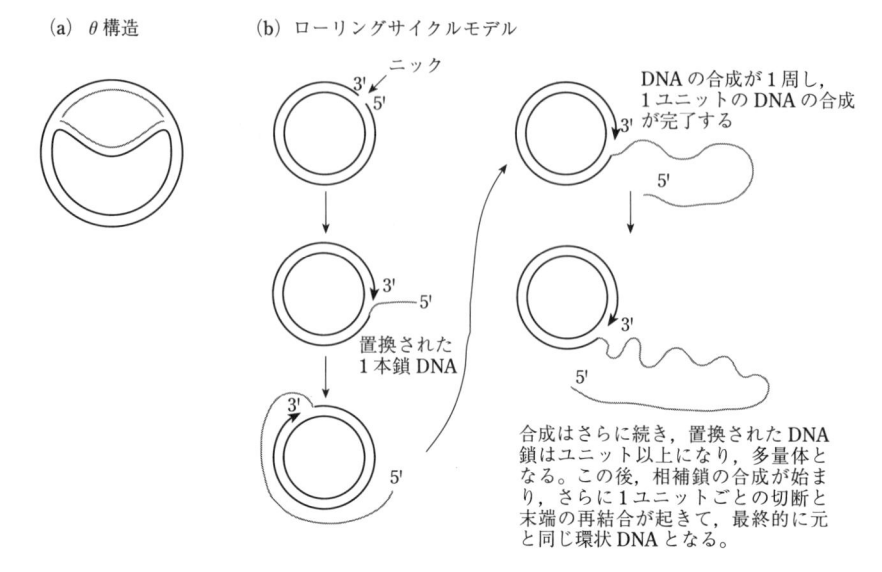

ニック

DNAの合成が1周し，1ユニットのDNAの合成が完了する

置換された1本鎖DNA

合成はさらに続き，置換されたDNA鎖はユニット以上になり，多量体となる。この後，相補鎖の合成が始まり，さらに1ユニットごとの切断と末端の再結合が起きて，最終的に元と同じ環状DNAとなる。

図 3-9 複製中のθ構造(a)とローリングサークルモデル(b)

は異なっている（図3-3）。また真核生物ではゲノムが線状DNAとして存在する点も異なっている。しかし基本的なDNAの複製メカニズムには，原核生物と真核生物で大きな違いはない。

真核生物では，細胞核内でゲノムDNAはヒストンとともにヌクレオソームを形成して存在しており，複製後にはすみやかにDNAにヒストンを結合させる必要がある。新生DNA鎖上でのヌクレオソーム形成には，ヒストンシャペロンとよばれるヒストン-DNAの結合を助けるタンパク質が存在するが，このタンパク質の一つが複製フォークに存在するタンパク質複合体と結合していることも示されている。このことから，DNA複製と共役したヌクレオソーム形成の機構が存在する可能性がある。

（4） 細胞周期とDNA複製開始

真核生物では細胞周期S期にDNAの複製が行われ，M期に娘細胞に一組ずつゲノムDNAが分配される。したがって，S期にはゲノムDNAが正確に一度だけ複製される必要があり，それ以上の複製は妨げられなければならない。この機構は複製のライセンス化機構ともよばれる。この機構は，DNA複製の開始と深く関連している（図3-10）。

複製開始点には，細胞周期を通じORC (origin recognition complex) と

3-1 遺伝子の分子機構

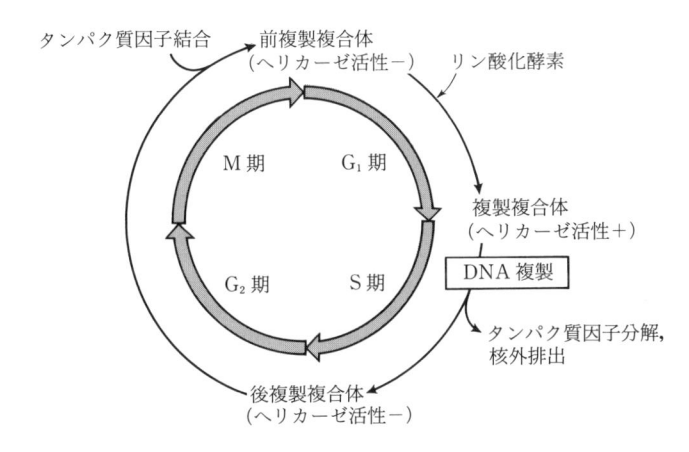

図 3-10 細胞周期と DNA 複製の制御

よばれるタンパク質複合体が結合しているが，M 期から G_1 期にかけて ORC にほかの複数のタンパク質が結合して前複製複合体が形成される。前複製複合体の中には二本鎖 DNA を一本鎖にほどく DNA ヘリカーゼも存在するが，その活性はこの時点では抑制されている。前複製複合体は，G_1 期の終わりにリン酸化酵素のはたらきを介して複製複合体となり，DNA ヘリカーゼが活性され，その結果形成された一本鎖 DNA に DNA ポリメラーゼが結合して DNA の複製が開始される。複製複合体は，DNA 複製後に後複製複合体となるが，前複製複合体に存在していたいくつかの構成タンパク質が分解されたり細胞核外へ排除されてしまうため，次の細胞周期まで前複製複合体は形成されない。このような機構により，細胞周期に伴う DNA 複製のライセンス化が行われていると考えられている。

(5) テロメア DNA の複製

DNA ポリメラーゼは，複製にあたってプライマーの存在を必要とするため，線状 DNA 分子の末端を完全に複製することはできない。したがって，線状 DNA 分子が DNA ポリメラーゼによる複製をくり返すと，しだいに DNA は短くなってしまう。この末端複製の問題を解決するため，真核生物の染色体の末端にはテロメアとよばれる特殊な塩基配列が進化してきた。この配列は G を連続して含む短い配列が反復したものである。ヒトの場合，繰返しの基本配列は GGGTTA という配列である。テロメア

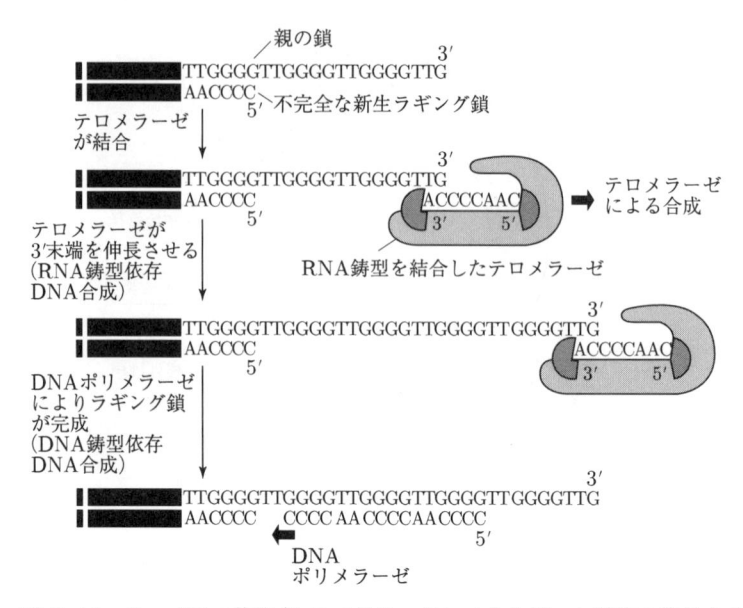

図 3-11 テロメアの複製(ここではテトラヒメナを用いた研究の結果をまとめている。)[B. Alberts *et al.*／中村桂子他監訳(1995)『細胞の分子生物学 第3版』, ニュートンプレスより改変]

はテロメアーゼ(telomerase)とよばれる酵素によって複製される。テロメアーゼは，テロメアの繰返し配列に相補的な鋳型 RNA をもつ RNA/タンパク質複合体である。相補的 DNA 配列がなくても，テロメラーゼは鋳型 RNA を用いて，繰返し配列を DNA 末端に付加してゆくことができる(図 3-11)。テロメラーゼが数回繰返し配列を付加させたあと，伸長部分を鋳型として DNA ポリメラーゼが相補鎖を合成する。テロメラーゼ活性は生殖細胞では高いが，体細胞では低く，そのため体細胞のテロメアは加齢とともに短くなる。また，無限増殖が可能ながん細胞ではテロメラーゼ活性は高いとされており，これらの観察結果から，細胞の老化，腫瘍化とテロメアの関連も指摘されている。

3-1-3 遺伝子の転写と翻訳

遺伝子 DNA の塩基配列は，RNA へ転写(transcription)され，アミノ酸の配列に翻訳(translation)されてタンパク質になる。タンパク質の種類は多く，大腸菌では約3500種類，哺乳類の細胞ではその数倍である。生物は，発生の時期あるいは生活環境の変化などに対応して遺伝子の発現

3-1 遺伝子の分子機構

の場,時期および量を適正に調節している。

(1) 原核生物の転写と翻訳

原核生物(prokaryote)における遺伝情報の転写と翻訳を図3-12で説明する。原核生物では転写産物がそのまま mRNA となり,転写と翻訳が同時に進行する。

(a) 原核生物の転写反応

大腸菌(*Escherichia coli*)の RNA ポリメラーゼは,α, β, β' の3種類のサブユニット(subunit)から構成されるコア酵素(core enzyme:$\alpha_2\beta\beta'$)として存在するが,転写開始にあたって転写開始因子,σ(sigma)タンパク質を結合してホロ酵素(holoenzyme:$\alpha_2\beta\beta'\sigma$)になる(図 3-13(a))。ホロ酵素は,RNA 合成開始点(+1位)の上流35塩基対(base pair;bp)付近の転写開始配列(−35部位)へ結合した後に移動して,合成開始点の上流10 bp 付近の転写開始配列(−10部位)へ結合する。転写開始配列はプロモーター(promotor)とよばれている。大腸菌は数種類の σ 因子を使い分けて転写を行うが,標準的には分子量70 000の σ^{70} を使用する。σ^{70} が識別する−10部位(Pribnow box ともいう)の共通配列(consensus sequence)は TATAAT,−35部位の共通配列は TTGACA である。RNA 合成を

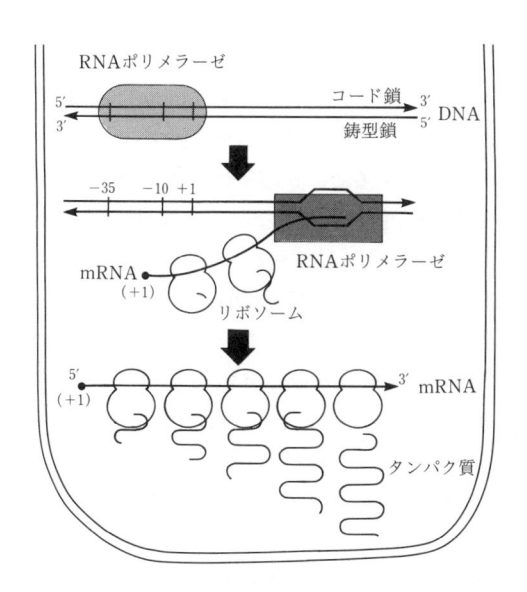

図 3-12 原核生物の転写と翻訳

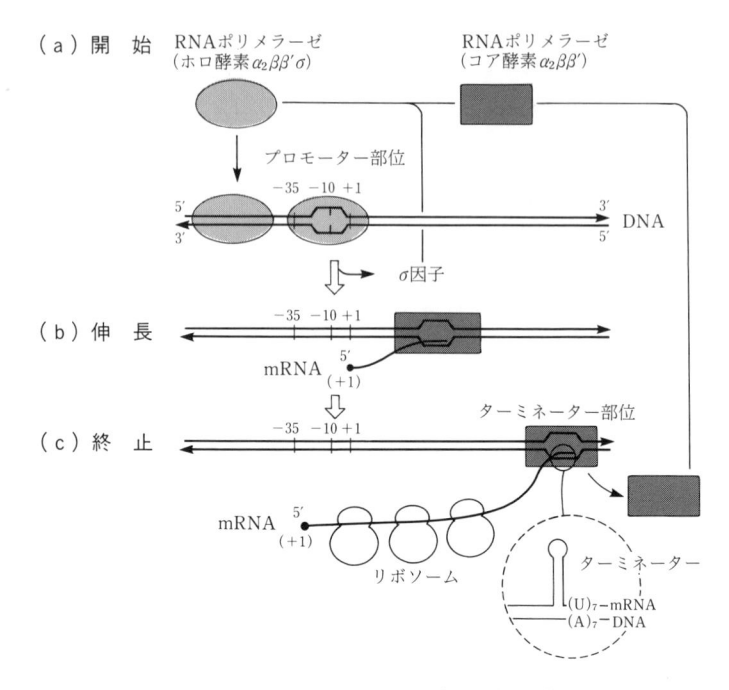

図 3-13 原核生物(大腸菌)の転写反応

阻害する抗生物質リファンピシン(rifampicin)は，RNA ポリメラーゼのβサブユニットへ結合して転写開始を阻害する。

　RNA 合成が開始すると，σ因子は離脱する。コア酵素$\alpha_2\beta\beta'$は DNA の 2 本鎖を部分的に巻きもどしながら，鋳型鎖(template strand)に相補的な RNA 鎖を 5′ 末端から 3′ 末端の方向に合成する(図 3-13(b))。この重合反応では，RNA の 3′ 末端の OH 基とリボヌクレオチド三リン酸のα位リン酸の間でホスホジエステル結合が形成され，ピロリン酸が遊離する。

　RNA 合成は，コア酵素が転写終結部位(ターミネーター, terminator)へ到達して終結する(図3-13(c))。RNA の 3′ 末端部分では，GC 含量の高いヘアピン構造および A-U 対合の形成によって，mRNA と RNA ポリメラーゼが DNA から離脱する。また，遺伝子によっては，転写が転写終結因子ρ(rho)によって終結する。ρ因子は ATP 分解活性を有するタンパク質であり合成された RNA をたぐり寄せて転写を終結するといわれているが，この因子が認識する共通配列は見い出されていない。

(b) 大腸菌ラクトースオペロンの転写制御

遺伝子発現の制御は主に転写段階で行われる。ここでは，大腸菌のラクトースオペロン(*lac* operon)の転写制御機構について説明する。

ジャコブ(F. Jacob)とモノー(J. Monod)は，大腸菌によるラクトース分解のしくみを説明するために，1960年代はじめにオペロン仮説(operon hypothesis)を提唱した。オペロン(operon)は，プロモーターと構造遺伝子(structural gene)から構成される転写単位であり，制御遺伝子(regulatory gene)による転写制御を受ける。図3-14に示すように，*lac*オペロンの構造遺伝子 *lacZ*，*lacY*，*lacA* は，それぞれβガラクトシダーゼ(β-galactosidase)，ラクトース透過酵素(lactose permease)，アセチル転移酵素(acetyltransferase)をコードしている。一方，調節遺伝子 *lacI* は *lac* リプレッサー(repressor)とよばれる制御タンパク質をコードする。*lacI* は構成的(constitutive)に発現し，大腸菌1個あたり10分子程度のリプレッサーが常に存在している。ラクトースが培地に存在しない

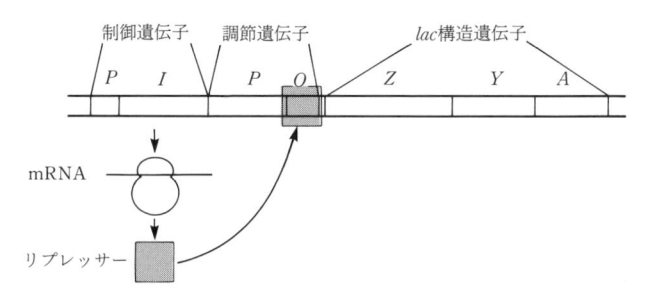

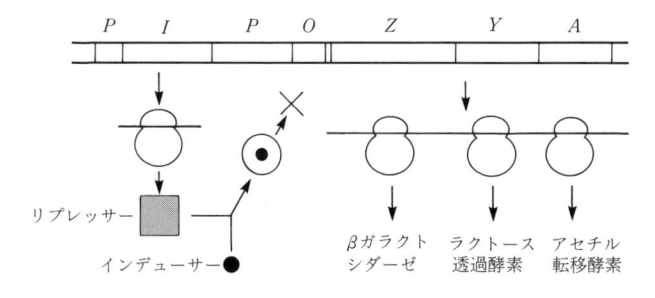

図 3-14 リプレッサーによるラクトースオペロンの発現調節

ときには，*lac* リプレッサーが *lac* オペレーター（*lac* operator；*lacO*）へ強固に結合して構造遺伝子の転写を阻止している（図 3-14(a)）。ラクトースが培地へ添加されると，ラクトースから合成された誘導物質（インデューサー；inducer）が *lac* リプレッサーを不活化し，転写抑制を解除する（図 3-14(b)）。このように，*lac* オペロンの発現は，*lac* リプレッサーによる負の調節（negative control）を受けている。*lac* リプレッサーは誘導物質を結合する部位とオペレーターへ結合する部位をもっている。誘導物質が *lac* リプレッサーへ結合すると，立体的に離れた位置にあるオペレーター結合部位の構造が変化して，*lac* リプレッサーはオペレーターへ結合できなくなる。このように，立体的に異なる位置におこった変化がタンパク質の活性に効果を及ぼす現象をアロステリック効果（allosteric effect）という。

　lac オペロンの転写は，*lac* リプレッサーによる負の調節を受けると同時に，CAP（catabolite gene activator protein）とよばれる DNA 結合タンパク質による正の調節（positive control）を受けている（図 3-15）。CAP は cAMP（cyclic AMP）を結合すると，CAP 結合部位（TGTGA 配列）へ結合して，*lac* の転写を 50 倍増幅する。大腸菌では，グルコースが培地

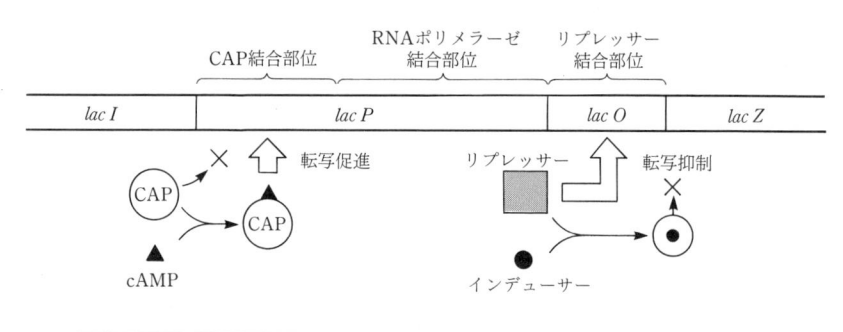

グルコース	ラクトース	CAP	*lac* リプレッサー	*lac* 発現
＋	－	不活性	活性	－
＋	＋	不活性	不活性	－
－	－	活性	活性	－
－	＋	活性	不活性	＋

図 3-15　ラクトースオペロンの発現調節

に存在するとラクトースなどほかの糖の分解が強力に抑制される現象が知られている。これはCAPが関与するカタボライトリプレッション(catabolite repression)であり，グルコース効果(glucose effect)ともよばれている。グルコースが大腸菌に取り込まれるとcAMP合成が抑制されて，cAMP-CAPが生成しないために *lac* オペロンの転写がおこらない。一方，グルコースが消費されると，cAMP合成の抑制が解除され，cAMP-CAPが生成して *lac* オペロンの転写を促進する。

（c） 原核生物における遺伝情報の翻訳

遺伝暗号は全生物にわたってほぼ共通であり，翻訳反応のしくみについても原核生物と真核生物の間に大きな相違はない。mRNAの3塩基の配列単位(トリプレット；triplet)が1個のアミノ酸に対応する。トリプレットはコドン(codon)とよばれている。mRNAの塩基は4種類あるので，コドンの数は $4^3=64$ である。表2-8に示すように，64個のコドンのうち，61個のトリプレットが20種類のアミノ酸に対応しており，3個のトリプレット(UAA, UAG, UGA)が終止コドンとして使用されている。AUGはメチオニンのコドンであるが，翻訳開始アミノ酸のホルミル化メチオニンにも対応する。メチオニンとトリプトファンに対応するコドンはそれぞれ1個であるが，その他のアミノ酸に対応するコドンは複数個存在する。複数のコドンが1種類のアミノ酸に対応することを，遺伝暗号の縮重(degeneration)という。縮重しているコドンの使用頻度(codon usage)は生物種によって相違している。

タンパク質合成は，アミノアシルtRNAシンテターゼ(aminoacyl-tRNA synthetase，または活性化酵素)によるアミノ酸活性化から開始する。活性化酵素は，アミノ酸のカルボキシル基をtRNAの3'末端アデノシンの2'位または3'位のOH基へ転移する。アミノアシルtRNAシンテターゼはアミノ酸特異的であり，各アミノ酸に対して少なくとも1種類の酵素が存在する。一方，tRNAは約80ヌクレオチドの一本鎖RNAであり，アミノ酸結合部位である3'末端のCCA配列，コドンと対合するアンチコドン(anticodon)配列，および修飾されたヌクレオチドを含有する(図3-16)。すべてのtRNA分子がクローバー状の二次構造を形成することから共通する三次元構造が予測されていた。X線結晶学的研究により，tRNA分子はL字型の三次元構造をとり，アミノ酸結合領域がL字の一方の末端に位置し，アンチコドン領域が他方の末端に位置する事実が解明

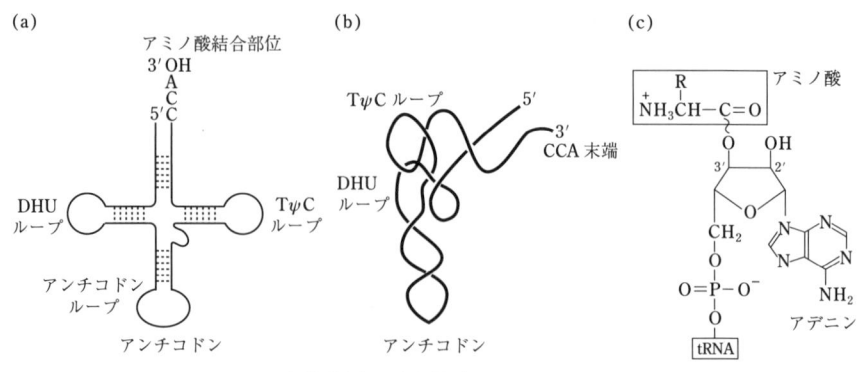

図 3-16 tRNA の二次構造(a)と三次構造(b)，およびアミノアシル tRNA の構造

された。アミノアシル tRNA シンテターゼは tRNA の L 字構造の両末端領域を認識する。

　リボソーム(ribosome)がタンパク質合成の場であり，大腸菌の 70 S リボソームは 50 S サブユニット(subunit)と 30 S サブユニットから構成される。50 S サブユニットは，23 S rRNA(ribosomal RNA)と 5 S rRNA および 34 種類のタンパク質からなり，30 S サブユニットは 16 S rRNA と 21 種類のタンパク質からなっている。rRNA はリボソームの活性中心であり，翻訳開始反応およびペプチド伸長反応において中心的役割を果たしている。

　翻訳開始反応を図 3-17 で説明する。翻訳開始シグナルは，開始コドン AUG(まれに GUG)およびその 5′ 上流にあるシャイン・ダルガーノ配列(ＳＤ配列)である。イニシエーター tRNA(initiator tRNAi)が開始コドンに対応し，この tRNA はホルミル化メチオニンの運搬を行うので tRNAf と表記される。内部配列のメチオニンに対応する tRNA は，tRNAm と表記される。SD 配列の共通配列は AGGAGGU であり，この配列は 30 S サブユニットの 16 S rRNA の 3′ 末端近傍の塩基配列と対合する。リボソームの 30 S サブユニットと開始因子(initiation factor)IF 1，IF 2，IF 3 が結合して翻訳を開始する(図 3-17)。GTP が 30 S サブユニット上の IF 2 へ結合すると，ホルミルメチオニル-tRNAf および mRNA が結合して 30 S 開始複合体が生成する。IF 3 が離脱した後に，50 S サブユニットが結合し，GTP の加水分解に伴って IF 1 と IF 2 が離脱して 70 S 開始複合体が形成される。ホルミルメチオニル tRNAf がリボソームの

3-1 遺伝子の分子機構

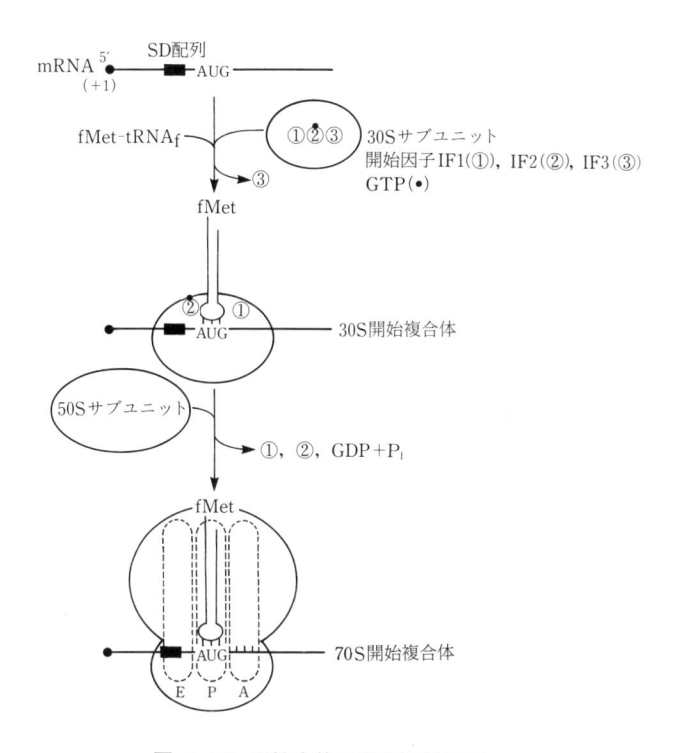

図 3-17 原核生物の翻訳開始反応

P位(peptidyl site)に入り，tRNAfのアンチコドンとmRNAの開始コドンの塩基対合，および16S rRNAの3′末端配列とmRNAのSD配列の塩基対合によってタンパク質合成の開始位置が正確に決定される。

　ペプチド伸長反応では，翻訳伸長因子(elongation factor)EF-Tuが，第二番目のアミノアシルtRNAをリボソームのA位(aminoacyl site)へ運搬する(図3-18)。EF-TuはGTPを加水分解してGDPに変換し，自らはリボソームから離脱する。リボソームのP位にあるホルミルメチオニル-tRNAfのカルボキシル基が，A位にある第二番目のアミノアシルtRNAのアミノ基へ転移されてペプチド結合が形成される。次に，伸長因子EF-GがGTPを加水分解したエネルギーにより，二つのtRNAの転位反応(translocation)がおこる。転位反応では，アミノ酸をわたしたtRNAがP位からE位(exit　site)へと移動し，ペプチド鎖を結合したtRNAがA位からP位へ移動する。さらに，第三番目のアミノアシル

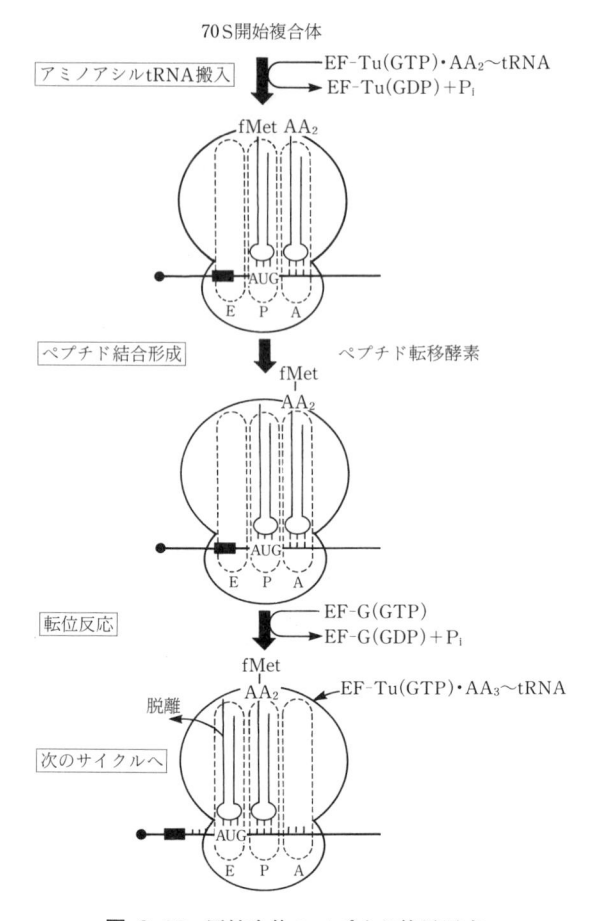

図 3-18 原核生物のペプチド伸長反応

tRNAが空になったA位へ運搬されて，ペプチド転移反応およびtRNAの転位反応がおこり，ペプチド鎖が伸長する．50Sサブユニットの23S rRNAがペプチド転移酵素(peptidyltransferase)の活性中心を形成する．

　タンパク質合成は，mRNAの終止コドンとタンパク質性の放出因子(release factor)によって終結する．放出因子はリボソームのA位へ結合して終止コドンを認識し，完成したポリペプチドとtRNAの間の結合を切断する．大腸菌には2種類の放出因子(RF1とRF2)が存在し，RF1はUAAとUAGを認識し，RF2はUGAを認識する．ポリペプチドがリボソームから遊離すると，tRNAおよびmRNAが遊離して，リボソー

ムが30Sサブユニットと50Sサブユニットに解離する。

原核生物のタンパク質合成反応は，抗生物質の作用点になっている。ストレプトマイシン(streptomycin)は，翻訳開始の阻害，および遺伝暗号の読み違いを誘発する。クロラムフェニコール(chloramphenicol)は50Sサブユニットに作用してペプチド転移酵素を阻害する。エリスロマイシン(erythromycin)はtRNAの転位反応(translocation)を阻害する。

（2） 真核生物の転写と翻訳

真核生物(eukaryote)では，DNAから転写されたmRNA前駆体はプロセシングを受けてmRNAになり，核膜孔を通過して細胞質において翻訳される(図3-19)。真核生物においても遺伝子発現の制御は主に転写段階で行われている。染色体DNAは塩基性タンパク質のヒストンに結合してクロマチンを形成しており，遺伝情報の転写にあたってはクロマチンの再構築が行われる。転写が活発なクロマチン部分のDNAは，DNA分解

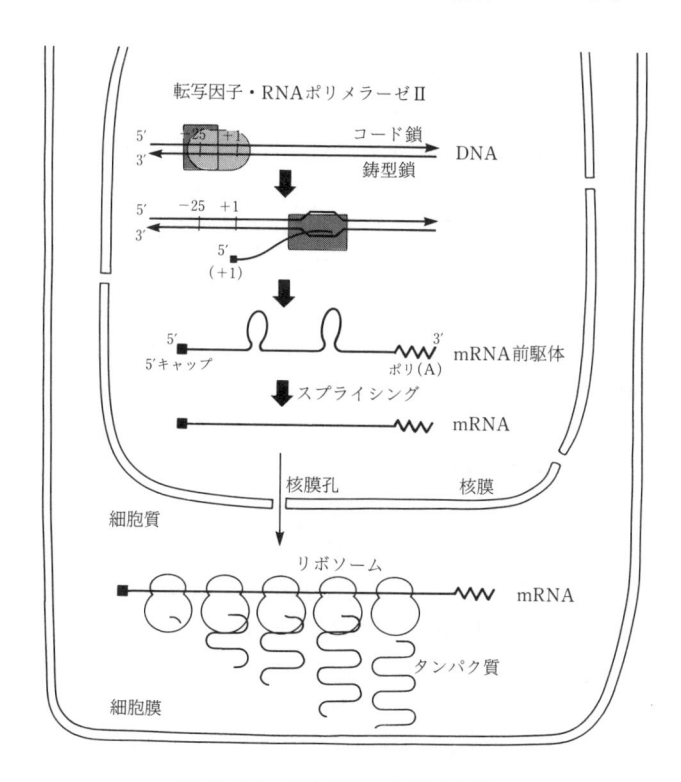

図 3-19 真核生物の転写と翻訳

酵素(DNase I)の攻撃を受けやすく，しかも，シトシン塩基のメチル化率が低いことが知られている。

（a） 真核生物の転写と転写調節

原核生物のRNAポリメラーゼは1種類であるが，真核生物には3種類のRNAポリメラーゼ(RNAポリメラーゼI, II, III)が存在し，分布および役割が異なる。核質(nucleoplasma)に局在するRNAポリメラーゼIIはmRNA前駆体を合成する。核小体(nucleolus)のRNAポリメラーゼIはリボソームRNA(ribosomal RNA, rRNA)の前駆体を合成し，核質のRNAポリメラーゼIIIはtRNAの前駆体を合成する。RNAポリメラーゼIIはRPB1およびRPB2から構成されており，これらのサブユニットは大腸菌RNAポリメラーゼのβおよびβ'サブユニットに対応している。RPB1のカルボキシル基末端部分にはリン酸化を受けるアミノ酸配列の繰返しが存在し，この部分がリン酸化されると，RNAポリメラーゼIIは転写反応を開始する。タマゴテングタケ(*Amanita phalloides*)から単離された環状ペプチド，αアマニチン(α-amanitin)は，RNAポリメラーゼIIのRNA伸長反応を阻害する。

真核生物のRNAポリメラーゼ自体には転写開始能がないために，RNAポリメラーゼと転写因子がプロモーター部位で転写開始複合体を形成する(図3-20)。RNAポリメラーゼIIの転写因子(TF, transcription factor) TF IIは，5成分(B,D,E,F,H成分)から，構成されている。RNAポリメラーゼIIに対するプロモーターは，転写開始点の5′上流−25位にあるTATAボックス(TATA box, Hogness box)，および転写開始点の5′上流−40から−110位に存在するGCボックスおよびCAATボックスから構成されている。TATAボックスの共通配列はTATAAAであり，TF IIのTATAボックス結合タンパク質(TATA box-binding protein)によって認識される。TATAボックス結合タンパク質は二つのαヘリックスを含む二回対称性構造をとっている。このタンパク質がTATAボックスへ結合するとTATAボックス部分のDNAが折れ曲がり，転写因子およびRNAポリメラーゼIIが結合して転写開始複合体を形成する。最後に結合するH成分はプロテインキナーゼ(タンパク質リン酸化酵素)であり，RPB1サブユニットをリン酸化する。リン酸化されたRNAポリメラーゼは，開始複合体から離れて転写を開始する。

転写開始複合体の形成は転写活性化因子によって促進される(図3-20)。

例えば，哺乳動物の転写活性化因子 Sp1 は GC ボックスを含むプロモーターの転写に必要であり，NF1 は CAAT ボックスへ結合して転写開始を促進する。一般に，転写活性化因子は，DNA 結合領域と活性化領域から構成されている。活性化部位は陰性に荷電しており，TATA ボックスにおける転写複合体の形成を促進する。一方，転写活性化因子の DNA 結合領域は共通の DNA 結合モチーフをもつことが多い。その一つがジンクフィンガー (zinc finger) 構造である。ジンクフィンガーは 30 残基のアミノ酸からなり，2 個のシステインと 2 個のヒスチジンが亜鉛イオンと配位結合している。ジンクフィンガーは，1 分子の転写活性化因子にくり返し存在し，この繰返しの数がタンパク質の DNA 結合能を決定している。また，転写活性化因子の中には，ロイシンジッパータンパク質 (leucine zipper protein) とよばれる DNA 結合タンパク質が存在する。このタンパク質は，DNA 結合性 α ヘリックスおよびジッパー機能をもつ α ヘリックスからなる。ジッパー機能をもつ α ヘリックスにはアミノ酸 7 残基ごとにロイシンが存在して，2 分子のロイシンジッパータンパク質を疎水的相互

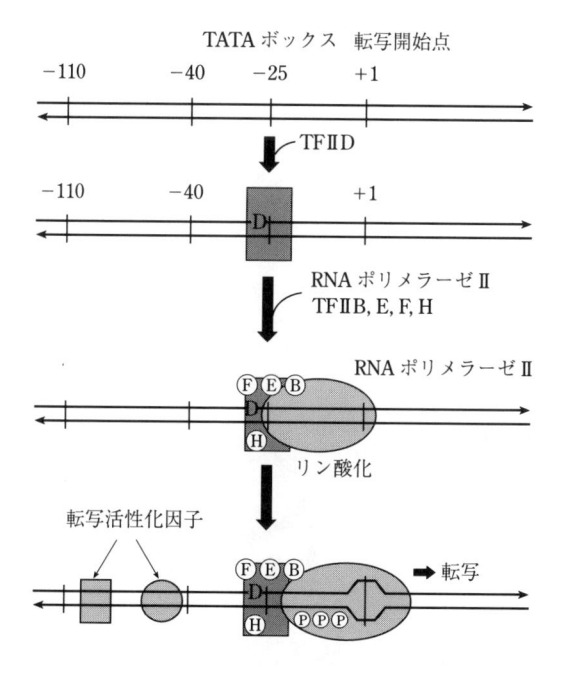

図 3-20 RNA ポリメラーゼⅡの転写開始機構

作用によって結合する。

　真核生物のプロモーターの活性は，エンハンサー(enhancer)とよばれる塩基配列によって増強される。エンハンサーは，ある遺伝子の上流または下流の数千塩基離れた位置からでも転写開始を促進する。エンハンサーが離れた位置からはたらくのは，DNA分子が折れ曲がり構造をとるためである。例えば，ステロイドホルモンは，リセプターへ結合して細胞質から核内へ移動すると，ホルモン感受性遺伝子のエンハンサー配列へ結合して転写複合体の形成を促進する。

（b） mRNA前駆体のプロセシング(図 3-21)

　転写反応が開始すると，7メチルグアノシンが5′末端に結合してキャップ(cap)構造を形成する。5′キャップは核酸分解酵素から5′末端部分を保護するとともに，リボソーム結合部位としてはたらく。mRNA前駆体の転写が終結すると，特異的なエンドヌクレアーゼが3′末端部分(AAUAAA)のUA間を加水分解し，ポリ(A)ポリメラーゼ(poly(A)

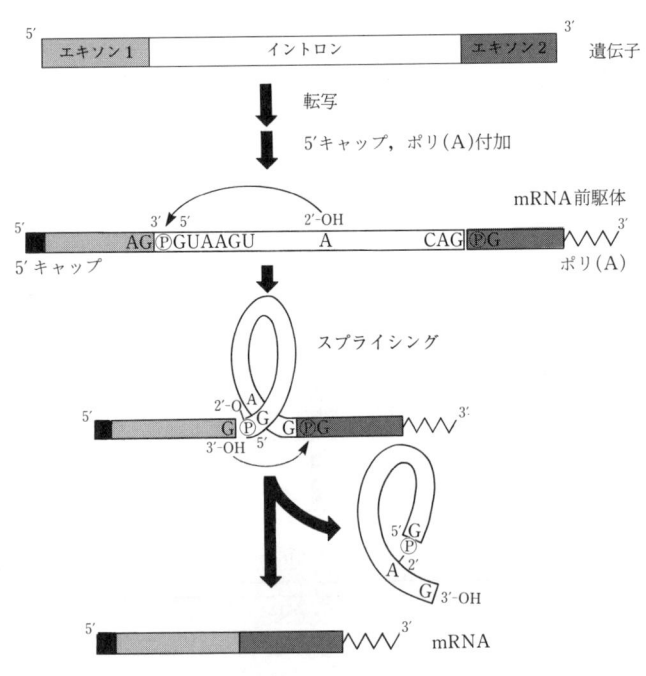

図 3-21　mRNA前駆体のプロセシング

polymerase)が約250残基のアデニル酸を3'位に付加する。poly(A)は，核酸分解酵素からRNAを保護して，RNAの安定性を高める。

真核生物のmRNAがコードするタンパク質の数は一つであるが，大部分の遺伝子はイントロン(intron；intervening sequence)とエキソン(exon；expressed sequence)からなるモザイク構造をとっている。したがって，スプライシング(splicing)によってmRNA前駆体のイントロンに対応する部分が切れ出され，エキソン部分に相当するRNA部分がつなぎ合わされてmRNAが完成する。5'スプライシング位置の共通配列はAGGUAAGU, 3'スプライシング位置は(CまたはU)$_{10}$NCAGである。スプライシングでは，イントロンの5'末端のG(5'位のリン酸)が3'末端近傍にある分岐点のA(2'-OH)とホスホジエステル結合して，イントロンが「投げなわ」の形状に切り出される。この反応はスプライセオソーム(spliceosome)によって行われる。スプライセオソームは，5種類のsnRNP(small nuclear ribonucleoprotein particle)から構成される。snRNPは，タンパク質およびsnRNA(small nuclear RNA)とよばれる200塩基以下の短鎖RNAから構成され，snRNAがスプライシング活性を担っている。

(c) 真核生物の翻訳反応の特徴

真核生物と原核生物の翻訳反応には本質的な相違はないので，ここでは真核生物の翻訳反応の特徴を概説する。

真核生物のリボソームは，60Sサブユニットと40Sサブユニットから構成される80Sの粒子である。翻訳開始アミノ酸はメチオニンであり，開始アミノ酸に特有のtRNA(tRNA$_i$)が存在する。開始シグナルは，5'末端にもっとも近いAUGであり，原核生物のSD配列に相当する塩基配列はみられない。

開始因子eIF 2(eukaryotic initiation factor 2)が，tRNA$_i$を40Sサブユニットへ運搬して翻訳反応が始まる。生成したeIF 2-tRNA$_i$-40Sサブユニット複合体はmRNAの5'末端キャップへ結合して40S開始複合体を形成する。この複合体は開始因子eIF 3, eIF 4, eIF 5を結合したのちに，mRNA上を3'末端の方向へ移動してAUGコドンを探索する。eIF 3はAUGコドンの識別を行い，eIF 4はATPを分解して駆動力をつくる。tRNA$_i$とAUGが対合すると，eIF 5はGTP分解を行って，eIF 2とeIF 3を遊離させる。最後に，60Sサブユニットが結合して80S開始

複合体が完成する。

　真核細胞の伸長因子 EF1α と EF1βγ は，それぞれ原核細胞の EF-Tu と EF-Ts に対応する。EF1α(GTP 型)は，アミノアシル tRNA をリボソームへ運搬し，EF1βγ は GDP 型になった EF1α を GTP 型に変換する。ペプチド転移酵素はリボソームの 60S サブユニットに存在する。抗生物質シクロヘキシイミド(cycloheximide)は，60S サブユニットのペプチド転移活性を阻害して，真核細胞のタンパク質合成を特異的に阻害する。EF2 は，原核生物の EF-G に対応し，GTP を分解して tRNA の転位反応(translocation)を行う。終止コドンにより翻訳が終止すると，完成したタンパク質は，放出因子 eRF(eukaryotic release factor)によってリボソームから離脱する。

3-2　遺伝の機構

3-2-1　メンデルの法則と遺伝子間の相互作用

(1) 遺伝と形質

　エンドウには，草丈の高い系統と低い系統がある。「高い」という形質と「低い」という形質は互いに対をなしていて，同時に発現してこない。メンデル(図 3-22)は，エンドウのもっているいろいろな形質の中から，表 3-1 に示したような 7 対のはっきりと対立する形質に注目して研究し，遺伝学の基礎を築いた。

　生物のもっているいろいろな特徴には，色・形・大きさなどのように目

図 3-22　遺伝学の祖メンデル(1822-1884)の肖像画(日本育種学会賞のメダルより)

表 3-1 メンデルの選んだエンドウの7対の対立形質

形質	対立形質	
	優性	劣性
種子の形	丸型	しわ型
種子(子葉)の色	黄色	緑色
種皮の色	灰色	白色
さやの形	膨らみ	くびれ
さやの色	緑色	黄色
花のつく位置	腋生	頂生
草丈	高い	低い

に見えるものから，耐寒性・光合成能力などのように目に見えないものまでさまざまなものがある。これらの個々の形状や性質を形質(character)という。その中で，草丈の高いか低いか，種子の丸型かしわ型か，など互いに対をなしている形質を対立形質とよぶ。対立形質のもとになっている対をなす遺伝子を対立遺伝子(allele)とよび，これらは，相同染色体上の同じ位置にある。

注目する対立遺伝子が AA, aa のように同じ組成になっている場合を同型接合体(ホモ接合体；homozygote)とよび，Aa のように異なる組成になっている場合を異型接合体(ヘテロ接合体；heterozygote)とよぶ。対立遺伝子をヘテロにもつ個体の，形質を発現する方の遺伝子を優性遺伝子(dominant allele)，発現しない方の遺伝子を劣性遺伝子(recessive allele)という。すべての遺伝子についてホモの遺伝子型をもつ系統を純系という。

なお，遺伝子を表す記号(遺伝子記号)は，イタリック体のアルファベットで示され，大文字で優性遺伝子を，小文字で劣性遺伝子を示す。例えば，エンドウの草丈の場合，優性形質である tall の頭文字をとって，優性遺伝子を T，劣性遺伝子を t で表す。野生型を a^+ のように＋記号で示すこともある。遺伝子の組合せ(AA, Aa, aa など)を遺伝子型(genotype)といい，これがもとになって外に現れる形質を表現型(phenotype)という。

遺伝子組成の異なる2個体を交配する場合を交雑とよび，交雑によって生じた子孫を雑種(hybrid)という。雑種第一代を F_1(F は子を示す filial の頭文字)，雑種第二代を F_2 のように表す。

(2) メンデルの法則

メンデルの研究は後世の研究者によって整理され，優性の法則・分離の法則・独立の法則の三つにまとめられている。

例えば，エンドウの草丈の高い優性の親(遺伝子型 TT)と草丈の低い劣性の親(遺伝子型 tt)を交雑すると，雑種第一代(F_1)は Tt の遺伝子型をもつ。この F_1 では優性の T のみが形質として現れ，すべて草丈が高いものとなる(表3-2)。このように，F_1 に優性の形質が現れることを，優性の法則という。遺伝子型がヘテロである F_1 どうしを交配すると，雑種第二代(F_2)では，草丈の高いものと低いものが 3 : 1 に分離する(表3-3)。これは，F_1 の配偶子ができるときに，対立遺伝子が T と t に分かれて 1 個ずつ入るためである。このように，生殖細胞ができるときに，対立遺伝子がそれぞれ分離して各配偶子に入ることを分離の法則という。

次に，2対の対立形質に注目してみよう。例えば，種子の形と色に注目し，丸くて黄色の種子をつくる系統($AABB$)と，しわがあって緑色の種子をつくる系統($aabb$)との間で交配して，F_1 をつくると，この F_1 はすべて丸くて黄色になる($AaBb$)。さらに，この F_1 どうしを交配させて，F_2 を調べると，表現型の分離比は，次のようになる。

(丸・黄) : (丸・緑) : (しわ・黄) : (しわ・緑) = 9 : 3 : 3 : 1 (図3-23)

このとき，一対の形質に注目すると，(丸) : (しわ) = 3 : 1，(黄) : (緑) = 3 : 1 となる。すなわち，形の形質と色の形質は互いに影響し合うことなく，それぞれ独立に遺伝している。このように，2対以上の対立遺伝子があっても，生殖細胞ができるときにそれぞれの対立遺伝子がほかの対立遺伝子とは無関係に独立して配偶子に入ることを独立の法則という。ただし，後から述べるように，遺伝子が連鎖している場合は，独立の法則は成り立

表 3-2 優性の法則

♂配偶子 ♀配偶子	t	t
T	Tt	Tt
T	Tt	Tt

優性のホモ(TT)と劣性のホモ(tt)を交配すると F_1 の遺伝子型は Tt となる。このとき，優性の T の形質が現れる。

表 3-3 分離の法則

♂配偶子 ♀配偶子	T	t
T	TT	Tt
t	Tt	tt

F_1(Tt)どうしの交配で得られる F_2 の遺伝子型。生殖細胞ができるとき，対立遺伝子 T と t は互いに分離して入る。

図 3-23 $F_1(AaBb)$ どうしの交配で得られる F_2 における遺伝子型と表現型の分離 $A=$ 丸型(優性), $a=$ しわ型(劣性), $B=$ 黄色(優性), $b=$ 緑色(劣性). 生殖細胞ができるとき, 各対の対立遺伝子の分離と再結合は独立かつ自由に行われる(独立の法則). 遺伝子型の分離は $AA:Aa:aa=1:2:1$, $BB:Bb:bb=1:2:1$ となる.

たない.

(3) 遺伝子間の相互作用

一見メンデルの法則に合わないようにみえる遺伝でも, 遺伝子間の相互作用や多少の修正を考えると, 基本的にはメンデルの法則に合う場合が多い. 代表的な遺伝様式に次のようなものがある.

不完全優性 オシロイバナやマルバアサガオでは, 赤花の純系と白花の純系を交配すると, F_1 や F_2 に桃色の花が出現する(図 3-24). これは, 対立形質である赤と白の優劣関係が不完全なためにおこったと考えられる. このような遺伝子間の関係を不完全優性という.

複対立遺伝子 一つの形質に関して三つまたはそれ以上の遺伝子がそれぞれ対立関係にある場合, これらの遺伝子群を複対立遺伝子とよぶ. その例としてヒトの ABO 式血液型がある. これは, 赤血球表面の糖鎖の差

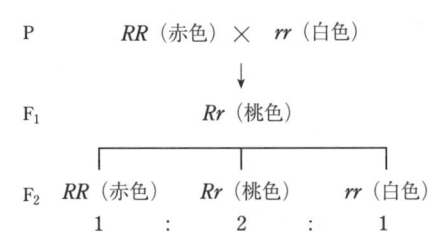

図 3-24 不完全優性 オシロイバナの花の色の遺伝. ヘテロの個体は中間色(桃色)となる.

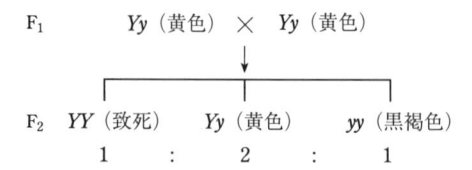

```
F₁      Yy（黄色） × Yy（黄色）
              ↓
F₂   YY（致死）  Yy（黄色）  yy（黒褐色）
        1    :    2    :    1
```

図 3-25 致死遺伝子　キイロハツカネズミの体色。黄色遺伝子 Y がホモになると発育初期に死ぬ。

異によって区別される形質である。A 遺伝子がつくる酵素は N-アセチルガラクトサミンを，B 遺伝子がつくる酵素はガラクトースを付加する。O 遺伝子は1塩基欠失のため糖鎖付加活性のある酵素をつくれない。A と B はともに O に対して優性であるが，A と B の間に優劣関係はなく共優性である。

植物では，自家不和合性を制御する S 遺伝子が有名である。

致死遺伝子　ある遺伝子がホモになると，死という形質を発現してしまう遺伝子を，致死遺伝子という。例えば，図 3-25 に示したキイロハツカネズミの体色の場合，黄色遺伝子 Y がホモになると発育初期に死ぬ。Y は致死作用に関しては劣性致死遺伝子である。

その他　2対の対立遺伝子がまったく別個の形質に関与し，しかも，優性が完全のとき，F_2 の分離比は 9:3:3:1 を示す。しかし，二つの遺伝子が何らかの形で同一の形質にはたらくときは，F_2 における形質の分離比は 9:3:3:1 からずれる。その代表的な例を表 3-4 に示した。

量的形質の遺伝，および集団レベルでの遺伝子の動態は7章で述べる。

（4）胚乳形質の遺伝

被子植物の胚乳は，精核と2極核の受精（重複受精）の結果できるので，胚乳に花粉親(精核)の遺伝子型の作用がただちに現れることがある。この現象をキセニア(xenia)という。例えば，トウモロコシの種子に黄色と白色が混じったバイカラーコーンをよくみかける。われわれが食べる穀粒は，黄色(YY)と白色(yy)の F_1 植物に実った F_2 種子であり，胚乳の色について黄色と白色が 3:1 で分離している（図 3-26）。その他の例として，イネのうるち（優性遺伝子 Wx）ともち（劣性遺伝子 wx）が有名である。Wx 遺伝子は，アミロースの合成に関与するデンプン合成酵素をコードする。うるちのデンプンはアミロペクチンとアミロースを含むが，もちはアミロースを合成できずアミロペクチンのみとなる。もちの花($wxwx$)にうるち

3-2 遺伝の機構

表 3-4 遺伝子間の相互作用の例

名称　分離比	例・遺伝子の優劣	P	F_1	F_2
互助遺伝子 9:3:3:1	ニワトリのとさかの形	$RRpp$ バラ × $rrPP$ マメ	$RrPp$ クルミ	9 R-P- クルミ 3 R-pp バラ 3 rrP- マメ 1 $rrpp$ 単
補足遺伝子 9:7	スイートピーの花色 色素原物質→色素(発色) 　C　　　↑ 　　　　発色酵素 P	$CCpp$ 白 × $ccPP$ 白	$CcPp$ 紫紅	9 C-P- 紫紅 3 C-pp 白 3 ccP- 白 1 $ccpp$ 白
条件遺伝子 (劣性上位) 9:3:4	ヤナギランの花色 A 花青素合成 B 細胞液をアルカリ性に b 細胞液を酸性に	$AAbb$ 紅 × $aaBB$ 白	$AaBb$ 青	9 A-B- 青 3 A-bb 紅 3 aaB- 白 1 $aabb$ 白
被覆遺伝子 (優性上位) 12:3:1	観賞用カボチャの果実の色 W 発色を抑制して白に Y 黄色　　y 緑色 W は Y より優性	$WWYY$ 白 × $wwyy$ 緑	$WwYy$ 白	9 W-Y- 白 3 W-yy 白 3 wwY- 黄 1 $wwyy$ 緑
抑制遺伝子 13:3	カイコのまゆの色 Y 黄　　y 白 I 優性白まゆ (I は Y の働きを抑制する)	$IIyy$ 白 × $iiYY$ 黄	$IiYy$ 白	9 I-Y- 白 3 I-yy 白 3 iiY- 黄 1 $iiyy$ 白
同義遺伝子 (重複遺伝子) 15:1	ナズナの果実の形 C・D ともにうちわ型	$CCDD$ うちわ × $ccdd$ やり	$CcDd$ うちわ	9 C-D- うちわ 3 C-dd うちわ 3 ccD- うちわ 1 $ccdd$ やり

($WxWx$)の花粉を交配すると，うるちの胚乳($wxwxWx$)をもった種子ができる。

3-2-2　連鎖と組換え

(1)　遺伝子の連鎖

1本の染色体には多数の遺伝子が存在している。減数分裂によって生殖細胞ができるとき，同一の染色体に存在する複数の遺伝子はまとまって行動し，染色体が切れないかぎり，同じ配偶子に入る。このためメンデルの独立の法則には従わない遺伝現象を示す。他方，異なった染色体の遺伝子は，それぞれ別のまとまりとして独立遺伝する。

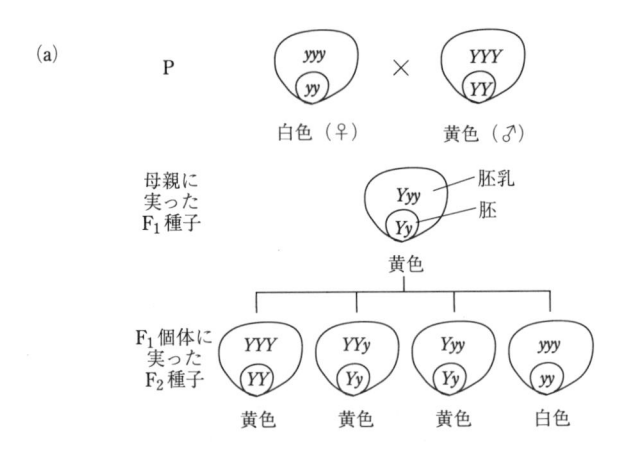

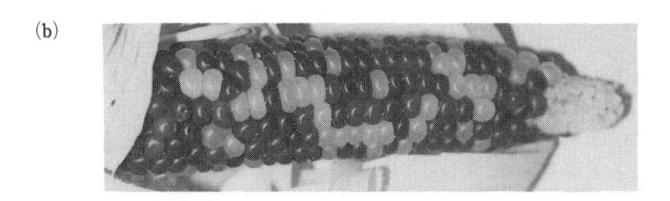

図 3-26 バイカラーコーンができるしくみ(a)とバイカラーコーンの例(b)
(b)の写真は黒と白のポップコーンの例(東北大学農学部生協食堂提供)

このように，いくつかの遺伝子が同一の染色体に存在する場合，それらの遺伝子は連鎖(linkage)しているといわれ，一つの染色体が，一つの連鎖群をつくっている。連鎖群の数は単相の核の染色体数(n)と一致する。例えば，キイロショウジョウバエ($2n=8$)には4，エンドウ($2n=14$)には7，イネ($2n=24$)には12，ヒト($2n=48$)には24の連鎖群が存在する。

(2) 遺伝子の組換えと染色体地図
(a) 組換え価

同一染色体に存在する遺伝子でも，減数分裂のときに，対合した相同染色体間で互いに交叉(のりかえ；crossing-over)がおこってその一部が交換され，組換え(recombination)がおこることがある。生じる配偶子全体のうち，組換えをおこした配偶子の割合を組換え価(または組換え率)という。

組換え価を求める場合，F_1と劣性ホモ親の間で検定交雑を行った場合を考えると考えやすい。検定交雑では，F_1に生じた配偶子の遺伝子型の

3-2 遺伝の機構

分離比がそのまま子の表現型の分離比として現れる。例えば，A と B (したがって a と b) が連鎖しているものとすれば，AB あるいは ab をもつ配偶子ができるが，A と B あるいは a と b の間に組換えがおきると，AB, ab のほかに一定の確率で Ab, aB をもつ配偶子ができる(図3-27)。

$AaBb$ と $aabb$ の検定交雑の場合，次の世代に $AaBb$, $Aabb$, $aaBb$, $aabb$ が $n:1:1:n$ で生じたときの組換え率は次のように計算できる。

$$\text{組換え価} = \frac{\text{組換えのおこった配偶子数}}{F_1 \text{の全配偶子数}} \times 100$$

$$= \frac{\text{組換えのおこった個体数}}{\text{検定交雑によって得た総個体数}} \times 100$$

$$= \frac{1+1}{n+1+1+n} \times 100$$

$$= \frac{1}{n+1} \times 100$$

例えば，検定交雑の結果，表現型で $AB:Ab:aB:ab$ が $8:1:1:8$

配偶子の分離比 $n:1:1:n$	組換え価 $\frac{1+1}{n+1+1+n} \times 100$	染色体上における位置関係	備考
1:1:1:1	50%	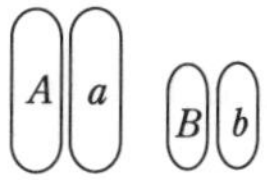 (A,a)(B,b)	独立遺伝(異なる染色体)
4:1:1:4	20%	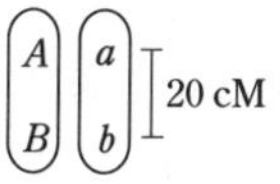 (A,a/B,b) 20 cM	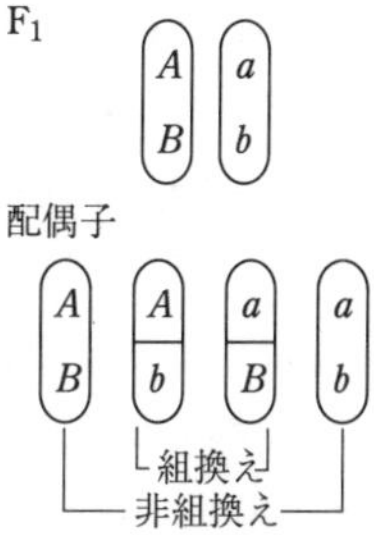 F_1 (A,a/B,b) 配偶子 (A,B)(A,b)(a,B)(a,b) 組換え・非組換え
9:1:1:9	10%	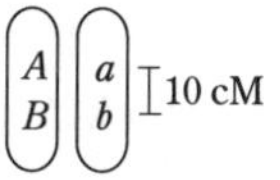 (A,a/B,b) 10 cM	
$n:0:0:n$	0%	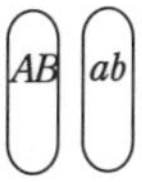 (AB)(ab)	完全連鎖(ごく近い)

図 3-27 組換え価と遺伝子間の距離関係　非組換え配偶子：組換え配偶子 $= n:1$ とする。2組以上の遺伝子型を表す場合に，独立していれば A/a, B/b，連鎖していれば AB/ab と書き表すことがある。

表 3-5 配偶子が $AB:Ab:aB:ab=8:1:1:8$ の比で生じた場合の F_2 の分離比

♂配偶子 ♀配偶子	8 AB	1 Ab	1 aB	8 ab
8 AB	64 $AABB$	8 $AABb$	8 $AaBB$	64 $AaBb$
1 Ab	8 $AABb$	1 $AAbb$	1 $AaBb$	8 $Aabb$
1 aB	8 $AaBB$	1 $AaBb$	1 $aaBB$	8 $aaBb$
8 ab	64 $AaBb$	8 $Aabb$	8 $aaBb$	64 $aabb$

A と B (a と b) が連鎖。F_1 ($AaBb$) の配偶子形成のときに組換えが起こる。

に出現したとすると，組換え価は11％となる。このとき，F_1 ($AaBb$) の自殖，あるいは F_1 どうしの交配によって得られる F_2 の表現型の分離比は表3-5のように計算でき，$AB:Ab:aB:ab=226:17:17:64$ となる。

（b） 遺伝子間の距離

一つの染色体では遺伝子間の距離が遠いほど，交叉がおこりやすくなり，組換え価も高くなる。逆に，組換え価を測ることによって，染色体中での個々の遺伝子の相対的な距離を推定することができる。したがって，組換え価を測ることによって，連鎖群(染色体)中での個々の遺伝子の相対的な距離を推定することができる。

遺伝子の相対的な位置を測るためには，次のような方法が用いられる。まず，連鎖している三つの遺伝子を選び，そのうちの二つの間の組換え価を求める。例えば，遺伝子 A, B, C について，AB, BC, AC 間の組換え価が3％，5％，8％であれば，これらの遺伝子は，図3-28のような配列順序になる。このような遺伝子の配列順序の決定方法を三点検定交雑という。組換え価1％の距離を1 cM(1センチモルガンまたはモルガン単位)とよぶ。

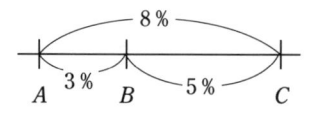

図 3-28 三点検定交雑

(c) 連鎖地図

以上のような方法で，染色体上のさまざまな遺伝子間の相対的な位置を決定し，それを直線上に表したものを連鎖地図(linkage map)または，染色体地図(chromosome map)という。一番端にある遺伝子を基点(0)として近接の遺伝子間距離の総和をセンチモルガンで表す(図3-29)。近年はDNAマーカーも染色体上に位置づけられている。

(3) 性と遺伝

(a) 性染色体

ヒトをはじめとして，多くの生物では雄と雌で形の異なる染色体がある。これは，性の決定に関係しているので性染色体(sex chromosome)とよばれ，X，Yなどの記号で表す。これに対して，性染色体以外の染色体を常染色体(autosome)という。性染色体の構成は，生物の種類によって異なる。昆虫類・哺乳類では雄がXY(ヘテロ)で，雌がXX(ホモ)である。一方，鳥類・爬虫類では，多くの場合，雄がZZ(ホモ)で，雌がZW(ヘテロ)である。いずれの場合も，雄と雌の比率は1:1となる。

ヒトやハツカネズミでは，Y染色体にその個体を雄にする遺伝子があり，精巣決定因子をつくる遺伝子がクローニングされている。

(b) 伴性遺伝

性染色体には性と無関係の遺伝子も多数存在する。性染色体にある遺伝子により，性と相伴っておこる遺伝を伴性遺伝という。XY型の場合，X染色体とY染色体に対立遺伝子があれば，通常の遺伝様式を示す。しかし，Y染色体に対立遺伝子がない場合には，X染色体にある遺伝子はそ

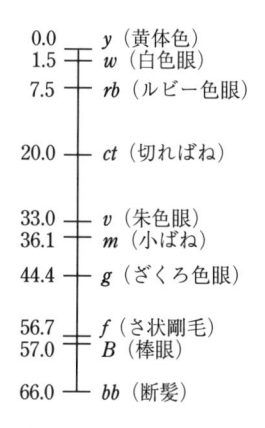

```
 0.0 ── y (黄体色)
 1.5 ── w (白色眼)
 7.5 ── rb (ルビー色眼)

20.0 ── ct (切ればね)

33.0 ── v (朱色眼)
36.1 ── m (小ばね)
44.4 ── g (ざくろ色眼)

56.7 ── f (さ状剛毛)
57.0 ── B (棒眼)

66.0 ── bb (断髪)
```

図 3-29 キイロショウジョウバエの連鎖地図の例(連鎖群Ⅰ)。一番端にある遺伝子を基点(0)として，位置をcM(センチモルガン)で表す。近接の遺伝子間距離の総和で示すため，両端に近い遺伝子間では50をこえている。

れが劣性であっても，雄(XY)には表現型として現れる。

ヒトの赤緑色盲や血友病は，X染色体にある劣性遺伝子に支配されており，伴性遺伝する典型的な例として有名である。

3-2-3 細胞質遺伝

これまでは，染色体に存在する遺伝子についてみてきたが，細胞質中の葉緑体(色素体)やミトコンドリアなどのオルガネラにも遺伝子が存在する。これらの遺伝子は細菌の遺伝子と同様の大きさと構造をもち，自己複製を行い，分裂によって増殖するそれぞれのオルガネラからオルガネラに伝達される。

ほとんどの高等動植物の場合，受精に際して精細胞からは精核だけしか与えられず，子供の細胞質は卵細胞(母親)に由来する。このため，細胞質遺伝子は母性遺伝を行い，母親の形質が子に現れることになる。

いくつかの農作物では，ミトコンドリア遺伝子に起因して花粉が正常に形成されない系統がみつかっている。これらは，細胞質雄性不稔系統とよばれ，一代雑種品種を育成するときにおおいに利用されている。葉緑体遺伝子による細胞質遺伝としては，オシロイバナの斑入りなどがある。

大腸菌などの細菌には，プラスミド(plasmid)とよばれる細胞質DNAが存在し，染色体とは独立して自己増殖する。プラスミドは薬剤耐性などの遺伝子をもっていることが多い。このプラスミドは，遺伝子のクローニングの際に利用される。すなわち，プラスミドに外来のDNAを組み込んで(組換えDNA)，次に大腸菌内に導入することにより(形質転換)，組換えDNA分子のコピーを大量に得ることができる。

3-2-4 突然変異

(1) 突然変異の様式

同種の個体間にみられる違いを変異とよぶ。同一の遺伝子型をもつ個体間にも変異がみられるが，これは環境変異とよばれ遺伝しない。一方，親と異なった変異が突然出現し，これが遺伝するものを突然変異(mutation)という。

劣性遺伝子の多くは，優性遺伝子に突然変異が起こり，遺伝子の転写や翻訳に異常を生じたものと考えられる。一方，遺伝子内で起きた突然変異が同義的塩基置換の場合は遺伝子産物の変化を伴わない。また，突然変異が，遺伝子発現や遺伝子産物の機能に重要でない領域に生じた場合は表現型に大きな変化をもたらさないことが多い。

突然変異は，野生型遺伝子のヌクレオチド配列に塩基置換，欠失，重複，挿入，逆位，転座などの変化が生じておこる。DNAの修復の誤りが原因で自然におこる場合と，紫外線などの物理的原因，塩基類似化合物などの化学的変異原によっておこる場合がある。また，トランスポゾン(転移性因子)やウイルスのDNAがゲノムに組み込まれておこる場合もある。メンデルが観察したエンドウのしわ型は，デンプン枝付け酵素の遺伝子にトランスポゾンが挿入した突然変異である。

（2） 人為突然変異

自然界では，生殖細胞に生じる突然変異の発生率は，ハツカネズミやヒトでは10万個体に一つ位であることが知られている。人為的に放射線・紫外線・化学薬品などを作用させると，発生率を高めることができる。

突然変異株(mutant)を研究すれば，その発現形質と原因遺伝子とを結びつけることができる。このため，人為的に突然変異を誘発して突然変異株を単離し，遺伝学的な解析が行われている。

突然変異には異常のものが多いが，まれに現れる有益なものは品種改良にも利用される。農林水産省では，放射線育種場をもうけ，農作物にガンマ線を照射して品種改良を行っている(図3-30)。この施設を利用して，例えば，キクやカーネーションの花色突然変異や，二十世紀ナシの黒斑病抵抗性品種などが育成されている。

（3） 染色体数の異常

染色体の数のうえで異常がおきる場合は，次のような場合がある。

異数性　体細胞の染色体はふつう$2n$であるが，$2n+1$や$2n-1$の

図 3-30 ガンマフィールド　自然環境下で照射を行う直径200メートルのガンマフィールド(茨城県大宮町にある農林水産省の施設)。

ように，染色体数が1～数本異なるもの。例えば，ヒトのダウン症候群では，21番目の染色体が1本増加している。

倍数性 $3n$の3倍体や$4n$の4倍体などである。植物の倍数体は，花・果実・塊茎などが大きく，農作物や園芸作物として利用されることが多い。例えば，バナナ，リンゴ，チャ，サトイモなどでは，3倍体の優良品種ができている。

人為的に倍数体をつくるには，生長点にコルヒチン処理が行われる。コルヒチンはイヌサフラン(ユリ科)に含まれる物質で，細胞分裂のとき紡錘体の形成を阻害する。このため染色体は分離できず，染色体が倍加する。

4

植物と動物の生殖細胞と個体の発生

4-1 植物の生殖

4-1-1 植物の生殖と生殖細胞の形成

　生物個体が，新しい個体をつくることを生殖とよぶ。体細胞や組織などの一部が直接新しい個体となる場合と，生殖のための特別な細胞がつくられる場合とがある。

（1） 植物の生殖

　生殖の方法として，無性生殖と有性生殖とがある。無性生殖とは，特別な生殖細胞の配偶子をつくらず，個体の一部が分かれて単独で新しい個体をつくる生殖であり，有性生殖とは配偶子をつくる生殖である。

　無性生殖には，分裂，出芽，胞子生殖，栄養生殖がある。分裂は個体が複数に分裂し，それぞれが新しい個体となる生殖方法である。出芽は個体の一部が隆起し，その隆起が独自に成長して，分離して新しい個体となる方法である。胞子生殖は，胞子または遊走子がつくられて放出され，それがそのまま発芽して成長し，新しい個体となる生殖方法である。胞子は生殖細胞ではあるが，接合せずにそのまま新しい個体となるので無性生殖に含まれる。「栄養生殖」は栄養器官の一部から新しい個体がつくられる生殖である。

（2） 栄養生殖

　栄養生殖は，根，茎，葉など，栄養器官（有性生殖に関わらない器官）の一部が，新たに独自の成長を始め，新しい個体をつくる生殖方法で，受精などはしないため，遺伝的には親と同一である。このような遺伝的に同一な新しい個体はクローンともよばれ，優良な親の形質をそのまま受け継ぐ

ため，農業上重要な増殖方法である。

　一般的に果樹や花木の増殖は，枝の一部を切り取って発根させ新しい個体とする挿し木による。サトウキビも，茎の一部を挿し木して増殖する。サツマイモは肥大した根を貯蔵し，そこから多くの芽（茎葉）を出させ，それを切り取って苗として挿し木する。

　ジャガイモやサトイモは地下部に形成される肥大した茎，塊茎を植え付け，それから新しい個体を得る。ナガイモはむかごで増殖する。

　幹からでんぷんをとるサゴヤシは，サッカーとよばれる分枝を挿し木して繁殖させる（図4-1）。そのまま挿し木すると枯れる場合も多いので，近年ではいかだ状の苗床をつくって水上に並べ，根を出させてから移植している。

図 4-1　サゴヤシとその育苗　(a)サゴヤシ。幹の髄を砕きデンプンをとる熱帯のヤシ科作物。(b)サゴヤシの育苗風景。サゴヤシの幼若な分枝（サッカー）の葉を切りとり，いかだの上に並べて水面に浮かせている。数週間かけて発根させ，苗として植えつける。

遺伝的に同一であるため，ひとたび，クローンが抵抗力をもたないタイプの病気が発生すると，甚大な被害を受けることがある。

(3) 有性生殖

有性生殖では，生殖のために特別な細胞(配偶子)がつくられる。基本的には，二つの配偶子が合体して新しい個体となる。この二つの配偶子の形や大きさが同じ場合，同型配偶子とよぶが，多くの場合，形や大きさなどに差がある異型配偶子である。大きな方を雌性配偶子，小さな方を雄性配偶子とよぶ。二つの配偶子に極端な差がある場合，大きな配偶子を卵とよび，小さな配偶子で運動性のある場合は精子，運動性のない場合は精細胞とよぶ。卵と精子(あるいは精細胞)の合体が受精である。

(4) 減数分裂

生殖細胞ができる過程で，染色体数が半減する特別な細胞分裂がおこる。これは分裂が2回，連続しておこり，この一連の分裂を減数分裂とよぶ。

第一分裂は前期，中期，後期，終期に分けられる。前期には，縦裂した相同染色体が一対ずつ並んで着く状態(対合)となり，4本の染色分体からなる2価染色体ができる。中期には，2価染色体が赤道面に並び，後期には，縦裂したままそれぞれが両極に移動し，終期に染色体数が母細胞の半分の2個の娘細胞となる。

第二分裂は染色体が赤道面に並ぶ中期から始まる。後期に，縦裂していた染色体が分かれ，それぞれが別々の極に移動する。

この減数分裂の結果，1個の複相($2n$)の母細胞から4個の単相(n)の娘細胞ができる。

(5) 花粉の形成

イネを例にとって花粉が形成される過程を示したものが，図4-2である。花粉母細胞(①)は減数分裂(②～④)により4個の単相の細胞となり，この4個が密着した状態のものを4分子とよぶ(⑤)。やがて4分子は互いに離れ(⑥)，肥大しながら外殻が形成され花粉細胞となる(⑦)。花粉外殻には将来花粉管が発芽するための花粉発芽孔がある。

花粉細胞の中では，花粉核が分裂し(⑧)，極端に大きさの異なる2細胞となる(⑨)。細胞質が少ない小さな娘細胞は雄原細胞で，大きな花粉管細胞の中に取り込まれた状態になっている。雄原細胞はさらに分裂し(⑩)，2個の精核ができる(⑪)。花粉はさらに大きくなり，でんぷんなどが蓄積し，小さくなった液胞が花粉発芽孔側に移り，花粉が完成する(⑫)。

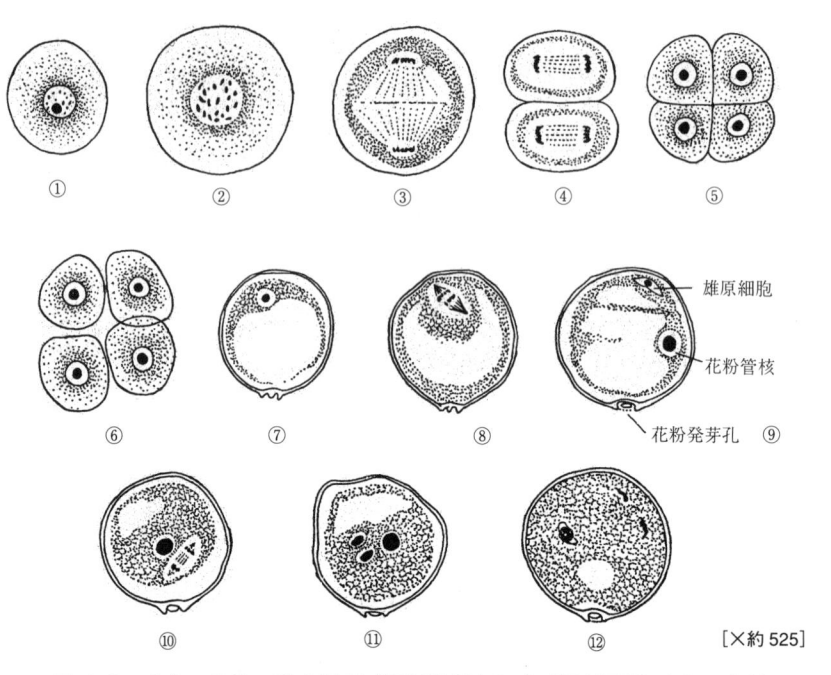

図 4-2 イネの花粉の形成過程［星川清親(1975)『解剖図説 イネの生長』，農山漁村文化協会より一部改変］

なお，精核ができる時期については，花粉完成後，花粉が柱頭につき，花粉管を伸ばしてから雄原細胞の分裂がおこる植物もある。

(6) 胚嚢の形成

イネの胚嚢の形成過程を図 4-3 に示した。胚嚢母細胞(①)が減数分裂をして(②〜③)，単相の縦列する四つの娘細胞となる(④)。このうち三つの細胞は退化し，奥の細胞だけが成長を続ける。この細胞が胚嚢細胞である(⑤)。

やがて胚嚢細胞の核は 3 回分裂して(⑥〜⑨)，8 個の核ができる(⑨)。胚嚢先端部(図では下側)の 4 核のうち，1 核は卵細胞に，2 核は 2 個の助細胞となり，残り 1 核は胚嚢細胞の中央に移動する(⑩)。また，胚嚢基部(図では上側)では 3 核が 3 個の反足細胞となり残り 1 核は胚嚢細胞中央に移動し，中央で 2 核が結合した状態の極核になる。この 2 個の極核をもった大きな細胞が中央細胞である。反足細胞は分裂し，反足組織となる(⑪，⑫)。

4-1 植物の生殖

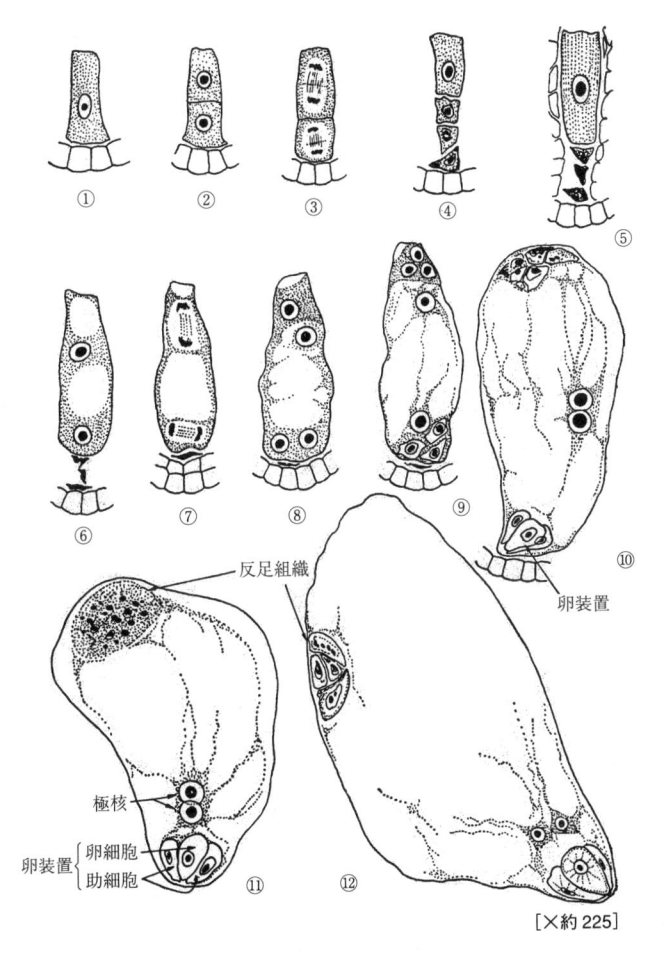

図 4-3 イネの胚嚢の形成過程［星川清親(1975)『解剖図説 イネの生長』，農山漁村文化協会より引用］

4-1-2 生殖細胞の受精

　地上植物の多くは，胚珠が子房で包まれた被子植物である[†]。生殖細胞の受精および種子形成が行われる過程は，受粉と花粉管の伸長，受精およ

[†] 胚珠が子房に包まれない種子植物の一群を裸子植物といい，針葉樹類，イチョウ類，ソテツ類などがこれに含まれる。花粉は発芽して花粉管を形成し，その中に含まれる精子は，花粉管を出た後，造卵器に達して受精する。内乳は受精前に胚嚢細胞でつくられるため核相が n で，この点は被子植物と異なる。

び胚発生の各段階に分けられる。この中には，遺伝的多様性を維持するために重要なさまざまな機構が含まれている。本項では，被子植物の生殖細胞の受精と，それに関わるいくつかの興味深い現象について述べる。

（1）受　粉

典型的な花は，がく片(sepal)，花弁(petal)，雄ずい(stamen)および雌ずい(pistil)を備えている(図4-4)。受精の舞台となる雌性器官である雌ずいは，柱頭(stigma)，花柱(style)，子房(ovary)からなる。

被子植物において，受精にいたる過程の第一段階は受粉(pollination)である。これは，花粉が葯から離れて雌ずい先端部の柱頭(図4-5)に付着する現象である。受粉後，花粉は柱頭で発芽し，細管状の構造物である花粉管(pollen tube)を伸長させ柱頭に侵入する。花粉管はさらに花柱内を子

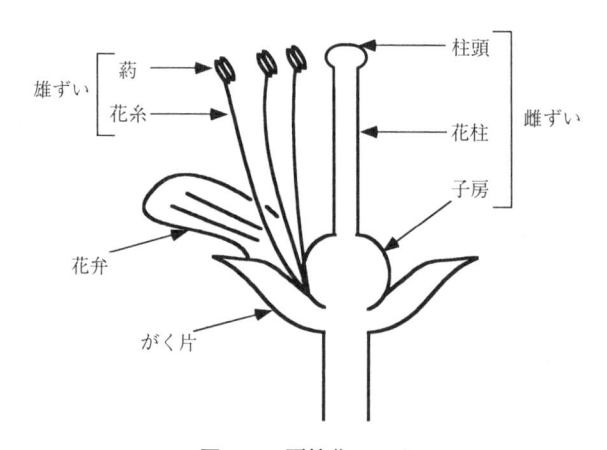

図 4-4　両性花のモデル

図 4-5　トマトの柱頭

房方向へ伸長していく．その際，花柱溝のあるものではその内側表面を，花柱溝が細胞で埋められているものでは細胞間隙をぬって伸長する．花粉内には生殖核(雄核)と花粉管核(栄養核)が存在するが，受粉時，すでに生殖核が二つ存在しているものを三核性花粉，花粉管伸長時に生殖核が分裂するものを二核性花粉とよぶ．このように生殖核の分裂時期は種によって異なるが，それぞれが染色体数 n，すなわち単相の核をもち，後述の重複受精(double fertilization)に関与する．一方，花粉管核は受精には直接関与しない．

受粉，発芽そして花粉管の伸長などの受精にいたる過程は，種の多様性を維持しようとする植物にとって，特別な意味をもつ．動物のように自ら動き回ることのできない植物には，遺伝的多様性を維持するための独特な機構が備わっている．受精の舞台となる花には，雌雄両性器官が一つの花に備わっている両性花(両全花)と，雌ずいだけが備わった雌花や雄ずいのみをもつ雄花のような単性花がある(図 4-6)．単性花にはさらに，雌雄の単性花が同一の個体に存在する雌雄同株性と，異なる個体に分かれる雌雄異株性がみられる．単性花の着生は同一個体の花粉による受粉(自家受粉)を避け，結果としてほかの個体の花粉を獲得する機構の一つといえる．また両性花においても，雌ずいと雄ずいの成熟する時期をずらすことにより自家受精を回避する雌雄異熟性がみられる種もある．さらに雄性器官の不全によって受精不能となる雄性不稔という現象もあり，作物の一代雑種(F_1)育種†に利用されている．

正常な両性花すなわち雌雄両性器官が正常で，自家受粉が可能な花においても，花粉の発芽や伸長を制御することによって遺伝的に異なる個体の花粉による受精を優先する，自家不和合性もひろくみられる(図 4-7)．この性質は，雄性配偶子(n)すなわち花粉の遺伝子型に支配される配偶体型

```
両性花 ──── トマト，サクラ，ユリなど
      ┌ 雌雄同株 ──── カボチャ，トウモロコシなど
単性花 ┤
      └ 雌雄異株 ──── ホウレンソウ，アスパラガスなど
        (雄株，雌株)
```

図 4-6 単性花と両性花の分類

† 雑種第一代の形質が，両親のいずれよりも優れる雑種強勢(ヘテロシス)を利用した育種法．

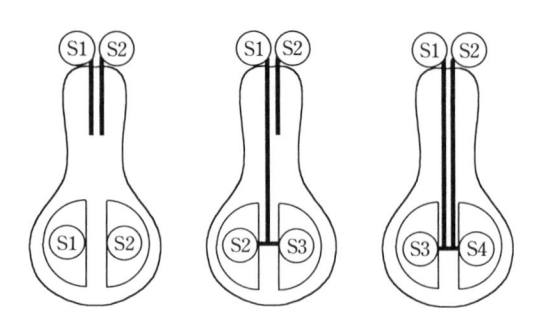

図 4-7 配偶体型自家不和合性とS遺伝子 花粉管の伸長は自家不和合性を決定する複対立遺伝子(同一遺伝子座を占めるいくつかの遺伝子)Sにより制御される。図は花粉(n)のS遺伝子によって和合性が決定される配偶体型自家不和合性を示している。すなわち、花粉と同じS遺伝子をもつ花柱内では、花粉管の伸長が停止し受精できない。この際、花柱のS遺伝子に優劣関係はない。

自家不和合性と、胞子体すなわち花柱($2n$)および花粉親($2n$)の遺伝子型の優劣関係に支配される胞子体型自家不和合性とに分類される。一般に、配偶体型自家不和合性では花粉管の伸長が花柱内で停止するのに対して、胞子体型では花粉管の発芽や柱頭内への侵入が阻害される。いずれの場合でも受粉した花粉に対する自他の認識が行われ、自家受精が回避されている。以上述べたようなさまざまな機構によって、被子植物の半数以上が他殖性をもち、種の多様性を維持している。

(2) 重複受精

伸長した花粉管は子房腔内に入った後、さらに下降し、珠孔から胚嚢(胚珠内部の雌性配偶体)へ達する(図 4-8)。珠孔は、珠心を包んでいる珠皮に覆われずに残った小孔である。二つの生殖核(n)は胚嚢に入り、それぞれ卵細胞(n)および2個の極核(n)をもつ中央細胞と融合して、それぞれ胚(embryo)および内乳(内胚乳, endosperm)を形成していくことになる。このように二つの受精が行われることから、これを重複受精とよび、被子植物の生殖過程における特徴となっている。内乳の染色体数は$3n$となるが、発芽時の成長に使われる栄養を供給する組織であり、植物体には成長しないため、受精卵由来の胚の染色体数$2n$が個体の核相となっていく。

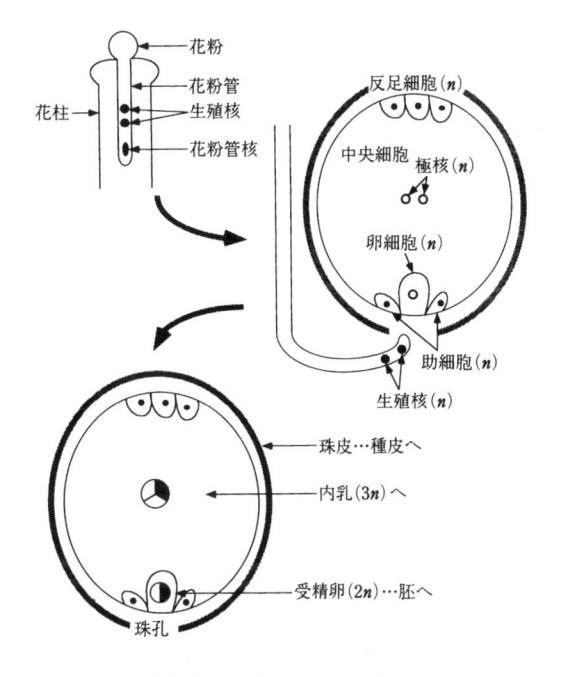

図 4-8 重複受精の概念図

(3) 胚発生†

　受精時に存在する反足細胞や助細胞は，胚形成初期に退化・消失する（図4-9）。極核に由来する内乳核は，胚形成初期に急速な核分裂を行い多核体となり，その後細胞壁が形成されて内乳となる。受精細胞は1回目の分裂により生じた上部の細胞が球形の胚球に，下部の細胞が胚柄に分化していく。胚球が子葉（cotyledon），胚軸（hypocotyl），幼根（radicle）をもつ成熟胚となるのに対して，胚柄は最終的には胚の養分となり退化する。珠皮は胚を保護する種皮となる。植物種によっては茎頂がよく発達しており，幼芽とよばれる小さなシュートをもつ場合もみられる。分裂組織としては，子葉基部に茎頂分裂組織，幼根の先端には根端分裂組織，その他分化の明確でない基本分裂組織が形成される。さらに，表皮となる前表皮や中央部に存在して維管束系を形成する前形成層もみられる。
　イネやカキのように，胚乳が種子の成熟時まで残って発芽時の養分を供

---

† 胚とは，受精卵がある程度発達したきわめて若い植物体をさす。種子中での組織分化の程度は，植物種によって異なる。

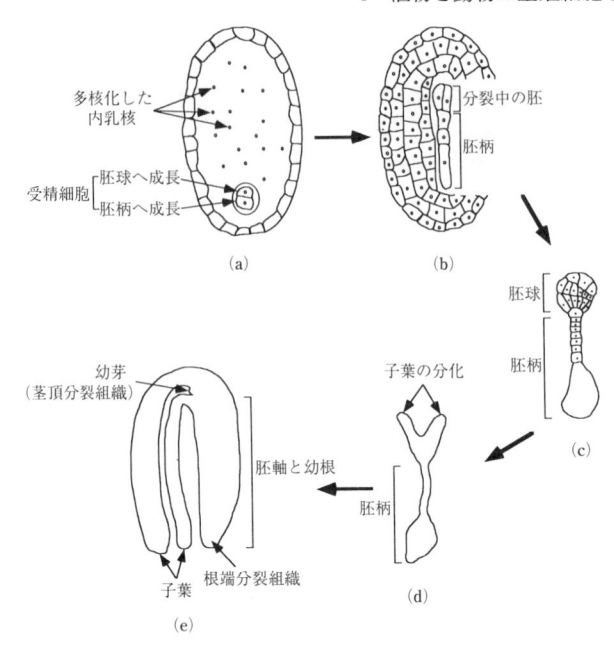

図 4-9 被子植物の胚発生　双子葉植物であるナズナの胚発生の過程がモデルとなっている。(c)では内乳細胞が，(d)，(e)では内乳細胞および胚・胚柄中の細胞壁と核が省略されている。

給する種子を有胚乳種子という。これに対してマメ科やアブラナ科などの植物は，胚の形成過程で胚乳の養分がすべて子葉に移行して胚乳が退化してしまう無胚乳種子をもち，発芽のための貯蔵物質は子葉に貯えられる。イネ，ムギ，トウモロコシなどの穀類やダイズ，ピーナッツなどのマメ類は，それぞれ上述のような胚乳や子葉が主な食用部分となっており，デンプン，脂肪，タンパク質が豊富に含まれている。一方，種子自体を食べるこれらの作物に対して，モモ，リンゴなどのように，子房あるいは花床が肥大した部分を食用に供するものもある。

4-2　動物の生殖

4-2-1　動物の生殖と生殖細胞の発生

（1）動物の生殖

ここでは，哺乳動物について説明する。動物では，雄と雌の生殖細胞

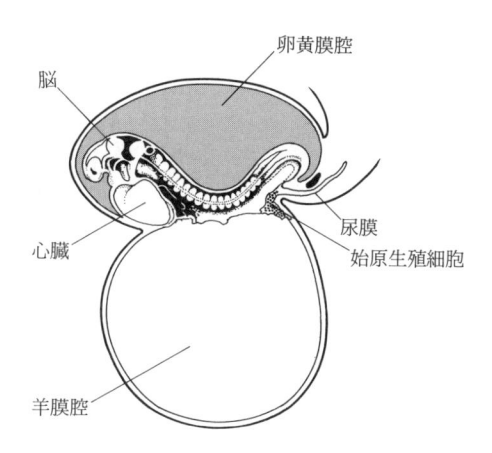

図 4-10 ヒトの初期胚での始原生殖細胞の局在 [C. R. Austin and R. V. Short eds. (1982) *Reproduction in mammals 1. Germ cells and fertilization*, Cambridge Univ. Press より引用]

(配偶子, gamete)が受精(fertilization)することにより胚(embryo)が発生し, 子宮に着床(implantation)して胎子(fetus)に発育し, 次世代の個体が生まれる. このように動物の生殖は有性生殖であり, 生殖細胞はそれぞれ両親の遺伝子を受け継ぎ, 新しい遺伝子の組合せをもった個体が誕生する.

(2) 生殖腺の発生

生殖細胞(germ cell)は, 生殖腺, すなわち雄では精巣(testis), 雌では卵巣(ovary)でつくられる. はじめ, 生殖腺は未分化な状態では雄雌同一の器官である. 胚が発生する過程で生殖細胞の元となる始原生殖細胞(primordial germ cell)は, 胚体外にある(図 4-10). この細胞は中胚葉性の生殖腺の原基(生殖隆起, genital ridge)に移動して分化を始める. 雄では精巣が形成され, 始原生殖細胞が精祖細胞(spermatogoia)へ分化し, 中腎管(ウォルフ管)が精巣上体(epididymis)および精管に発達する. 雌では卵巣が形成され, 始原生殖細胞が卵祖細胞(oogonia)に分化し, 中腎管は退行し, ミュラー管が子宮, 膣に発達する(図 4-11). この生殖腺の性分化は, ウシ, ブタ, ヒツジおよびヒトでそれぞれ妊娠 40, 30, 35 および 40 日に認められる.

(3) 生殖細胞の発生

生殖腺が形成された後, 精巣内で精祖細胞は体細胞分裂(mitosis)で増

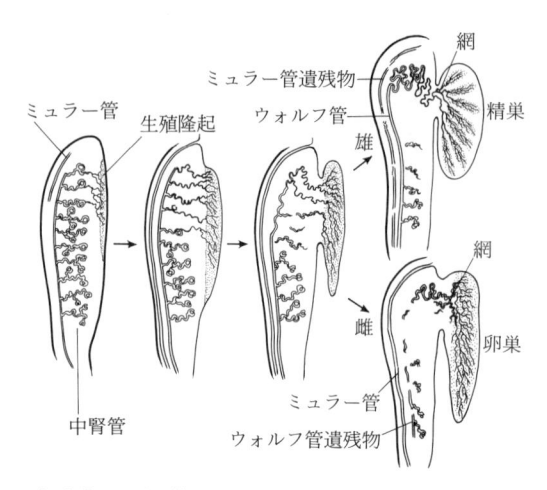

図 4-11 生殖腺の分化 [C. R. Austin and R. V. Short eds. (1982) *Reproduction in mammals 1. Germ cells and fertilization*, Cambridge Univ. Press より引用]

殖し，性成熟後に活発な増殖と精子(spermatozoon)への分化がおこる。この精祖細胞は一生を通じて精細管の基底部にとどまり，体細胞分裂をくり返す幹細胞(stem cell)として精子生産を維持する。卵巣内では，卵祖細胞が体細胞分裂で増殖して胎生期で最大になり，その後減少する。この細胞は，ヒトでは約700万個が出生時200万個に減り，20歳では約20万個になる。

4-2-2 精子の生理
(1) 精巣の構造

雄の生殖腺である精巣は，厚い白膜に包まれた卵円形の一対の器官であり，陰のうに収容されている(図4-12)。精巣の長軸に沿って精巣上体が付着し，精巣内部の精細管でつくられた精子が通過中に運動能を獲得する。成熟した精子は精管を通じて体外に射出される。多くの動物で，精巣は体温よりも低い温度に保たれており，ウシやヒツジでは陰のう内に垂直に下降し，ブタでは腹壁に対して水平に下降し，ゾウでは例外的に体内に存在する(図4-13)。

(2) 精子の発生

精子は，精巣内にある精細管内で，精祖細胞が精母細胞(spermatocyte)，さらには精子細胞(spermatid)へ分化して発生する(sper-

4-2 動物の生殖

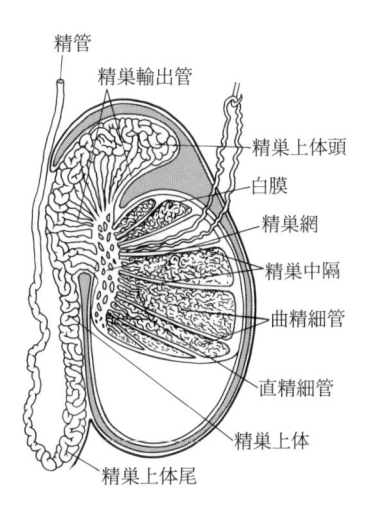

図 4-12 精巣の構造［山田英智他監訳(1991)『ブルーム・フォーセット 組織学II 第11版』，p.906，廣川書店より引用］

図 4-13 各種動物での精巣の位置［C. R. Austin and R. V. Short eds. (1982) *Reproduction in mammals 1. Germ cells and fertilization*, Cambridge Univ. Press より引用］

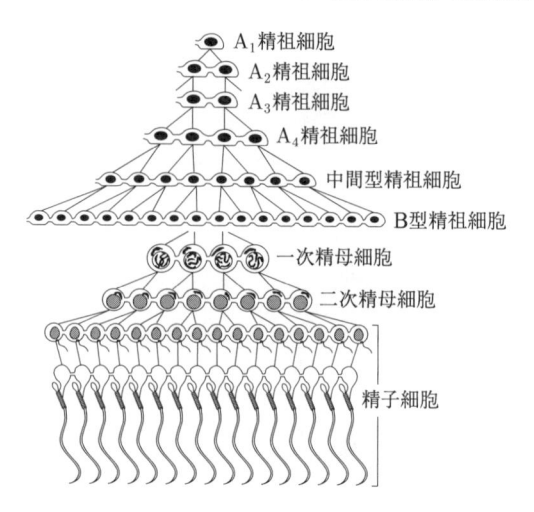

図 4-14 精巣での精子発生 ［山川他監訳(1991)『ブルーム・フォーセット組織学Ⅱ 第11版』, p. 925, 廣川書店より引用］

matogenesis)（図 4-14）。精祖細胞は，それ自体が体細胞分裂して増殖する幹細胞である。一部の精祖細胞が A 型精祖細胞から中間型を経て B 型精祖細胞に分化することで，精子発生が始まる。その後，第一次精母細胞（primary spermatocyte）から第二次精母細胞（secondary spermatocyte）になり，円形精子細胞になる（精子発生）。さらに円形精子細胞が種特有の形態に変化し，機能が分化して精子が形成される（精子完成；spermiogenesis）。この精子発生過程で減数分裂（meiosis）がおこる。この減数分裂の結果，精子は X および Y 染色体をもつものに分かれる。最終的に 1 個の精祖細胞から 64 個の精子細胞が生産される。A 型精祖細胞から精子形成に要する日数はウシ，ヒツジ，ウマでほぼ 50～60 日である。

精子の保存と射出　性成熟後，精巣でつくられた精子は精巣上体尾部と精管に貯蔵され，受精能と運動能をもって体外に射出される。精液（semen）とは，通常射出された精液を指し，多数の精子と精しょうからなる。ウシ，ヒツジ，ヤギではウマ，ブタに比べて精液の量が少なく，精子濃度が高い。精しょうには精子のエネルギー基質が含まれている。

(3) 精子の構造

精巣内で完成した精子は動物種によって形態が大きく異なり，ハムスターでは精子の全長が 250 μm で，ウシ，ブタ，ウマでは 50～70 μm であ

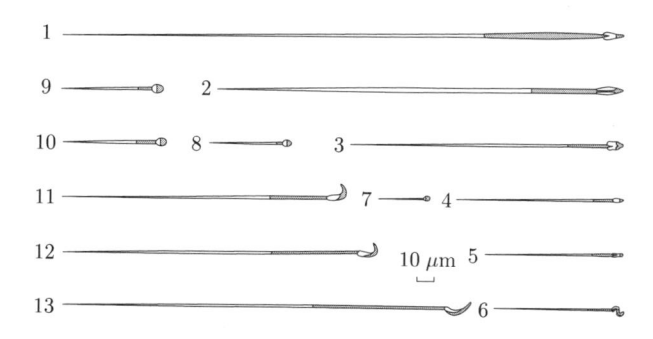

図 4-15　各種動物の精子　1. ハニーポッサム，2. 有袋類のラット，3. バンピコット，4. ワラビー，5. ポッサム，6. コアラ，7. カバ，8. ヒト，9. ウサギ，10. ヒツジ，11. ゴールデンハムスター，12. 大黒ネズミ（実験用ラット），13. チャイニーズハムスター　[C. R. Austin and R. V. Short eds. (1982) *Reproduction in mammals 1. Germ cells and fertilization*, Cambridge Univ. Press より引用]

る（図 4-15）。ただし，本質的な構造には動物種間で違いはみられない（図 4-16）。

頭部　先体（尖体，acrosome），赤道部，および後帽に分けられる。ウシ，ウマ，ヒツジなどの精子の頭部は平坦な楕円形の核からなり，その前半部分は先体で覆われている。精子核は半数体（n）の染色体数をもち，DNA はプロタミンと結合して保存されている。先体はゴルジ装置に由来し，内部に多くの加水分解酵素を含んでいる。この中には，受精時に作用するヒアルロニダーゼやアクロシンがある。赤道部は，受精時に卵細胞膜と最初に融合する部位である。

尾部　精子の運動機能を担っている部位でべん毛ともよばれる。頭部との接続部である頸部に続いて，中片部，主部および終部からなる。尾部の内部には軸糸が規則正しく配列されており，これは中央の 2 本の微小管（microtube）と周囲の 9 対の微小管から構成され，2 本の腕とよばれる突起で結合している。哺乳動物精子では，その外側を 9 本の外繊維が囲んでいる。この構造はウニなどの体外受精動物精子にはみられない。一般に，この軸糸の構造は［9＋2］として表現される。微小管と腕は，それぞれチューブリンとダイニンとよばれるタンパク質で構成され，ATP アーゼ活性をもっている。

中片部はミトコンドリア鞘がらせん状に外繊維を取り巻いて存在し，精

子の運動能を支えるエネルギー生産に関係している．中片部の長さは，ヒトやウシ精子で短く，らせんの旋回数は 10〜12 であるが，マウスで約 90，ラットで約 350 である．ウシ精子では，精しょうにあるフクラクースをエネルギー基質として利用する．

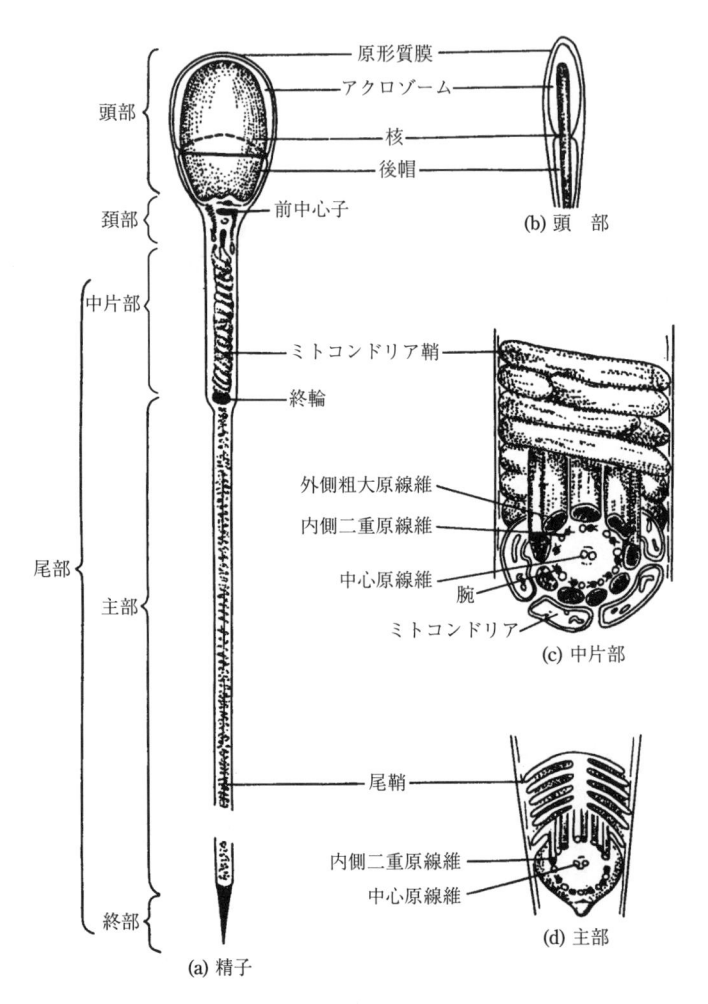

図 4-16 代表的な有蹄類精子の構造模式図 (a)一般的な構造，(b)紙面に直角な面をもった頭部の縦断，(c)中片部の断面，原線維と取り囲んでいるミトコンドリア鞘を示す．(d)主部の断面，原線維と取り囲んでいる尾鞘を示す．[Wu(1966)／鈴木善祐他 (1976)『家畜繁殖学』，朝倉書店より引用]

4-2-3 卵子の生理

（1） 卵巣の構造

　卵巣は腎臓の後方に位置し，卵巣間膜で支持され，副生殖器である卵管（oviduct）や子宮（uterus）などにつながる雌の生殖腺である。卵巣の形状は動物種によって異なり，ウシでは卵円形で長さ3.5 cm，幅1.5 cm，厚さ2.5 cmで，ブタではブドウ房状である（図4-17）。成熟個体では，性周期中に卵巣内で卵胞が発育して排卵する。すなわち，原始卵胞（primordial follicle）から第一次卵胞（primary follicle），次いで第二次卵胞（secondary follicle）に発育し，卵胞内に腔が形成されて液が貯留された第三次卵胞（antral follicle）になり，さらにグラーフ卵胞（Graaf's follicle）に成熟して排卵される（図4-18）。排卵された卵胞は黄体を形成する。ヒトやウシでは通常1個の卵子が排卵されるが，ブタやマウスでは十数個が排卵される。

（2） 卵子の発生

　胎生期に卵巣が形成される過程で始原生殖細胞が卵祖細胞に分化し，この卵祖細胞が体細胞分裂で増殖し，外側が一層の卵胞細胞で取り囲まれて原始卵胞になる（oogenesis）。この時点で，すべての卵祖細胞は卵母細胞

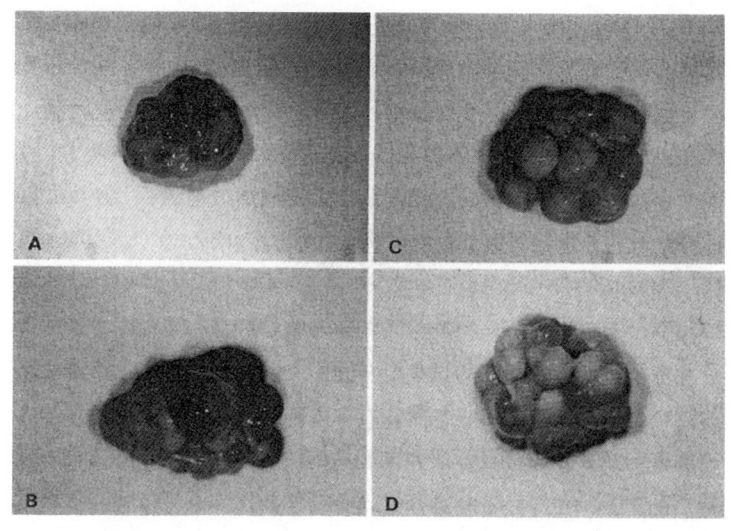

図 4-17　性周期でのブタの卵巣　A：未成熟，B：排卵直後，C：黄体期，D：黄体退行期［鈴木秋悦，佐藤英明編(2001)『卵子研究法』，養賢堂より引用］

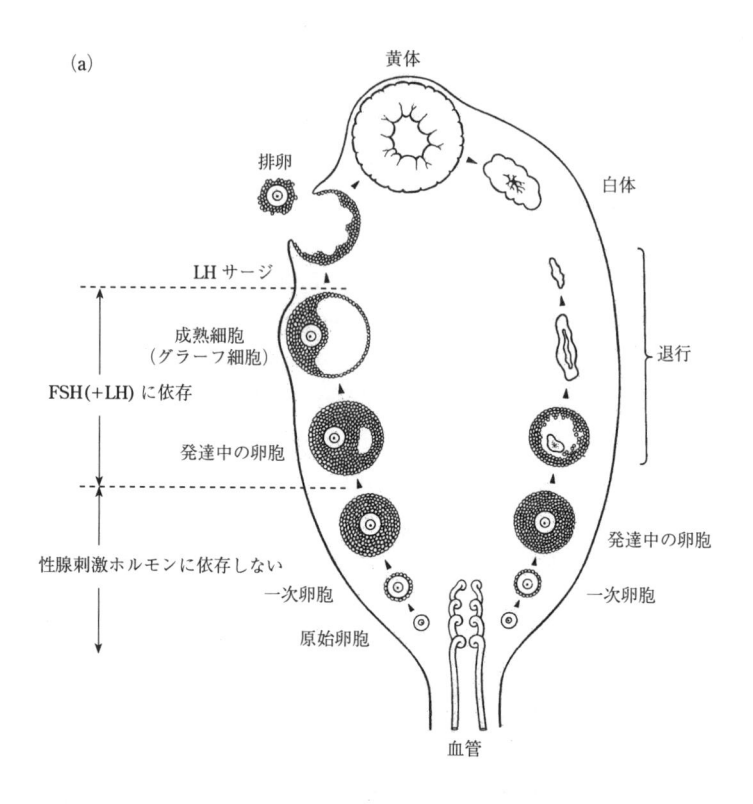

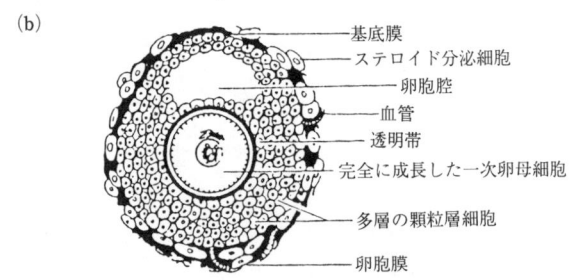

図 4-18 哺乳動物の卵巣中の卵胞の発達と退行(a)と胞状卵胞の構造(b)
(a)左側：原始卵胞の排卵期までの発達，その後黄体が形成され，最終的に退行する。右側：退行により終了する，より通常に起こる卵胞の発達。(b)初期胞状卵胞[C. R. Austin and R. V. Short (1982) *Reproduction in mammals 1. Germ cells and fertilization,* Cambridge Univ. Press より改変]

(oocyte)となり，その核は第一減数分裂の前期で停止し，この時期を卵核胞期(germinal vesicle)とよぶ．したがって精巣とは異なり，卵巣には自己増殖する幹細胞は存在せず，胎子期または出生時までにその数が急減し，その後も減少しつづける．原始卵胞内にある卵母細胞は，胎子期または出生後に卵胞発育(folliculogenesis)が始まることで成育する．すなわち，第一次卵胞から第二次卵胞にかけて卵母細胞は大きさを増し，透明帯(zona pellucida)を形成し，卵胞は2層の卵胞膜で包まれる．その後，ホルモン依存的に発育を続け，第三次卵胞で卵母細胞は，直径が約90～110 μm の最大径まで成育する．排卵卵胞に成熟する過程で減数分裂は再開し，第一次極体を放出して第二減数分裂中期まで進行し，再び停止する．ほとんどの哺乳動物では，第一次極体を放出したこの時期に排卵される．精子と異なり，1個の卵母細胞から1個の卵子(egg)しか生産されない．

(3) 卵子の成熟

完全に成育した卵母細胞は，第二減数分裂中期まで減数分裂を進行させ，排卵される．排卵されたものを卵子とよび，卵管内で精子との受精を待つ．すなわち，排卵直前に卵胞内で卵母細胞を取り囲んでいる卵丘細胞(cumulus oophorus)が放射線状に分散し，それが引き金となって減数分裂が再開される．この核相の変化に伴い，卵細胞質にある表層顆粒が細胞膜直下まで移動し，ミトコンドリアの形状も変化する．この過程を卵子の成熟(卵成熟；oocyte maturation)とよび，成熟卵子は正常な受精能力と発生能力をもつ．卵成熟は，卵巣内の卵胞から卵母細胞を卵丘細胞とともに採取し，体外で培養(in vitro maturation)することでも誘起される．現在，ウシ，ブタ，ヒツジ，ヤギなどの動物では，体外で卵子を成熟させ，体外受精(in vitro fertilization)させた胚を移植して産子が得られている．

4-2-4 受精と胚の発生

(1) 受　精

雌雄の生殖細胞である卵子と精子が合体し，それぞれの半数体 n の遺伝情報が組み合わされて $2n$ の染色体数をもった胚が発生することを受精という．受精時，精子が侵入する刺激で卵子は活性化されて減数分裂を再開し，第二次極体を放出して減数分裂を完了する(図 4-19)．受精前，卵巣から卵子が卵丘細胞と一緒に排卵され，卵管采の上皮細胞と接着して卵管内に入り，受精部位である卵管膨大部に移動し精子と出会い合体する．精子は排卵前に交配により膣から子宮に移動し，卵管狭部で排卵を待つ．

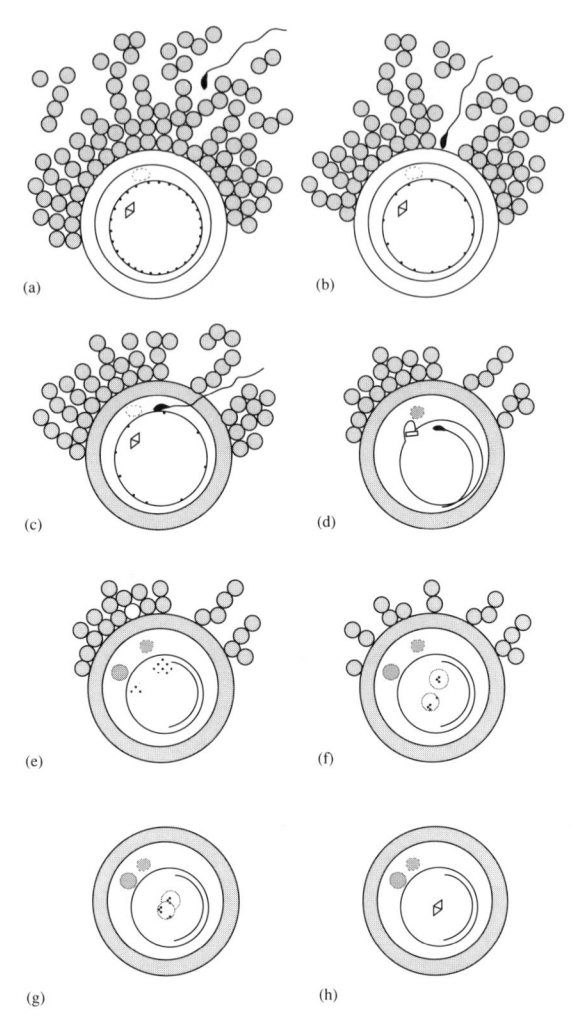

図 4-19 ラット卵子の受精の段階　排卵後すぐに精子と卵丘との最初の接触(a)，卵丘を通過後の透明帯表面への精子の結合(b)，透明帯通過後の精子の卵子実質への付着と融合の瞬間(c)。卵黄の収縮と囲卵腔の拡大が伴う。透明帯の陰影は噴出による表層顆粒の量により誘起された透明帯反応の開始を示す。精子頭部は膨潤を開始し，第二極体の放出途上にある，精子の取り込みより残された透明体の溝に注目(d)。第二極体の放出が完成し，精子のクロマチンが膨潤する(e)。雌雄前核が形成され，卵丘の細胞はほとんど散会し，(g)では2つの前核が付着しつつある(f, g)。雌雄の染色体が有糸紡錘糸上に整列し，紡錘糸の中期から終期への進展により新しい胚の最初の細胞分裂を予告している(h)。

この間に精子は，卵子の透明帯に侵入し，卵細胞膜を通過して受精を完遂する能力を獲得する。この現象を精子の受精能獲得(capacitation)という。ほとんどの動物種で，精子の受精能保持時間は 1～2 日である。一方，排卵後の卵子の受精能保持時間は 24 時間以内である。

(2) 精子の受精能獲得

精子は副生殖腺液(精しょう成分)とともに，雌の膣深部あるいは子宮内に射出される。射出直後の精子は卵子に受精できず，一定時間子宮，卵管にとどまることが必要である。この間の受精能獲得は，精しょうに含まれる被覆抗原が除去される過程と考えられている。受精能を獲得した精子は，運動性を変化させて特有の運動(hyperactivation)を示し，先体膜と細胞膜が融合して先体内にある加水分解酵素を放出する(先体反応；acrosome reaction)。最終的に，透明体を通過するときには精子は先体を消失している。通過後，精子は精子頭部の赤道部で卵細胞膜と融合を開始する。

(3) 胚 の 発 生

受精後，卵子の核は雌性前核，精子の核は雄性前核となり，これら 2 前核が融合して 1 細胞期の胚になる。その後，2, 4, 8 細胞期に分割し，桑実期(molura)，胚盤胞期(blastocyst)に発生する(図 4-20)。胚盤胞期では，内部細胞塊(inner cell mass)と栄養膜細胞(trophoblast)に分化する。内部細胞塊は，将来，胎子の体のあらゆる組織，器官に分化し，栄養膜細胞は胎膜，胎盤の形成に寄与する。

4-2-5 着床と分娩

(1) 着 床

1 細胞期胚は卵管膨大部で，受精後，卵管を通過中に分割し，子宮に入り胚盤胞期まで発生する。その後，体積の増加に伴って直径が増大し，拡張胚盤胞期(expanding blastocyst)になる。つづいて，透明帯から細胞の一部が脱出し始め，胚全体が完全に脱出した脱出胚盤胞期(expanded blastocyst)に発育する。着床は，脱出胚盤胞期胚の外側の栄養膜細胞が子宮上皮細胞と接着し，定着することをいう。着床する時期は動物種によって異なり，マウスやラットでは交尾約 5 日目に起こるが，ウシでは受精後約 30 日目である。クマやカンガルーなどでは，長期間(数か月)胚が子宮内で休止状態で存在し，着床しない。この現象を着床遅延(delayed implantation)という。これらの動物では，妊娠期間を正確に特定することは難しい。

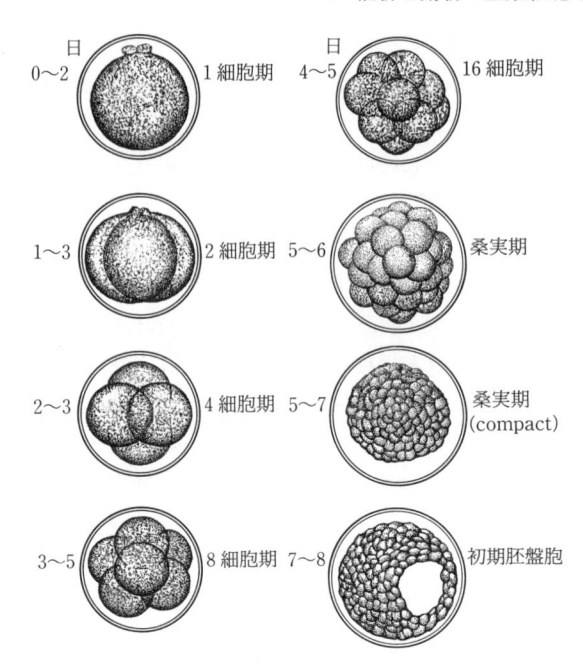

図 4-20 ウシの胚の発生ステージ［杉江佶編著(1989)『家畜胚の移植』，養賢堂より引用］

胎盤 胚の栄養膜細胞が分化して形成される胎膜(fetal membrane)は，絨毛膜(chorion)，尿膜(allantoic membrane)および羊膜(amniotic membrane)からなり，絨毛膜はもっとも外側にあり，絨毛を出して子宮内膜に侵入する。胎盤(placenta)は，絨毛が子宮内膜に接する部分で，母体の子宮内膜を母体胎盤，絨毛部分を胎子胎盤という。ウシ，ヒツジ，ブタ，イヌなどの動物の胎盤は，母体と胎子の脈管系を分離している組織の構造の差で，上皮絨毛性と靱帯絨毛性(宮阜性)に分類される(図 4-21)。上皮絨毛性胎盤はブタ型ともいわれ，ブタやウマの胎盤がこれに属する。靱帯絨毛性(宮阜性)胎盤にはウシやヒツジが属し，宮阜の数はウマでは70～120個，ヒツジでは90～100個である。胎盤を通じて胎子側の毛細血管と母体側の毛細血管との間で種々の物質が交換され，胎子の発育が支持される。

(2) 分 娩

妊娠期間は，受精が成立した日から胎子が完全に発育して母体から外に

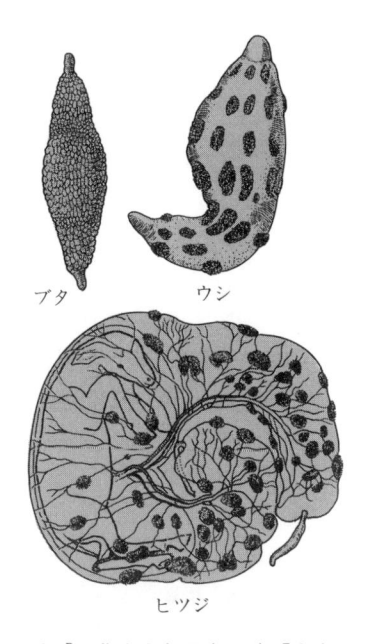

図 4-21　胎盤の構造［加藤嘉太郎著(1969)『家畜比較発生学』, 養賢堂より引用］

排出(分娩；parturition)される期間を指す。この期間は動物種によって異なり, マウスやラットでは約20日であり, ウシやヒトでは約280日である。ブタなどの多胎動物では, 胎子の数が多いと妊娠期間が長くなる傾向がある。ウシやウマでは胎子が雄の場合1〜2日長くなる。妊娠期間中, 黄体ホルモン(progesterone)が卵巣や胎盤から分泌され, 維持される。分娩前には黄体ホルモンが減少し, オキシトシンなどによって子宮筋の収縮運動がおこり, 胎子が娩出される。

5

植物と動物の生理

5-1 植物の生理

5-1-1 成長と分化

（1） 成長と分化

多細胞植物体は，1個の細胞（受精した卵細胞やプロトプラスト）の成長と分化によって形成される。成長は大きさの増加によって，分化は複雑さの増加によって引きおこされる。大きさの増加は，細胞分裂による細胞数の増加と細胞自体が大きくなる細胞伸長（肥大）の二つの過程からなる。多くの場合，成長と分化は同時に進行する。

図5-1に示した写真は，WFP（Wisconsin Fast Plants；ウィスコンシン・ファースト・プラント）の種子が発芽した後，植物体の成長を経て開花結実にいたる「生活環」の主なステージを示している。WFPは，生活

図 5-1 生活環が短期間で終わる *Brassica rapa*（WFP）の成長と分化

表 5-1 WFP の成長と分化

播種後日数	成長と分化
1～3	幼根の出現（発芽）；子葉の展開と胚軸の伸長（シュート形成），葉緑素の形成
4～9	本葉の出現，花蕾の形成
10～12	主茎の節間の伸長；葉と花蕾の拡大成長
13～17	開花と受粉
18～22	花弁のしおれと落下，種子（胚と胚乳）の成長
23～36	種子の形成完了，さやの乾燥

環が短期間で終わることを指標にして選抜・育成されたアブラナ科植物の一種(*Brassica rapa*)である。発芽から結実までの生活環が3週間～1か月で終わる。同じ仲間のカブやハクサイでは，種子の発芽から開花・結実までの生活環が数か月以上かかることを考えると，いかに成長が早いかがわかる。

WFP の発芽から開花結実までの様子を観察すると，成長と分化のさまざまな過程が連続しておこることをみることができる(表5-1)。これからわかるように，成長と分化は同時に進行し，分けることが難しい。

発芽後に連続しておこるさまざまな成長と分化の過程は，植物がもともと体内にもっている遺伝的プログラムによって制御されている。一方，植物の成長と分化は，生育する環境から受けるさまざまな刺激によっても変化する。例えば，植物を暗黒条件下で生育させると黄白化し徒長する(モヤシになる)ことがみられ，また，窓際で育てると茎と葉が光の方向に曲がることが観察される。したがって，植物の成長と分化はその植物が本来もっている遺伝的プログラムに支配されているが，同時に，生育環境から受ける光，重力，接触などの刺激によってプログラムの実行が修正され，最終的な成長と分化の過程が決定されるものと考えることができる。

内生の遺伝的プログラムや生育環境からの刺激による成長や分化の過程は，組織内の植物ホルモン含量の調節を介しておこることがわかっている。これをまとめると次のようになる。

遺伝的プログラム ⟶ 植物ホルモン含量の変動 ⟶ 成長と分化
　　　　　　　　　　↑
　　　　　　外的刺激(光，重力など)

（2） 成長曲線

　成長を長さ，面積，重さなどの単位で測定して，その時間的変化を図示したものが成長曲線である。WFPが発芽してから開花結実にいたるまでの成長量を草丈で表して，各ステージをたどると図5-2のようになる。成長速度は，成長過程の初期と末期では遅く中期では速い。このようなS字曲線（シグモイド曲線）は，植物個体についてだけでなく，個々の器官（例えば，一枚の葉の面積や一本のさやの長さ）についても得られる。

（3） 細胞の成長

　植物体の成長は，それを構成する細胞の成長によって引きおこされる。若い細胞の細胞壁は，セルロースの繊維（ミクロフィブリル）の疎い編み目をペクチンやヘミセルロースなどが埋めている構造をしている。細胞の成長の際は，この編み目がゆるんで間隙を生じるため，伸長性が大きくなる。このとき，液胞内に多量の水が流入し細胞の体積が増大する。ゆるんで拡大した編み目に，新しく合成されたセルロースやヘミセルロース，ペクチンが充填されて細胞の成長が固定される。

　細胞の体積が増大しているときに，新しく充填されるミクロフィブリルの配列が植物の軸に対して横方向の配列が多いときは，細胞は植物の軸方向に成長することになる。茎の伸長はこのような個々の細胞の軸方向の伸長に基づいている。一方，ミクロフィブリルが細胞壁の全面に等しく充填されるときは，細胞の体積が全面に拡大することになる。ジャガイモの塊茎やサツマイモの塊根，トマトの果実の肥大成長はこのような細胞の成長に基づくものである。

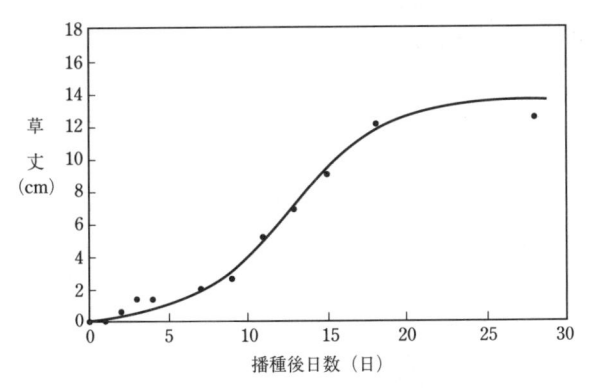

図 5-2　WFP の成長曲線

(4) 植物ホルモン

植物ホルモンには，オーキシンやジベレリン，サイトカイニン，アブシジン酸，エチレンなどがある。

植物の伸長成長を促進する植物ホルモンとして，オーキシンやジベレリンが知られている。しかし，エチレンが伸長成長に関与すると考えられる植物もある。次に，これらのホルモンが関与する成長反応の具体例を紹介する。

主茎の伸長とジベレリン　イネやトウモロコシ，エンドウなどには，通常の植物体に比べて草丈が低い突然変異体が知られている（矮性（わい）といわれる。草丈の高い元の植物は高性である）。これらの矮性植物をジベレリンで処理すると，高性植物と同じ草丈になる。また，矮性植物のジベレリン含量は，高性植物のジベレリン含量よりも小さい。これらの突然変異体では，ジベレリンの生合成経路の酵素の遺伝子が変異していることが明らかにされている。

屈性反応とオーキシン　ジベレリンが主茎の伸長を引きおこして草丈の調節に関わるホルモンであるのに対し，オーキシンは植物の姿勢の制御に関わるホルモンである。若いシュートの側面から，光を当てると茎葉部は光の側に屈曲し，根は光の当たらない側に屈曲する（正の屈光性と負の屈光性）。また，シュートを横倒しにしておくと，やがて茎葉部は立ち上がって上方に（重力と反対方向に）成長し，根は下方に成長する（それぞれ，負と正の重力屈性）。これは，マカラスムギ幼葉鞘の頂端組織を用いた実験の結果，光や重力の刺激によって組織内のオーキシンの分布が変化するためであることが明らかにされている。

水生植物の伸長とエチレン　イネやヒエなどの水生植物のシュートの成長が，エチレンによって促進されることが知られている。東南アジアで栽培されている浮きイネでは，水中に没した茎（稈（かん））の急速な成長に，エチレンが関わっていると考えられている。エチレンは，主な作用として，リンゴやトマトなどの果実の成熟を早めたり，カーネーションの花のしおれ（老化）を早めるホルモンである。このホルモンが，イネやヒエなどにどのように作用して伸長成長を引きおこすのか興味深いが，そのしくみはよくわかっていない。

5-1-2　環境応答と情報伝達

植物の環境応答としては，基本的な成長と分化に関わる現象，すなわち

日長と花芽形成の関係や，温度の休眠打破に及ぼす影響などがよく知られている。一方，個体の生存を脅かすさまざまな環境変動，すなわち乾燥や高低温などに対しても植物は生命を維持する術をもっている。これらの環境シグナルへの対応としては，個々の細胞が自律的にシグナル認識と応答を行う場合と，シグナルの認識を行う部位と応答する部位が同一ではない場合とがある。後者では，シグナル認識とそこから離れた組織への情報伝達，およびその情報を受容した細胞での応答を誘導する細胞内情報伝達の各過程がある。細胞や組織を越えて情報を伝達する物質としては植物ホルモンなどがあげられる。一方，細胞内情報伝達に関与する物質はセカンドメッセンジャーとよばれ，カルシウムイオンが代表的である（図5-3）。一般に植物ホルモンなどの情報伝達物質は，細胞膜に存在するレセプター（受容体）に結合した後，プロテインキナーゼなどの関与を経て特異的遺伝子の発現を誘導する。

以下に，環境因子として代表的な光と水（乾燥）を取り上げ，植物個体の応答とそれを導く情報伝達機構について概説する。

(1) 光

植物を暗所で育てると，茎は徒長し，そこにある方向から光が当たった

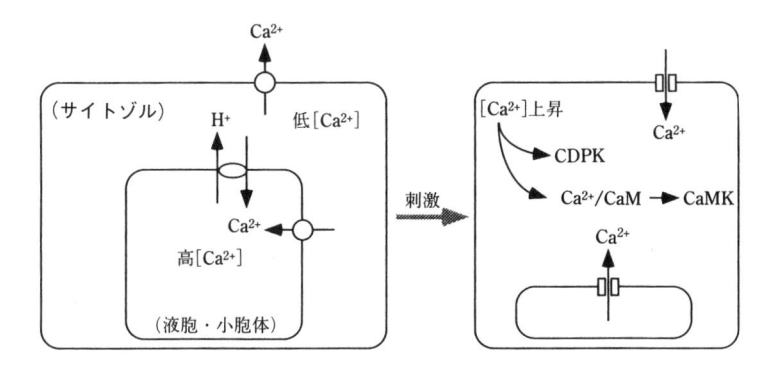

図 5-3 細胞内でのカルシウムイオンの動態　○：Ca^{2+}-ATPアーゼ，◯：Ca^{2+}/H^+ 対向輸送体，▯：Ca^{2+} チャネル，CDPK：Ca^{2+} 依存性プロテインキナーゼ，CaM：カルモジュリン（Ca^{2+} 結合タンパク質でいくつかの酵素を活性化する），CaMK：Ca^{2+}/CaM 依存性プロテインキナーゼ。通常はサイトゾルにおけるカルシウムイオン濃度は極めて低く保たれているが，何らかの刺激によりサイトゾルへカルシウムイオンが流れ込むと，プロテインキナーゼが活性化され細胞内情報伝達系が活性化する。

場合，光の方向に屈曲する（屈光性）。暗所下での徒長や屈光性は，植物体が光合成を行える位置に茎葉を伸ばすための一種の適応現象であると考えられる。黄化，すなわち光合成関連遺伝子の発現が暗所で抑制される現象も，不良環境下で無用なタンパク質を合成する無駄を省くという意味で，生命維持のしくみの一つといえる。

多くの光応答現象には，フィトクロームとよばれる色素タンパク質が関与している。フィトクロームは赤色光吸収型と近赤外光吸収型がそれぞれの光を吸収することで相互変換し，後者が活性型としてその後の情報伝達に関与している。フィトクロームにはAからEまで5種類の分子種が存在し，Aは暗所で育てられた黄化植物体に多く含まれ，光の照射によって速やかに分解されるのに対して，Bは緑色組織での主要なフィトクロームである。この他，クリプトクロームとよばれる青色光受容体の存在も明らかとなっている。

フィトクロームに代表される光受容体から光特異的遺伝子発現までの情報伝達に関わる因子の単離については，突然変異体を用いた研究が有効である（図5-4）。現在までに，光照射下で徒長する変異体や，暗所で子葉の展開や徒長の抑制がみられる変異体などが得られており，それらに関わる遺伝子の解析も進んでいる。

(2) 乾　燥

植物の乾燥への応答として代表的なのは，気孔(stoma)の閉鎖である。気孔の閉鎖により光合成に必要な二酸化炭素の吸収が抑制され，生長は阻害されるが，クチクラ蒸散を除く大部分の蒸散を防ぐことができる。クチクラ蒸散とは，組織の機械的保護や水分の保持に役立ち，葉の表面をおおう脂肪酸類を主成分とするクチクラ層からのわずかな水分の蒸発をいう。その他，ストレス環境下でのタンパク質の保護や細胞の浸透圧の調節に関与すると考えられる，ある種の糖やアミノ酸（適合溶質）の合成も誘導される。

気孔開閉のメカニズムは以下の通りである。開孔は植物体の乾燥状態の改善や光の刺激によっておこる。気孔を囲む孔辺細胞(guard cell)は気孔側とその反対側で細胞壁の厚さが異なっており，孔辺細胞の浸透圧が上昇して周囲から水が流入し，膨張するときの湾曲により開孔すると考えられている。この際，孔辺細胞の浸透圧の上昇は，周辺の表皮細胞からのカリウムイオンの流入によって誘導される。反対に植物体が乾燥すると，植物

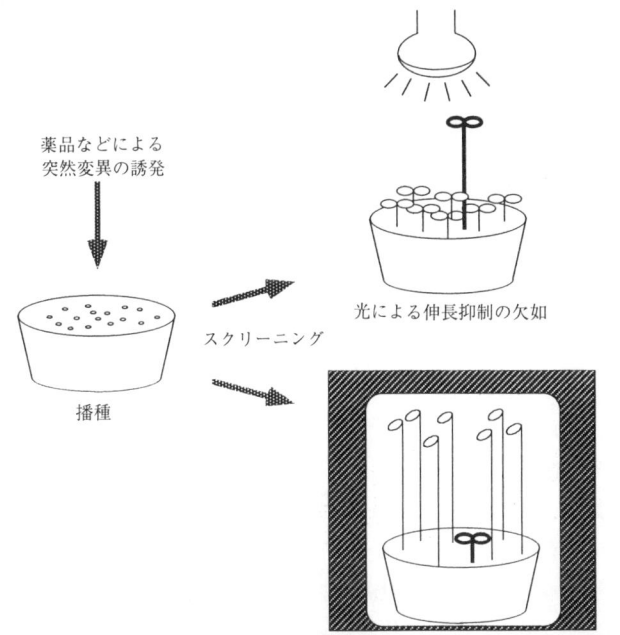

図 5-4 光形態形成突然変異体の獲得 光に限らずさまざまな情報伝達系に関わる遺伝子を明らかにするため，突然変異体が利用される．突然変異の誘発方法やスクリーニングにさまざまな工夫がなされる．

ホルモンの一種であるアブシジン酸が蓄積する．これが環境情報として孔辺細胞に伝えられると，細胞内情報伝達系の一端を担うカルシウムイオン濃度がサイトゾルで上昇し，それに伴ってカルシウム依存性プロテインキナーゼが活性化される．以上のような情報伝達過程を経て，最終的には細胞膜に存在するカリウムチャネルが開いて孔辺細胞からのカリウムイオンの放出が行われる．これによる浸透圧の低下が水分の流出，そして膨圧の低下につながり，孔辺細胞の体積が減少して気孔が閉鎖すると考えられる（図 5-5）．

5-1-3　栄養と代謝

　　生物の栄養型式は，独立栄養と従属栄養に分けられる．独立栄養とは，生物が生育するために外界から取り入れる栄養がすべて無機物である栄養型式をいう．光合成や窒素同化を営む全植物や窒素固定を行う細菌やラン藻などの栄養型式がこれにあたる．従属栄養とは，外界から取り入れる栄

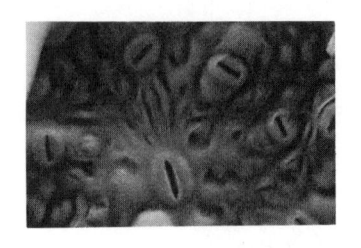

図 5-5 トマト葉裏面の気孔

養が独立栄養生物の生産する有機物に由来する栄養型式をいう。多くの細菌，菌類，動物などの栄養型式はこれにあたる。ここでは，植物の栄養の代謝について述べる。ただし，光合成と呼吸のしくみについては，1章1-2-5で詳しく解説している。

(1) 光合成

C_3 光合成 光合成とは，独立栄養生物が光エネルギーを利用して，CO_2 と水から有機物を生産する一連の反応を意味し，① 集光・光化学反応，② 電子伝達系・光リン酸化反応，③ 炭酸同化反応，および ④ 最終産物生産反応，の四つの過程の代謝から成り立っている（1章1-2参照）。これらの過程は，植物の種の違いにかかわらず，基本的には同じ機構で成り立っている。しかし，地球上には，さまざまな環境要因に適応して，③ の炭酸同化の過程に，異なる機構を付加的にもっている植物がいる（C_4 植物と CAM 植物；後述）。それに対して，この基本的な四つの過程のみから成り立っている植物を C_3 植物（炭酸固定の初期産物が PGA の3炭素化合物であることに由来）といい，その光合成を C_3 光合成という。なお，地球上の全植物の90%以上は，C_3 植物に属すると推定されている。

C_4 光合成 熱帯系の植物であるトウモロコシ，サトウキビ，ソルガムなどは，独自の CO_2 濃縮機構を有し，強光，高温などの熱帯性気候に適した光合成を行っている。これらの植物は，葉肉細胞のみならず，維管束鞘細胞にも発達した葉緑体をもち，炭酸同化を高度に分業化している（図5-6）。これらの植物では，葉肉細胞の細胞質に溶け込んだ HCO_3^- をホスホエノールピルビン酸（phosphoenolpyruvate；PEP）カルボキシラーゼ（PEP carboxylase；PEPC）が最初に炭酸固定する（CO_2 は基質ではない）。この炭酸の受容体は PEP で，初期産物はオキサロ酢酸である。オキサロ酢酸はリンゴ酸，アスパラギン酸などに変換された後，維管束鞘細胞に移され，脱炭酸される。そのとき生じた CO_2 は，維管束鞘細胞内で

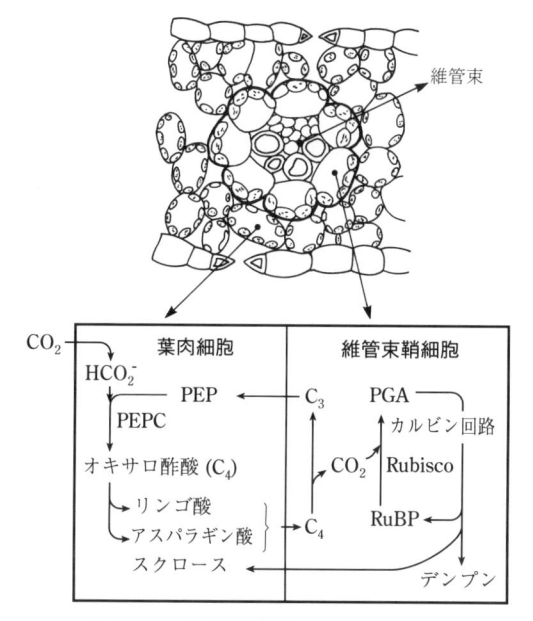

図 5-6 C_4 植物の葉の断面と C_4 光合成

非常に高濃度となり（大気 CO_2 濃度の 3～15 倍），効率よくその細胞の葉緑体に局在する Rubisco によって再同化され，C_3 植物と共通のカルビン回路へ流れ込む。脱炭酸された化合物は葉肉細胞の葉緑体に戻って，リン酸化され PEP となり，CO_2 の受容体として再び利用される。この光合成は，その初期産物オキサロ酢酸が 4 炭素化合物であることから，C_4 光合成とよばれ，この C_4 光合成を行う植物は C_4 植物とよばれる。

CAM 光合成 ベンケイソウ，サボテン，パイナップルなどの砂漠の植物は，極度の乾燥条件に適したユニークな光合成を行っている。乾燥の激しい昼間は気孔を閉じ，夜間に気孔を開いて，PEPC による炭酸固定を行っている。その生成物（リンゴ酸）は液胞にため込まれ，昼間その化合物から脱炭酸して得られる CO_2 を使って，通常の光合成を行っている。この光合成を，ベンケイソウの有機酸代謝，crasslacean acid metabolism の頭文字をとって CAM 光合成とよぶ（CAM 代謝とはいわない）。CAM 光合成を行う植物を CAM 植物とよんでいる。

（2） 光合成に影響を及ぼす環境要因

光合成に直接大きな影響を及ぼす環境要因として，光，CO_2 濃度，温

度，および水などがあげられる。

光 光強度を変化させて光合成を測定すると，光補償点(光合成と呼吸による CO_2 の出入りの収支がゼロとなる光強度をいう)から光合成がほぼ直線的に増加する段階，光強度の増加に対して光合成が曲線的に応答する段階，さらに，光強度が増加しても光合成が増加しない光飽和段階の三つの段階がみられる(図5-7(a))。明るい所で育った植物(陽葉)ほど，曲線的に応答する範囲が広く，光飽和点が高く，そのときの光合成速度も高い。C_4 植物は一般に C_3 植物より光飽和点が高い。

CO_2 濃度 CO_2 濃度の増加に伴い光合成も増加する(図5-7(b))。CO_2 補償点(光合成による CO_2 吸収と光呼吸プラス呼吸による CO_2 放出の出入り収支がゼロとなる CO_2 濃度，約 0.005%)から大気 CO_2 濃度付近(約 0.037%)まで，光合成はほぼ直線的増加し，約 0.1% 付近で飽和に達する。C_4 植物の場合は，CO_2 補償点が低く，光合成速度は大気 CO_2 濃度ですでに飽和している。

温度 光合成の温度に対する応答は，低温域から温度の上昇に伴いゆるやかに増加し，ある範囲の温度領域で最高値を示し，それ以上の高温域では逆に減少する。適温域は普通 C_3 植物ではかなり広く 15〜35℃ ぐらいに見い出され，C_4 植物では 30〜40℃ の範囲内であるものが多い。

水 光合成に直接利用される水の量は，固定される CO_2 のモル比にして，1:1 である。しかし，C_3 植物の場合，1分子の CO_2 が光合成によって固定される際，蒸散によってその50倍から100倍の水分子が消費される。光合成が盛んな葉での蒸散量は，1時間あたりにして葉の体内水分

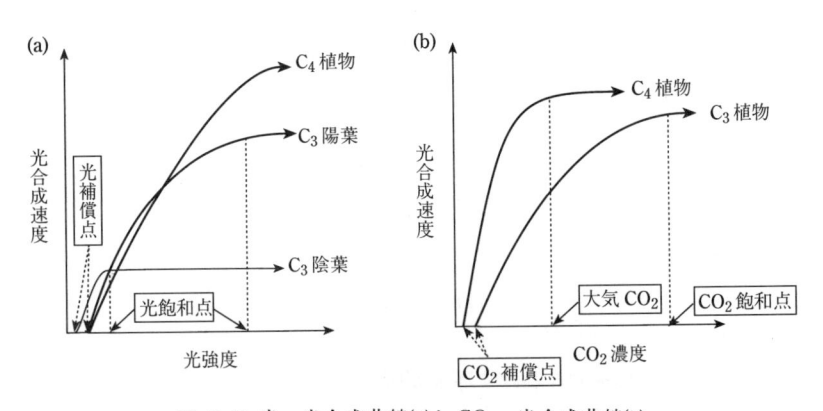

図 5-7 光－光合成曲線(a)と CO_2－光合成曲線(b)

量の数倍にも相当する。C_4植物では，水の消費量はC_3植物より少なく約半分程度であり，CAM植物ではさらに少ない。蒸散によって失われる水と根からの吸収量とのバランスがくずれると，水ストレスを受ける。そのときは気孔が閉鎖されるため，光合成も著しく阻害される。

(3) 窒素同化

生物は，タンパク質や核酸をつくるために，炭素(C)，水素(H)，酸素(O)のほかに窒素(N)を必要とする。植物は，外界から無機態窒素を取り込み，有機態窒素を合成する能力を有しており，この代謝を窒素同化(nitrogen assimilation)という。

硝酸同化 植物は還元的な土壌環境(湿地，水田など)で生育する場合を除き，多くの場合硝酸(NO_3^-)を主な窒素源として根より吸収している。吸収された硝酸は，根や茎でも同化されるが，大部分は葉に運ばれて葉肉細胞内で同化される。その硝酸同化の概略を図5-8に示した。硝酸は，最初，細胞質に局在する硝酸還元酵素(nitrate reductase；NR)によって亜

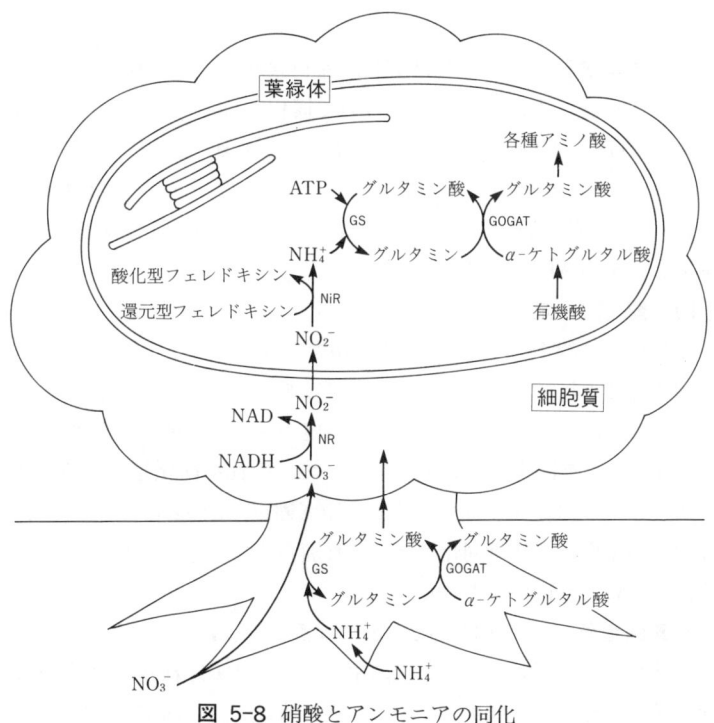

図 5-8 硝酸とアンモニアの同化

硝酸(NO_2^-)に還元される。NO_2^-は，すみやかに葉緑体へ移行され，葉緑体中の亜硝酸還元酵素(nitrite reductase；NiR)によってアンモニア(NH_4^+)にまで還元される。それぞれの還元反応における電子供与体は，光合成により生産される還元力が借用されている。NRの電子供与体は植物の場合直接にはNADHであるが，このNADHは葉緑体で生産されるNADPHの還元力がリンゴ酸・オキサロ酢酸のシャトル機構を介して細胞質へ伝達変換されたものである。NiRの電子供与体は，光合成の電子伝達系のタンパク質の一つであるフェレドキシンである。生成されたNH_4^+は，葉緑体にあるグルタミン合成酵素(glutamine synthetase；GS)によって，アミノ酸の一つであるグルタミン酸と結合してグルタミンになる。この反応ではATPが消費されている。グルタミンは，グルタミン酸合成酵素(glutamate synthase；GOGAT)によって，フェレドキシンを電子供与体として，有機酸の一種である$α$-ケトグルタル酸と反応して2分子のグルタミン酸となる。グルタミン酸の$α$-アミノ基はアミノ基転移酵素のはたらきによってアラニン，アスパラギンなどの各種アミノ酸に変換されている。

アンモニア同化　植物はNH_4^+を直接吸収し，同化する能力も有する。この場合，大部分は，根において同化される。根におけるNH_4^+の同化も，GSとGOGATによって行われる。しかし，根には葉緑体が存在しないので，GSへのATP供給には根のミトコンドリア生産由来のものが使われ，GOGAT反応への電子供与体には根の色素体が有するフェレドキシンやNADHが用いられる。

（4）窒素固定

空気中には約78％もの窒素(N_2)が含まれているが，植物はこれを直接利用することはできない。しかし，ダイズ，レンゲソウなどのマメ科植物やハンノキ，ソテツなどの植物は，特定の種類の細菌やラン藻と共生して，空気中のN_2を固定しアンモニアとして，それを同化している。このN_2を固定してNH_4^+を生産する代謝を窒素固定(nitrogen fixation)という。なお，窒素固定と窒素同化はそれぞれ別の代謝を意味するものであるので混同しないように注意されたい。

窒素固定菌　マメ科植物の根には根粒とよばれる1～10mmほどのコブ状の組織が認められる。その中に根粒菌とよばれる窒素固定菌がバクテロイドを形成して共生している。根粒菌は，自ら固定したアンモニアを

植物に供給し,植物側から有機酸の供給を受けている。また,単独で窒素固定を行う嫌気性菌や好気性菌もいる。そのほか,一部の光合成細菌やラン藻などのように単独で光合成能と窒素固定能をあわせもつ生物もいる。

窒素固定の生化学　窒素固定を担う酵素は,ニトロゲナーゼ(nitrogenase)とよばれるFeとMoを含む複合体タンパク質である。この酵素は,N_2を固定しNH_4^+を生成する反応を触媒するが,その際,多量のATPや還元力を消費する。1分子のN_2を固定するのに実に16分子のATPを必要としている。電子供与体としては多くの菌においてフェレドキシンが機能している。

(5) 無機養分

植物は,生育に必要な水と無機養分を,CO_2以外は根から吸収している。

必須元素の基準　植物が正常に育つのに必要な元素を必須元素といい,16種類があげられている。必須元素としての判定は,次の3点を基準としている。① その元素を欠くと植物のライフサイクルが完結しない。② 栄養素欠乏症状はその元素のみを与えることで回復し,ほかの元素で代替えができない。③ 元素の効果は植物の生育する培地や土壌の改善などの間接的効果ではなく,直接植物の栄養に関与するものである。

多量元素　植物にとって比較的多量に必要とされる必須元素は,C,H,O,N,P,K,S,CaおよびMgの九つの元素である。C,H,Oは光合成で得られる元素であり,Nを含めて炭水化物,タンパク質,核酸,脂肪などの主成分である。Pは,核酸,ATPやリン脂質などの主成分である。Kは,膜電位・イオンの調節,酵素の活性化因子およびタンパク質の合成などに関与している。Caは細胞壁の主成分として,また,膜電位や浸透圧調節などに関与し,Mgはクロロフィルの成分として,各種主要酵素の活性化イオンとして機能している。これらの多量元素のうちでも,とくにN,P,Kは不足しやすい元素として肥料の三大要素に位置づけられている。

微量元素　そのほか,微量ではあるが必須とされる元素には,Fe,Mn,Cu,Zn,B,MoおよびClがある。逆に,体内含量が高いにもかかわらず,必須性が認められない元素としては,Si,Na,Alなどがある。これらの元素はいずれもクラーク数が高く,植物の種によっては,準必須性が認められる場合もある。

5-1-4　個体と物質生産

植物が光合成により有機物をつくることを物質生産とよぶ。この物質生産によって化学エネルギーとして固定された太陽エネルギーを用いて，地球上のほとんどの生命が生きている。

（1）　個体と個体群

砂漠など，生産性のきわめて低い土地では，植物は孤立した個体として育つこともあるが，通常，数～多種の植物が集まり，草原や森林などの多様な群落をつくる。また，群落の中でも，とくに，水田で栽培されているイネのように同一種の個体からなる群落を個体群とよぶ。

孤立した植物個体では，その葉面積にほぼ比例して物質生産が拡大するが，群落においては，植物が相互に影響しあい，複雑な物質生産の体制となっている。作物栽培においては，個体群としての物質生産が重要となる。

（2）　物質生産と個体群の構造

物質生産を解析する目的でとらえた植物群落の構造を生産構造とよび，それを表すのが生産構造図である。生産構造図は層別刈り取り法を用いて，群落内での光合成器官としての葉の垂直分布，および垂直方向での光の減少を測定し，それを一定の形式で図示したものである（図5-9）。

草本群落の生産構造図のパターンは，広葉型（図ではアカザ）とイネ科型（図ではチカラシバ）とに二分される。広葉型は群落上層部に葉が多く，上層での照度の減少が大きい。一方，イネ科型は，群落の中から下層にかけて葉が多く，照度は下層まで高い。水田でのイネ個体群の生産構造も典型的なイネ科型となり，高い生産性をもつ。

（3）　作物での物質生産

作物栽培では生産性の高い群落を構築し，それを維持することにつとめる。

イネの近代品種は，在来品種に比べて，葉が立っている（図5-10）。図5-11は，同じ広さの面に，葉を60°に立てた場合と，横に置いた場合の，光を受ける葉の面積の差を表したものである。光が上からくると考えると，60°に立てた場合，横に置いたものの2倍の面積で光を受け止めることができる。ただし，この場合，光の強さは1/2になる。

一方，葉での光合成速度は，光が強くなるほど増加するが，その増え方は徐々に鈍くなり，ある光の強さ以上になると増えなくなる（図5-7(a)）。このときの光の強さを光飽和点とよぶ。夏季の日中の光の強さは，光飽和

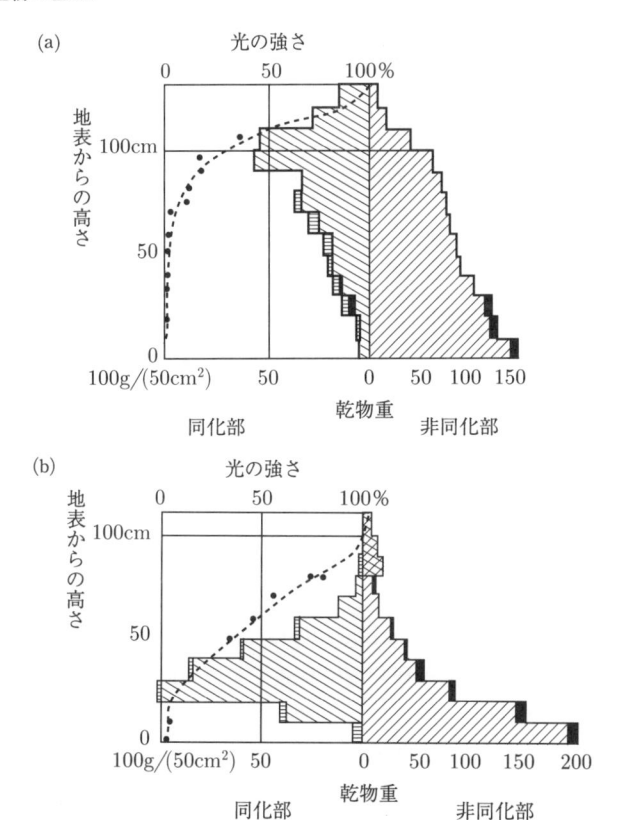

図 5-9 草本群落の生産構造図［門司・佐伯 1953］ (a)広葉型，アカザ (b)イネ科型，チカラシバ

図 5-10 イネの近代品種
葉がまっすぐに立っている。

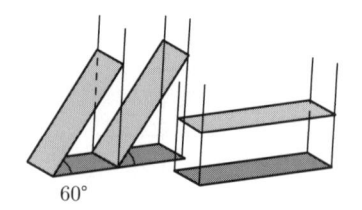

図 5-11 葉の受光体制(同一土地面積での受光面積)

点をはるかに超えており，光の強さが，その 1/2 となっても，光合成速度はほとんど減少しない．したがって，同じ地表面積で考えると，図の 60° に立てたものは，横に置いたものの 2 倍近い光合成を行うことになる．

さらに，まっすぐに立った葉をもつ群落では，光が奥深くまで入り込むことができる．実際の水田での生産性の高いイネ個体群では，風で葉が揺れると，光が株もと近くまで入り込んで，群落の下位にある葉でも光合成が行われる．

(4) 作物の成長解析

ブラックマン(V. H. Blackman, 1919)は植物の成長を指数関数的なものとしてとらえ，それを複利貯金に見立てて複利法則(compound interest law)とよんだ．

個体の乾物重増加を示す式は
$$w = w_0 e^{rt}$$
である．ここで w_0 は最初の乾物重，w は時間 t 後の乾物重，r は成長率である．この式を t について微分して
$$r = \frac{1}{w}\frac{dw}{dt}$$
が求められる．この r は貯金でいえば利率にあたるもので，相対成長率(relative growth rate；RGR)とよばれる．指数関数的成長曲線では，RGR が一定である．

さらに，乾物重の増加は光合成を行う葉面積によって支配されることから，成長率を単位葉面積あたりで表す純同化率(net assimilation rate；NAR)が考えられた．すなわち
$$[\text{NAR}] = \frac{1}{L}\frac{dw}{dt}$$
で，L は葉面積である．単位重量あたりの葉面積 L/w は，葉面積比(leaf area ratio；LAR)とよばれ，

$$[\text{RGR}] = [\text{LAR}] \times [\text{NAR}]$$

の関係となる。

　個体群の成長解析には，単位面積あたりの乾物重の増加を扱うことが多く，この場合，主に個体群成長速度(crop growth rate；CGR)が用いられる。

$$[\text{CGR}] = \frac{1}{p}\frac{dw}{dt}$$

　ここで，p は群落の地表面積を示す。この式から

$$[\text{CGR}] = [\text{NAR}] \times [\text{LAI}]$$

が導かれる。ここで葉面積指数(leaf area index；LAI)は L/p で，単位土地面積上の全葉面積を表す。

5-1-5 生体防御

　あらゆる生物は，ほかの生物と競争，共生の関係にある。その一つである植物は，昆虫や病原微生物との相互進化(共進化)の過程でいくつかの生体防御機構を備えてきたとみることができる。防御反応は病原体の種や系統と植物の種あるいは品種との組合せによって多様に繰り広げられ，ときには打ち破られる。これまで明らかにされてきた植物の生体防御に関わる現象は，次の二つに大別することができる。病原体が接触する前からもっている植物自体のさまざまな性質による抵抗性で，静的抵抗性(static resistance)という。これに対して，植物の細胞あるいは組織が病原体の刺激に応答して，病原体の侵入・蔓延をくい止めようとする防御反応(defense reaction)による抵抗性を動的抵抗性(dynamic resistance)という。また，動的抵抗性が誘導された植物の中には，さまざまな病原体の二次感染に対して抵抗性を示すようになるものがある。この抵抗性は植物体全身で認められることから，全身獲得抵抗性(systemic acquired resistance；SAR)とよばれている。

(1) 静的抵抗性

　物理的抵抗性(physical resistance)　　植物の組織表面を構成するクチクラ(cuticle)の性質や，組織の開口部である気孔(stomata)，水孔(hydropore)，皮目(lenticel)の形状や数は，病原体の侵入に対する物理的障壁となる。クチクラはクチン(cutin)とワックス(wax)などから成り立っており，それらが疎水的な環境をつくりだすことによって，胞子の発芽に必要な水滴の葉表面への付着が妨げられる。また，クチンは植物体表

面を負にチャージさせることによって，負にチャージしている胞子を表面から忌避させる効果がある．

化学的抵抗性(chemical resistance)　植物種の中には，感染とは関わりなく，組織の外部や内部に抗菌作用を示す化学物質を保持しているものがある．これらは非誘導性抗菌物質(preformed antifungal compound)あるいはプロヒビチン(prohibitin)とよばれている．これらは，フェノール類，配糖体，サポニンなど病原菌の生育阻害や病原性発現に関与する酵素を阻害する物質であったり，病原体構成成分を加水分解する酵素であったりする．

(2) 動的抵抗性

植物は，病原体の攻撃に対して新たに物理的あるいは化学的防御機構を始動させて感染を妨げようとする．動的抵抗性の誘導にはペントースリン酸回路やフェニルプロパノイド経路などの代謝系の活性化が伴う．図5-12には，動的抵抗性に関わるシグナル伝達系と，その誘導に関わる植物と病原体の因子の概念図を示した．

形態的防御反応

パピラの形成　植物は，病原糸状菌の侵入を受けることで細胞壁と細胞膜の間に，侵入菌糸を取り巻くようにカロースや新たな二次代謝産物を

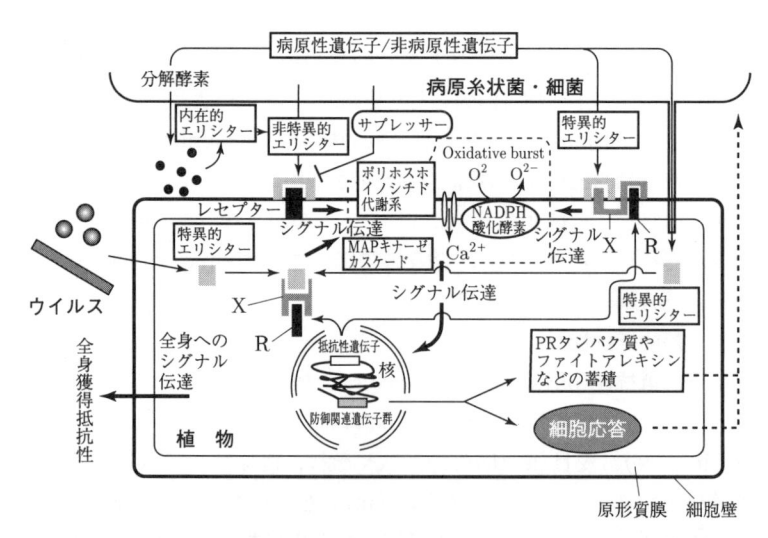

図 5-12　植物-病原微生物の相互作用におけるシグナル伝達　R：抵抗性遺伝子産物，X：未知の宿主タンパク質

含む物質を沈着させる。この構造物をパピラ(papilla)とよび，菌の侵入を阻止する物理的障壁になることがある。

細胞壁の強化　病原体の攻撃を受けた植物の中には，防御反応のひとつとして病斑部の柔組織細胞壁にリグニンを沈着させたり，細胞壁を構成するハイドロキシプロリンに富んだ糖タンパク質(hydroxyproline-rich glycoprotein；HRGP)の架橋重合を促進させたりすることにより，病原体の侵入を阻止しようとするものがある。

過敏感反応　植物の品種の中には，病原体の侵入，感染を受けた細胞の原形質が凝集(cytoplasmic aggregates)し，急速に膨圧を失って死にいたることがある。この現象は過敏感反応(hypersensitive reaction)とよばれ，侵入してくる病原体を封じ込めるための一種の防御反応である。過敏感反応ではアポトーシスによる細胞死が生じていると考えられている。

化学的防御反応

ファイトアレキシン　ミューラーとベルガー(K. O. Müller and H. Börger, 1940)が，概念的に提唱した抗菌物質であるが，今日，ファイトアレキシン(phyotalexin)とは，微生物との接触によって植物体内で合成・蓄積される低分子の抗微生物物質と定義されている。ファイトアレキシンは微生物の感染のみでなく，ウイルス，化学物質，紫外線などによっても生産され，植物における動的抵抗性発現の一翼を担っている。

感染特異的タンパク質(pathogenesis-related，PRタンパク質)　病原体に感染した植物が過敏感反応をおこし，感染部位が壊死に伴って，これらの病斑部またはその周辺に新たに蓄積される一群のタンパク質で，植物の自己防御機構に関与していると考えられている。PRタンパク質には，キチナーゼ，β-1,3-グルカナーゼ，RNA分解酵素活性などを示すものやパーオキシダーゼ，プロテイナーゼインヒビターなどが含まれている。

(3)　生体防御の誘導機構

病害抵抗性遺伝子　植物のある品種が病原体に対して示す抵抗性は，その品種のもつ抵抗性遺伝子によって支配されている。図5-13に抵抗性遺伝子がコードするタンパク質を示す。抵抗性遺伝子産物は，プロテインキナーゼやタンパク質相互作用に関わるロイシンリッチリピートを含むタンパク質などであることから，病原体に由来するエリシター分子を直接または間接的に認識したり，抵抗性誘導におけるシグナル伝達に関わっているものと考えられている。

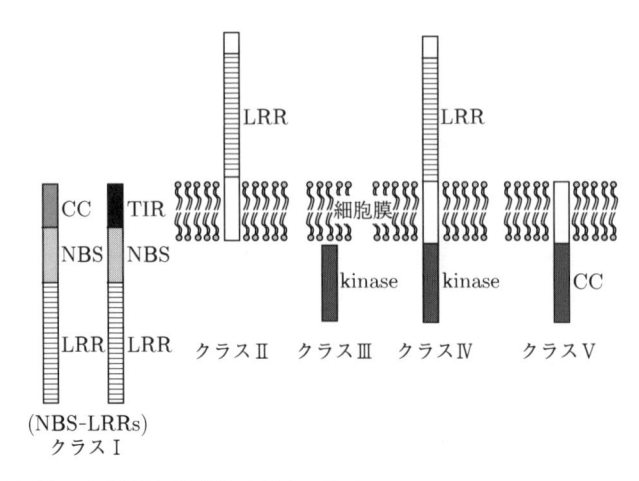

図 5-13 病害抵抗性遺伝子産物の構造　CC：coiled-coil 構造，kinase：プロテインキナーゼ，LRR：leucine-rich repeat，NBS：nucleotide-binding site，TIR：toll-interleukin receptor 様ドメイン，クラス I (NBS-LRRs) は，N 末端の構造によってサブクラスに分かれる．

抵抗性誘導にかかわるシグナル伝達機構　ファイトアレキシンや PR タンパク質の生成のように，植物が異生物との接触後に防御反応を誘導するには，植物が異物を認識し，その情報を伝達して防御関連因子の生成に関わる代謝系を活性化させる流れが考えられる (図 5-12)．はじめに，病原体に由来する糖タンパク質，グルカン，キチン，ペプチドなどのエリシターがレセプター (受容体) に結合することにより植物は異物を認識する．植物細胞がエリシターを識別すると，その情報が核へ移行して防御関連遺伝子の転写を活性化する．この誘導には複雑なシグナル伝達 (signal transduction) の過程が存在すると考えられている．シグナル伝達には，急速な活性酸素種の生成，カルシウムイオンの流入，ポリホスホイノシチド代謝系，GTP 結合タンパク質，MAP キナーゼカスケードなどがはたらいていると考えられているが，その全容はまだ明らかになっていない．

(4)　**全身獲得抵抗性**

　ある病原体に対して抵抗性が誘導されている植物では，植物体全身がさまざまな病原体の二次感染に対して抵抗性を示すことがある (全身獲得抵抗性)．その誘導には，サリチル酸 (SA) を介したシグナル伝達系が関わっているが，全身移行シグナル分子としては，SA 以外の未知の物質がはた

らいていると考えられている。一方、非病原性の土壌細菌(*Rhizobacteria*)を感染させておくことによっても、病原体の感染に対して全身に抵抗性が誘導されることが知られている。その誘導にはジャスモン酸とエチレンを介したシグナル伝達系がはたらいており、誘導全身抵抗性(induced systemic resistance；ISR)とよばれている。

5-2 動物の生理

5-2-1 組織・器官のつくり

大多数の細胞は分化が進み、特定の構造と機能をもつと、同じようなはたらきをもつ細胞が目的に応じて集合し、組織(機能および構造上の合目的性をもった細胞集団)を形成する。動物組織は個々の固有の機能に応じて特殊化し、上皮組織、支持組織、筋組織、神経組織の四大組織に大別される(表5-2)。組織は生体の材質であり、組み合わさって、より大きな機能単位である器官すなわち生体の部品を構成する。器官は生体の維持に必要なまとまったはたらきを担う器官系を構成し、さらに統合されて個体がつくられる。ここでは、それらの基本となる四大組織について述べる。

(1) 上皮組織

体表面(皮膚)、管腔(消化管、呼吸器や泌尿生殖器の管系など)や体腔(心膜腔、胸膜腔、腹膜腔)をおおう層状の細胞群を上皮組織という。上皮組織を構成する細胞は基底膜の上に層状に配列しており、上皮組織は細胞の層数と形に従って分類される(表5-3)。細胞が1層に並んだ上皮を単層上皮、2層あるいはそれ以上の上皮を重層上皮という。単層上皮で細胞が扁平な場合は単層扁平上皮、背の高い円柱状の場合は単層円柱上皮、背が

表 5-2 四大組織

上皮組織
支持組織
 ┌ 結合組織
 │ 軟骨組織
 │ 骨組織
 └ 血液およびリンパ
筋組織
神経組織

表 5-3 上皮組織の分類

単層上皮 ┌ 単層扁平上皮
     │ 単層立方上皮
     └ 単層円柱上皮 ─ 単層円柱線毛上皮
多列上皮 ─ 多列線毛上皮
重層上皮 ┌ 重層扁平上皮
     │ 重層立方上皮
     │ 重層円柱上皮
     └ 移行上皮

やや低く立方体をした場合は単層立方上皮とよび（図5-14），同様に，重層上皮では最外層の細胞の形によって，重層扁平上皮，重層立方上皮，重層円柱上皮と名づけられる。重層上皮の中には，組織の拡張と収縮に応じて，上皮の形態が移行する移行上皮がある。また，細胞は単層であるが，背の高さが違うため2層あるいはそれ以上にみえる単層円柱上皮，上皮の亜型と考えられる多列上皮がある（図5-14）。上皮組織は，また，その機能の面から，被蓋上皮，腺上皮，吸収上皮，感覚上皮，呼吸上皮に分類される。

腺上皮は分泌機能をもつ腺上皮細胞からなり，上皮組織の特殊な構造である腺を構成する。腺には外分泌腺（唾液腺，汗腺，涙腺など）と内分泌腺（下垂体，甲状腺，副腎，精巣，卵巣など）があり，前者は腺細胞からの分泌物が導管を通って，上皮組織の表面に排出され，後者の分泌物（ホルモン）は周囲の組織間隙に放出され，血管やリンパ管を介して，体内の離れた場所にある標的細胞に運ばれる。また，消化管や膵臓のように，器官によっては外分泌腺と内分泌腺が混在する。ミルクは新生児の大事な初期栄養で，外分泌腺である乳腺の腺胞上皮細胞で分泌される（図5-15）。

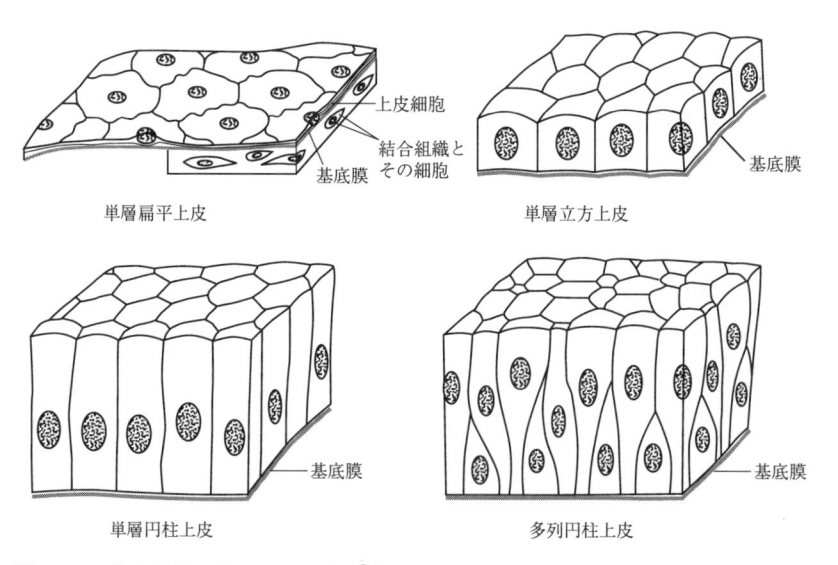

図 5-14 上皮組織の形による分類［藤田尚男・藤田恒夫（2002）『標準組織学 総論 第4版』，医学書院より改変］

5-2 動物の生理

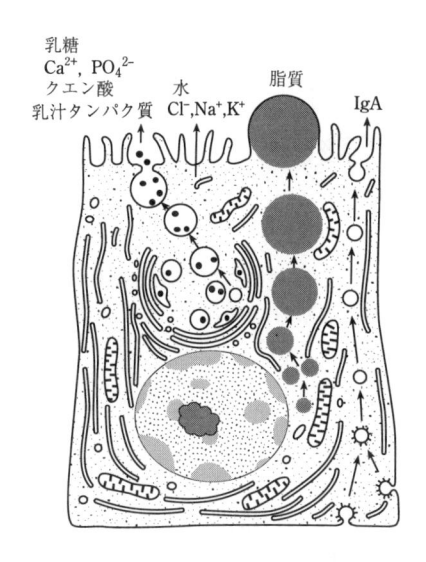

図 5-15 乳汁分泌に関与する細胞内経路の模式図 カゼイン，乳糖，カルシウム，クエン酸はゴルジ装置で形成された空胞につめられ，開口分泌で放出される。水とイオンは自由に細胞膜を透過する。脂質滴は細胞膜の遊離した部分に包まれ，特殊な離出分泌で放出される。免疫グロブリンは基底面および外側面で受容体を介する取り込み作用によって取り込まれ，小型の小胞で運ばれて管腔へと放出される[M. C. Neville et al.(1983) *Lactation : Physiology, Metabolism and Breast-feeding,* Plenum Press を改変]

(図中ラベル：乳糖，Ca^{2+}，PO_4^{2-}，クエン酸，乳汁タンパク質，水，Cl^-，Na^+，K^+，脂質，IgA)

(2) 支持組織（結合組織）

　結合組織は組織や器官の間を埋め，それらの形の枠組み，支柱としてはたらいている。結合組織は血管，リンパ管，神経の通路，また，栄養物質や代謝産物の移動の場として重要である。通常の結合組織は線維配列の疎密により，疎性結合組織，密性結合組織に，構成成分の特徴により，細網組織，脂肪組織に分けられる。特殊な結合組織として，胎児性の結合組織として，膠様組織がある。結合組織は細胞成分と細胞間質からなり，細胞間質が豊富で，細胞がそれに埋まるように散在する。細胞成分としては，細胞間質成分を分泌する線維芽細胞，脂肪を蓄積する脂肪細胞，ヒスタミンやヘパリンなどの活性物質を含み即時型アレルギーに関与する肥満細胞，活発な食作用を示すマクロファージ，抗体を産生する形質細胞，炎症反応に関与する白血球，毛細血管壁に沿って存在する周細胞があげられる。細胞間質は基質と線維成分に分けられ，前者にはプロテオグリカン，細胞間，あるいは細胞と線維間の接着に関与するフィブロネクチンがあり，後者は膠原線維，細網線維，弾性線維の3種類の線維からなる。脂肪組織は脂肪細胞が密集してできている組織で，2種類の異なった型の組織が存在する（図5-16）。白色脂肪組織（単胞性脂肪組織：単一の脂肪滴が細胞の容積の大部分を占める）は，体内脂肪の大部分を構成し，家畜の肥育過程で皮下脂肪，筋肉内脂肪として発達する。褐色脂肪組織（多胞性脂肪組織：小さ

脂肪細胞の模式図

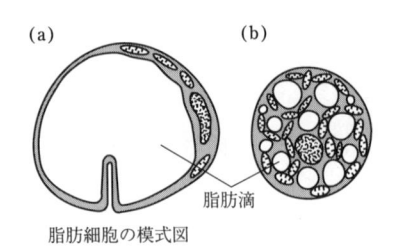

図 5-16 (a)白色脂肪細胞(脂肪球は単房性である), (b)褐色脂肪細胞(脂肪球は多房性である)[星野忠彦(1990)『畜産のための形態学』, 川島書店より改変]

な脂肪滴が細胞内に分散している)は冬眠動物にもっとも多く, 熱発生に深く関与している。

(3) 筋組織

　筋組織は筋細胞の形態によって, 光学顕微鏡的に横紋のあるなしで, 横紋筋と平滑筋に分類される。前者は, さらに骨格筋と心筋と分けられる。平滑筋は紡錘形の単核の細胞からなり, 消化器, 呼吸器, 泌尿器, 生殖器の壁や血管壁などに層をなして分布する。骨格筋は長い円柱状の多核の合胞体である筋細胞が構成単位である。筋細胞は細長い形状を示すため筋線維といわれ, 中胚葉由来の筋芽細胞が融合し, 筋管細胞となり, さらに成熟して形成される。筋細胞は, 多数の横紋をもった筋細線維と筋形質からなる。筋細線維には横紋パターンを反映するきわめて規則正しく2種類の筋細糸(太いフィラメントと細いフィラメント)が配列する。太いフィラメントはミオシン細糸で, 直径約15 nm, 長さ1.6 μm, 細いフィラメントはアクチン細糸で直径5～6 nm, 長さ約1 μmであり, 筋収縮に備える(図5-17)。筋細線維に沿って, 異方性のA帯, 等方性のI帯, I帯の中央を仕切るZ板が区別できる。ミオシン細糸の平行配列した束はA帯を形成し, アクチン細糸は一端をZ板に結合させ, 平行に走る束はI帯を形成する。アクチン細糸の自由端はミオシン細糸と組み合わさる。A帯の中央部はミオシン細糸だけからなり, やや明るくみえ, H帯とよばれ, その中央には暗調のM線とよばれる横線が存在する。Z線からZ線までの区分を筋節といい, この繰返しの単位は筋収縮の単位でもあり, 筋の収縮, 弛緩に対応して筋節の長さが変化する(図5-18)。

(4) 神経組織

　神経組織は, 中枢神経系(脳髄と脊髄)と末梢神経系(脳神経と脊髄神経

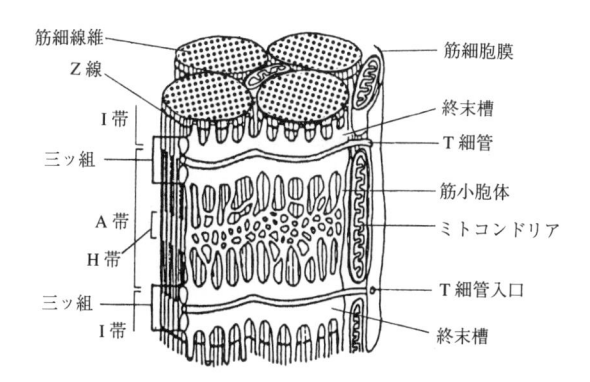

図 5-17 筋細胞の微細構造の模式図［星野忠彦(1990)『畜産のための形態学』，川島書店より改変］

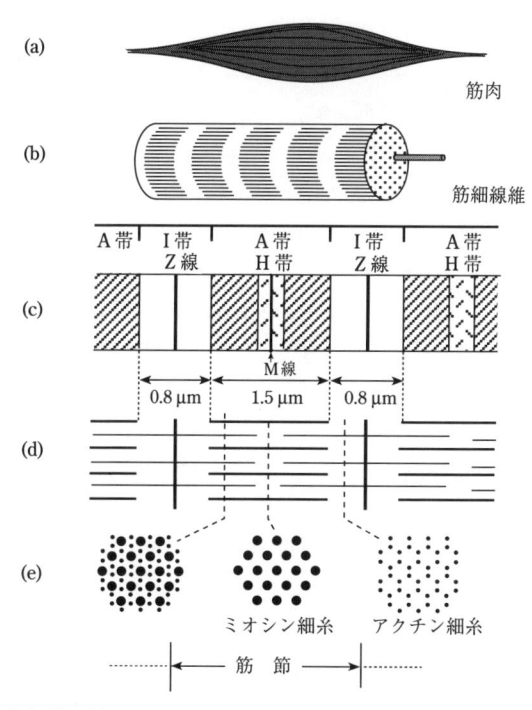

図 5-18 筋細胞の筋細線維の構造［星野忠彦(1990)『畜産のための形態学』，川島書店より改変］

から構成される。神経組織の基本的機能は情報の伝達であり、外部環境および体内でのできごとに反応し、生体の機能を統合・調整する。中枢神経系は受容器(外的刺激を受け入れる特殊化した装置：感覚器官)から得られた情報を整理統合し、情報に基づいた指令を効果器(効果を誘発する特殊化した装置：末梢器官)に伝える。末梢神経系は中枢神経系から発して生体内の各器官に達し、中枢からの指令を末梢器官へ、あるいは感覚器官からの情報を中枢へ伝達する。末梢神経系は、機能的に意志や感覚などの動物性機能に関する「体性神経系」と、意志とまったく関係なくはたらく「自律神経系」に分類される。また、末梢神経は、中枢神経系から各末梢器官へ指令を伝える遠心性神経と、感覚器から中枢へ情報を伝える求心性神経に分けることができる。自律神経は交感神経と副交感神経からなり、心臓、平滑筋、分泌腺などを支配し、生体の恒常性(血圧や体温などに変化が生じたとき、それを察知して元の状態に戻そうとする機能)の維持に密接に関係している。交感神経により機能が促進される器官は、副交感神経でその機能が抑制され、また、それとは逆に副交感神経で促進される器官は、交感神経で抑制される。このように、交感神経と副交感神経は各器官の機能を「拮抗的二重支配」あるいは「相反的二重支配」している。ただし、例外的に交感神経と副交感神経でともに機能が促進する器官もある。

　神経組織の形態学および機能的な基本的な単位は、ニューロン(神経単位)であり、神経細胞体とその突起(神経突起、樹状突起)から構成される。すなわち、一つの神経細胞が一つのニューロンである。神経細胞体は多くの樹状の突起を出し、その一つが長くのびて神経突起(軸索)を形成する。神経の興奮伝導(神経衝撃：インパルス)は樹状突起から細胞体に伝達され、軸索で末梢部に伝えられる。

　神経線維は軸索が中心となり、その周囲にはシュワン細胞が取り囲んでシュワン鞘(神経鞘)を形成する。シュワン細胞が成長するとシュワン細胞の細胞膜が軸索のまわりに幾重にも巻きつき、軸索と神経鞘の間に髄鞘を形成する場合がある。このように、髄鞘が形成される神経線維を有髄神経、髄鞘のない神経線維を無髄神経という。髄鞘のところどころは一定の距離を隔てて途切れており、この髄鞘の断絶した部位はランビエ絞輪とよばれる。髄鞘は神経線維の絶縁物としての役割と神経線維の跳躍伝導(ランビエの絞輪から絞輪へと、とびとびに伝えられる興奮伝導)における役割を有する。神経線維の長さはさまざまであるが、長いものは数十cmに

達する。

　神経線維の末端はほかのニューロンまたは効果器細胞に達し、興奮を伝達する。興奮伝達はシナプス(興奮伝達にあずかる二つの細胞の細胞膜の特殊な構造をもつ所がお互いに接近している部位)でのみ行われる。シナプスは神経と神経との間では神経終末と神経細胞体との細胞膜間で、神経と支配器官との間では神経終末と支配器官細胞の細胞膜間に形成される。興奮を伝える側の細胞膜を「シナプス前膜」、興奮を受け取る側の細胞膜を「シナプス後膜」、その間に挟まれた部分を「シナプス間隙」という。

　興奮伝達機構の上から、シナプスは電気的シナプスと化学的シナプスに分類される。電気的シナプスは興奮が局所電流によって連続的に伝達され、化学シナプスはシナプス間隙に化学伝達物質(ニューロトランスミッター)が放出されることにより、興奮の伝達がおこる。ニューロトランスミッターは神経終末の顆粒(シナプス小胞)に貯蔵されている。この小胞は神経細胞体で形成され、神経終末に移動し、興奮が伝わるとシナプス前膜に近づき、開口分泌によってシナプス間隙に放出される。放出されたニューロトランスミッターは速やかにシナプス間隙から消失し、新たな興奮の伝達に備える。

5-2-2　神経系と内分泌系

(1)　神 経 系

　高等動物では、温度や匂いのような物理的あるいは化学的な外的環境因子の変化を皮膚や粘膜などの上皮組織に存在する種々の感覚器で感知(受容)し、刺激強度をパルス状の電気的信号すなわち活動電位(action potential)の頻度に変換した後に、脳(brain)および脊髄(spinal cord)すなわち中枢神経系(central nervous system)に情報を伝達する。この伝達の役割を担っているのが、求心性の末梢神経系(peripheral nervous system)である。中枢で認識された情報は、本能、記憶あるいは学習に基づいて比較・判断される。判断の結果は、やはり電気的信号に変換され、遠心性の末梢神経系を介して、骨格筋などの効果器に達し、機能を発現することにより行動が生じる。このような末梢神経系を体性神経系(somatic nervous system)とよぶ。この神経系とは別に、意識はされないが、生体内外の情報(血圧、浸透圧、イオン濃度、温度など)を感知し、生体内の自律機能を制御する末梢神経系すなわち自律神経系(autonomic nervous system)も存在する。神経系の構成を図 5-19 に示す。

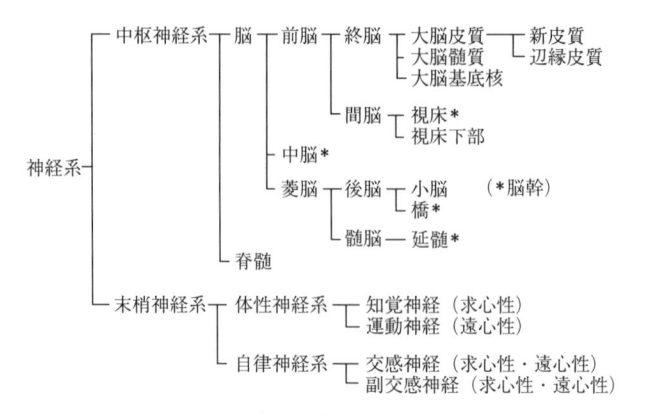

```
                    ┌ 中枢神経系 ┬ 脳 ┬ 前脳 ┬ 終脳 ┬ 大脳皮質 ┬ 新皮質
                    │           │   │      │      ├ 大脳髄質 └ 辺縁皮質
                    │           │   │      │      └ 大脳基底核
                    │           │   │      ├ 間脳 ┬ 視床*
                    │           │   │      │      └ 視床下部
                    │           │   ├ 中脳*
     神経系 ┤       │           │   └ 菱脳 ┬ 後脳 ┬ 小脳      (*脳幹)
                    │           │          │      └ 橋*
                    │           │          └ 髄脳 ─ 延髄*
                    │           └ 脊髄
                    └ 末梢神経系 ┬ 体性神経系 ┬ 知覚神経（求心性）
                                │            └ 運動神経（遠心性）
                                └ 自律神経系 ┬ 交感神経（求心性・遠心性）
                                             └ 副交感神経（求心性・遠心性）
```

図 5-19 神経系の構成

　中枢神経系といえども主要な基本単位はニューロンであり，ニューロンどうしの複雑な連関性により中枢活動が決定される。まず，神経系の機能的単位であるニューロン(neuron, 図 5-20)の特性から説明する。ニューロンは，樹状突起(dendrite)，細胞体(soma)，軸索(axon)および終末部(nerve ending)から構成されている。活動電位はニューロンを伝わる。これを伝導(conduction)とよぶ。伝導は刺激部位から両方向へ可能ではあるが，シナプス(synapse)とよばれる神経の化学的情報変換システムがあるために，一方向性の伝達(transmission)しかおこらなくなる。したがって，活動電位は樹状突起付近で発生し，軸索を通って終末部(シナプス)で終了することになる。また，体性神経の軸索は，電気的絶縁性の高いグリア細胞(髄鞘)でおおわれている(有髄神経)。髄鞘と髄鞘の間の切れ目(ラ

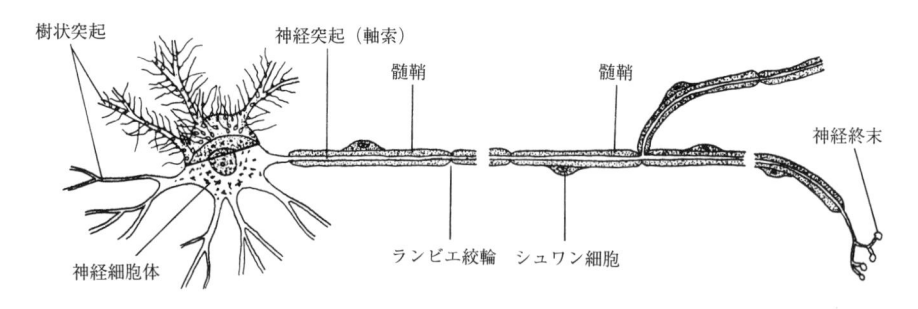

図 5-20 ニューロンの構造

ンビエ絞輪)は電気的抵抗が低く，興奮はランビエ絞輪を跳ねるように発生する(跳躍伝導)ので，髄鞘のない無髄神経より伝導速度が速く，一秒間に100 mの速度にもなる。

　活動電位発生の機構を理解するためには，まず，細胞内外のイオン環境と電気的特徴を知る必要がある。すなわち，細胞内液と外液の間のNa^+とK^+の濃度には大きな違いがある。具体的には，細胞内ではNa^+濃度が低く(K^+濃度が高い)，細胞外液ではNa^+濃度が高い(K^+濃度が低い)。このようなイオン濃度の不均一性を作り出している細胞膜の装置が，Na/K交換ポンプ(Na/K exchange pump)である。このポンプは細胞内で生成されるATPの60％以上を消費しながら，3：2の比率でNa^+とK^+を濃度勾配に逆らって逆方向に輸送している。このポンプの活動はウワバイン(ouabain)で抑制される。細胞膜をはさんで存在するイオン濃度の不均一性とK^+に対する透過性の大きさから，細胞内の電位は細胞外に対して数十mV負になる(静止膜電位；resting membrane potential)。刺激がない状態のニューロンでは，K^+の膜透過係数の比率が大きいので(K^+：Na^+：Cl^-＝1：0.04：0.45)，静止膜電位はネルンストの式(Nernst equation；$E = RT/nF \cdot \ln([K]_o/[K]_i)$)で表される$K^+$の平衡電位(equilibrium potential for K^+，約-80 mV)に近い値となる。しかし，ゴールドマン・ホジキン・カッツ(Goldman-Hodgkin-Katz)の式では，複数のイオンの膜透過係数を考慮するので，ネルンストの式よりは実際の静止膜電位により近い値となる。

　活動電位とは，膜電位が負から正に，そしてすぐに負にもどるスパイク状の変化をよぶ。また，このように急激な電位変化をおこす細胞膜を興奮性膜(excitable membrane)とよぶ。では，どのような機構で活動電位が発生するのであろうか。結論は，「細胞膜を横切って出入りするイオンが発生させる」ということになる。細胞膜には，イオンが特異的に通過するための膜貫通型のタンパク質(イオンチャネル；ion channels)が存在する。Na^+の膜透過性が1/1000秒というきわめて短時間の間だけ急激に500倍も増大するために，Na^+が細胞内外の濃度差を利用してチャネルを通って細胞内に流入するために，静止膜電位が一気にNa^+の平行電位(約$+60$ mV)に近づく(ナトリウム説，sodium theory)。このチャネルは，フグ毒(tetrodotoxin)によって特異的に抑制される。

　活動電位の発生は近傍に外向きの電流を誘導し，脱分極性の電気緊張性

電位(electrotonic potential)が生じるために興奮がおこりやすくなる。脱分極が閾値(threshold potential)を越えると，Na^+チャネルが活性化され活動電位が発生し，伝導していく（局所電流説；local circuit current theory）。これが，跳躍伝導の原因にもなる。

シナプスは，神経終末部が後膜（ニューロン，終板あるいは腺細胞の膜）と連携するところであり，数百Åの細胞間隙で隔てられている。神経終末部に達した活動電位は，終末部内のCa^{2+}濃度を高め，化学的伝達物質を含む小胞を細胞膜と融合させ，伝達物質を間隙に放出させる（開口放出；exocytosis）。伝達物質は間隙を拡散し，後膜上に存在する特異的な受容体と結合し，後膜に脱分極や過分極をおこすことによって後膜の活動を制御する。シナプスでの伝達は一方向性であり，伝導より時間がかかり（シナプス遅延），後膜ではくり返し放電がおこり（反復放電），時間的・空間的な興奮の加重がみられる。伝達物質として，アセチルコリン(ACh)，カテコールアミンあるいはアミノ酸などが知られており，AChは神経節，骨格筋終板および副交感神経終末部などで，カテコールアミンは交感神経終末部で放出される。グルタミン酸は学習関与する海馬など多くの神経系で刺激的に，またグリシンやγ-アミノ酪酸は脊髄や小脳で抑制的に作用する。

(2) 内分泌系

内分泌系(endocrine system)は，神経系・免疫系とともに，主要な自律機能調節系の一つである。20世紀はじめにベイリス(W. M. Bayliss)とスターリング(E. H. Starling)は，アルカリ性消化液の分泌を促進する消化管ホルモン(gastrointestinal hormone)の一種で，消化管上皮の内分泌細胞から血中に分泌されるセクレチン(secretin)を発見し，「内分泌」という新しい概念を提唱した。

内分泌系の情報伝達を担う化学物質は，ホルモン(hormone)とよばれる。ホルモンは，「特定の細胞で生成され放出された後，特定の細胞によって特異的に認識され，生物作用を発現する化学的情報伝達分子」と定義され，ホルモンの生成・放出を行う細胞集団（器官）は内分泌腺(endocrine gland)とよばれる。この古典的概念に対して，最近，新しい概念が加わってきた。すなわち，放出されたホルモンが近傍細胞の機能を調節する系（傍分泌系；paracrine system)とホルモン放出細胞自体が認識細胞である系（自己分泌系；autocrine system)である。また，多くの細胞で生成・分

泌され，近傍細胞の増殖や分化あるいは免疫機能などを調節するサイトカイン(cytokine)とよばれるペプチド性ホルモン様物質の存在も知られてきた。

　生体内の諸内分泌腺から放出される主なホルモンの名称と作用を，表5-4に記載した。ここでは，代表的な三つのホルモンの作用について記述する。

（ⅰ）　下垂体前葉から分泌される成長ホルモン(GH)は，視床下部(GHRHとSSTによる刺激と抑制作用)と胃腸管(ghrelinとleptinによる刺激と抑制作用)による分泌調節をうけている。このホルモンは異化的代謝機能をもつが，一方で肝臓や多くの組織でのIGF-I合成・分泌を刺激することによって，骨端軟骨や細胞増殖を促進する。血中のGH濃度は，24時間内で10回程度パルス状に変化する。低栄養状態では基礎濃度は上昇し，パルスの振幅も増大する。逆に，高栄養状態では分泌は低下する。

（ⅱ）　ストレス(stress)反応にかかわるホルモンは，視床下部，下垂体

表5-4　内分泌腺名，ホルモン名およびその作用

内分泌腺名		ホルモン名	作用
視床下部		GRH(GHRH), SST, CRH, AVP, TRH, GnRH, など	下垂体前葉ホルモンの分泌調節
下垂体	前葉	GH, ACTH, TSH, LH, FSH など	成長，抗ストレス，甲状腺，性腺機能の調節
	後葉	AVP, OT (視床下部ホルモン)	血漿浸透圧の調節，生殖関連平滑筋の収縮
松果体		メラトニン	日周リズムの調節
甲状腺		T_4, T_3	栄養素代謝の調節
副甲状腺		カルシトニン	カルシウム代謝の調節
膵臓		グルカゴン，インスリン，SST, PP	糖代謝の調節
副腎	皮質	アルドステロン コルチコステロン アンドロゲン	ミネラル，糖，性腺機能の調節
	髄質	アドレナリン（エピネフリン）	循環系，栄養素代謝の調節
性腺	卵巣	エストロゲン，プロゲステロンなど	女性生殖機能の調節
	精巣	テストステロン	男性生殖機能の調節

および副腎から分泌され，これらの一連の反応系は視床下部-下垂体-副腎軸（HPA軸）とよばれる。まず，多量の出血，寒冷，ショックなどの刺激が視床下部からのCRHおよびAVPの分泌増加を促進する。これらのホルモンは，下垂体からのACTH分泌を増大する。ACTH刺激によって増大する副腎皮質からの糖質コルチコイドの分泌は，血糖値や脂肪分解の増大および抗炎症作用を発現する。一方，交感神経系の亢進は，副腎髄質からのカテコールアミン分泌を高め，高血糖，血管収縮，心機能亢進などをおこす。CRHおよびAVPのACTH分泌刺激効果には動物種差が認められ，ヒトやラットではCRHが，反芻動物ではAVPがより大きな刺激効果を示す。

(iii) 膵臓のランゲルハンス島は，血液中グルコース濃度（血糖値）を一定の値に維持する主要なホルモンを分泌している。A細胞が分泌するグルカゴン（glucagon）は，29個のアミノ酸残基からなるペプチドであり，種差が小さい。肝臓グリコーゲンの分解やアミノ酸からの糖新生（gluconeogenesis）を促進することにより，血糖値を増大する。B細胞が分泌するインスリン（insulin）は，21個のアミノ酸残基（A鎖）と30個のアミノ酸残基（B鎖）が二つのジスルフィド結合で結ばれているペプチドである。筋や脂肪細胞内へのグルコース取り込みを促進することにより，血糖値を低下する。D細胞（および視床下部）が分泌するソマトスタチン（SST）は，14個のアミノ酸残基からなるペプチドで，グルカゴンやインスリン分泌を抑制性に調節することにより，血糖値維持に関与する。

ホルモンは，化学構造および認識機構の違いから2種類に分類できる。第一のグループは，細胞膜外側に存在するホルモン受容体（hormone receptor）によって認識される水溶性のホルモンであり，ペプチド性ホルモンおよびアミノ酸誘導体であるカテコールアミンが含まれる。第二のグループは，細胞内に存在するホルモン受容体によって認識される高脂溶性のホルモンであり，ステロイドホルモンおよびアミノ酸誘導体である甲状腺ホルモンが含まれる。

ホルモンの受容体による認識（受容体との結合）および生物反応は，一般的にS字状を示す。しかし，受容体数は余分に存在しているので，ホルモンの受容体への結合はわずかでも最大に近い生物反応が得られる。また，

ホルモンと受容体の相互関係は，親和性と受容体総数で表され，Scatchard plot により解析できる．この解析法では，タンパク質ホルモン受容体には親和性の異なる2種類の受容体が存在することになる．ラット肝細胞のインスリン受容体の場合親和性は 10^{-9} mol/l，受容体総数は 10^5/cell のオーダーである．

ホルモンと細胞膜の外側に存在する受容体の結合は，GTP 結合タンパク質(G タンパク質)を介して，アデニレート・シクラーゼ，ホスホリパーゼ C あるいはグアニレート・シクラーゼを活性化し，それぞれサイクリック AMP(cAMP)，Ca^{2+} とジアシルグリセロール，およびサイクリック GMP などの細胞内情報伝達物質(cellular messengers)の濃度を増加する．Ca^{2+} や cAMP はプロテインキナーゼ C および A をそれぞれ活性化する．プロテインキナーゼは 2 対の調節サブユニット(regulatory subunits)および触媒サブユニット(catalytic subunits)から構成されており，調節サブユニットに 4 個の Ca^{2+} もしくは cAMP が結合すると，2 個の触媒サブユニットが乖離して活性型となり，タンパク質のリン酸化を開始する．リン酸化が連続しておこることにより種々の酵素が活性化され，最終的にホルモン作用が発現する．

一方，脂溶性ホルモンは，遺伝子の転写制御を介してホルモン作用を発現する．細胞膜を透過したホルモンは，細胞質中もしくは核内で受容体と結合した後，DNA 上の受容体認識配列(hormone response element)に結合し，その作用を発現する．

5-2-3　物質代謝と制御

植物は必要な有機物をすべて自分で生合成するのに対して，従属栄養生物である動物は，炭水化物，脂肪，タンパク質の有機物を摂取し，これら三大栄養素を，あらゆる活動のエネルギーや体構成成分の合成素材の給源とする．摂取された各栄養分は，咀しゃくや胃・小腸の運動による機械的消化と，炭水化物分解酵素・脂肪分解酵素・タンパク質分解酵素による化学的消化を受け，細胞膜を通り抜けることができる低分子化合物にまで分解されて主に小腸壁から吸収される．ここでは，消化・吸収後における各栄養素の代謝とその制御について述べる．

(1)　炭水化物代謝とその制御

グルコースの分解と糖新生の経路(図 5-21)　　組織に取り込まれたグルコースは，二つの異なる過程，すなわち解糖系とペントースリン酸回路

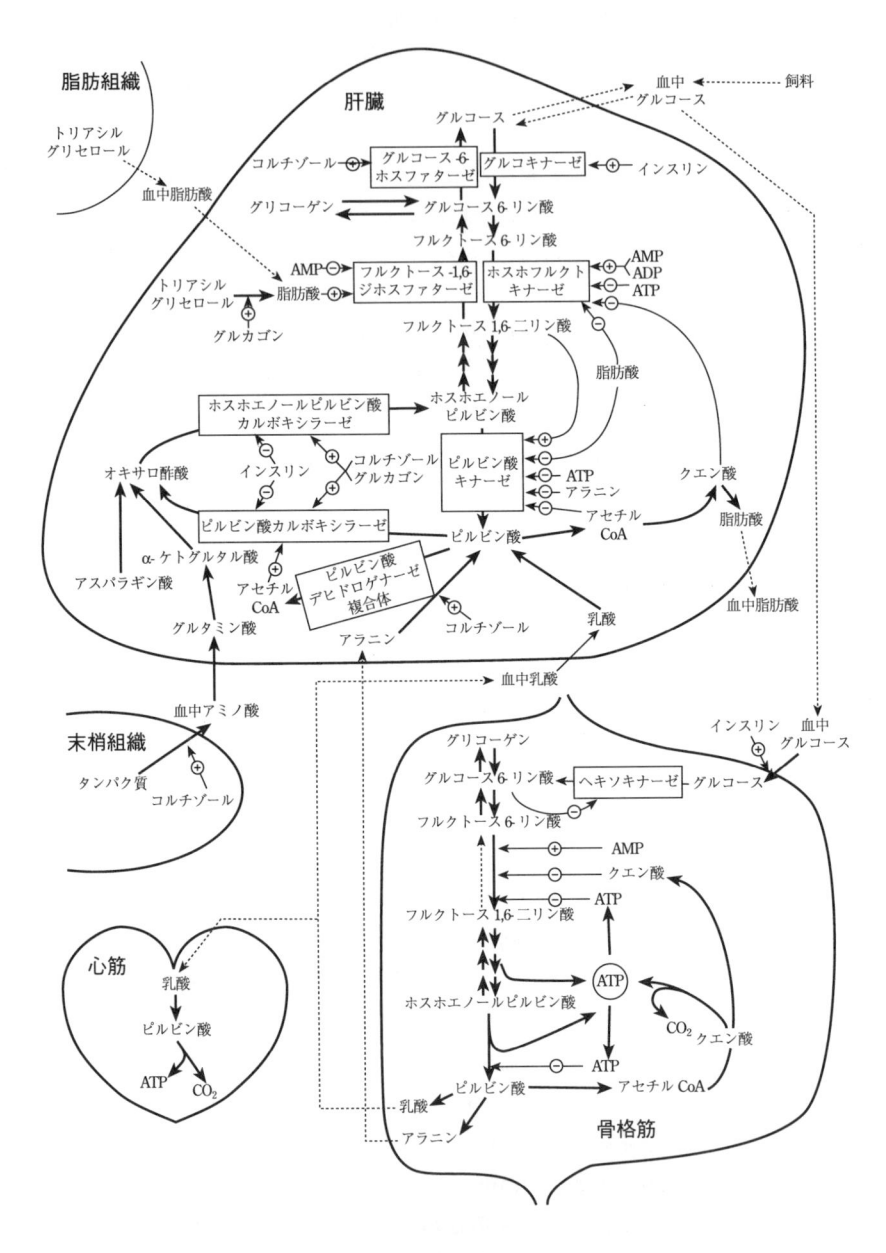

図 5-21 解糖と糖新生の調節

で異化される。解糖系やこれに引き続くTCA回路では，エネルギー転移を仲介するATP，脂肪合成のためのグリセロール3-リン酸，脂肪酸・ステロール・アセチル基供与体として利用されるアセチルCoA，ならびにアスパラギン酸・グルタミン酸などの原料となるオキサロ酢酸を供給する。ペントースリン酸回路では脂肪酸・ステロイドの生合成に必要な還元物質NADPHおよびヌクレオチドや核酸の生成に要するリボースを供給する。

一方，解糖の逆の過程である糖新生は，炭水化物およびそれ以外のものからグルコースを生成する過程で，血液中のグルコース量が不足するとはたらく。糖新生系では，解糖系の三つの不可逆的反応過程を迂回して遡るため，四つの固有な酵素が使われる。すなわち，グルコキナーゼとホスホフルクトキナーゼが関与する解糖過程は，それぞれグルコース6-ホスファターゼとフルクトース1,6-ジホスファターゼによる加水分解反応で遡り，ピルビン酸キナーゼが関与する解糖過程は，ピルビン酸カルボキシラーゼとホスホエノールピルビン酸カルボキシキナーゼの二つのエネルギー要求性の過程で迂回し遡る。

グリコーゲン合成と分解(図5-22)　　グルコースは細胞膜を通過して拡散するので，細胞内に貯蔵できない。グルコースリン酸エステルおよびフルクトースリン酸エステルは膜を通過できないので，糖のリン酸化は糖の保持に役立つが，これらのリン酸エステルが多量に蓄積されることはない。過剰の糖は不溶性の重合体であるグリコーゲンに変換され貯蔵される。合成されたグリコーゲンは，枝分かれした網状構造であるため，グルコースの結合や分解が迅速におこり，密度の高い貯蔵形態となっている。グルコースの需要が高まると，ホスホリラーゼの加リン酸分解作用と分枝切断酵素の加水分解作用によって，グルコース1-リン酸分子と遊離のグルコースが約10：1の割合で生成される。

代謝制御(図5-21および5-22)　　肝細胞では，細胞内の糖の代謝産物・ヌクレオチドの濃度や細胞外のホルモンバランスなどによって，解糖系と糖新生の両過程が調節されており，これにより肝臓自身とそれ以外の細胞のグルコース要求が満たされている。糖新生が行われているときには，解糖系をオフにしてエネルギーの浪費を防ぐことになるが，この場合，糖新生に要するエネルギーは脂肪酸やケトン体の代謝により供給される。一方，筋肉や心筋などの組織では，肝臓，腎臓および腸管粘膜とは異なり，糖新生の酵素が備わっていないため，組織自身の細胞のエネルギー要求に

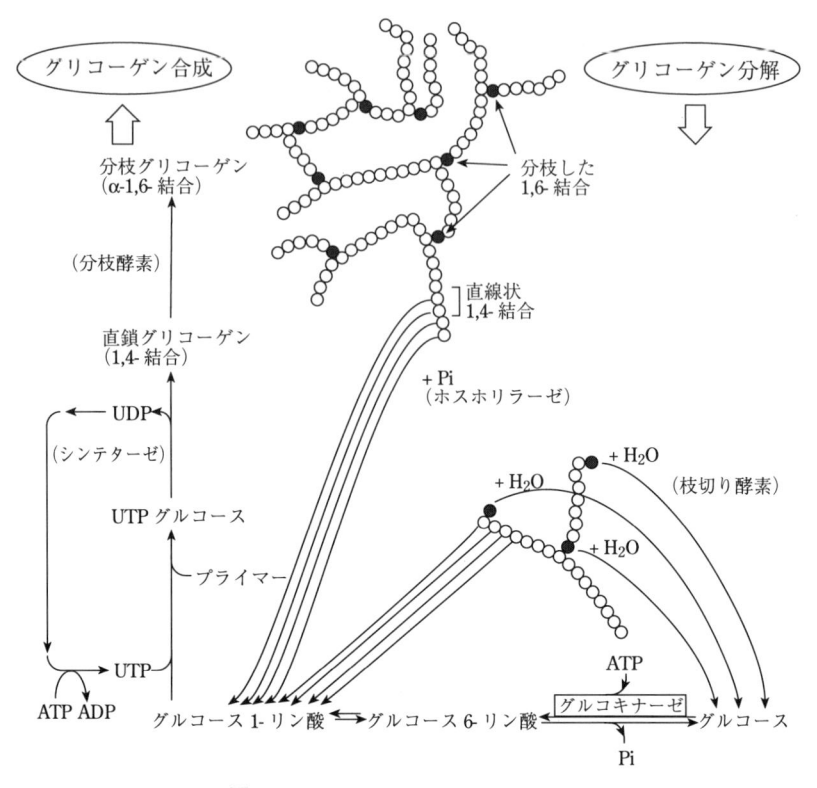

図 5-22 グリコーゲンの合成と分解

従い解糖系だけの過程が調節されている。

　肝臓における解糖と糖新生の調節には，細胞内調節因子として，① オキサロ酢酸，② アラニン，③ クエン酸，④ 脂肪酸，⑤ アセチル CoA，⑥ フルクトース 1,6-二リン酸，⑦ ヌクレオチド比，また細胞外調節因子として，⑧ 乳酸，⑨ 血糖，⑩ 各種ホルモンがあげられる。乳酸は，激しい運動時のように酸素の供給が十分でない場合には筋肉中に蓄積し，肝に運ばれ糖新生の炭素源になる。肝臓で合成されたグルコースは再び筋肉に運ばれる。なお，グリコーゲン合成と分解もまた，解糖・糖新生系同様に，グルコースの供給と需要に迅速に対応できるよう調節されている。

（2）　脂質代謝とその制御（図 5-23）

　　脂肪酸分解と合成の経路　　脂肪酸の酸化経路はミトコンドリアの中に存在し，TCA 回路および電子伝達系の最終的異化反応と結びついている。

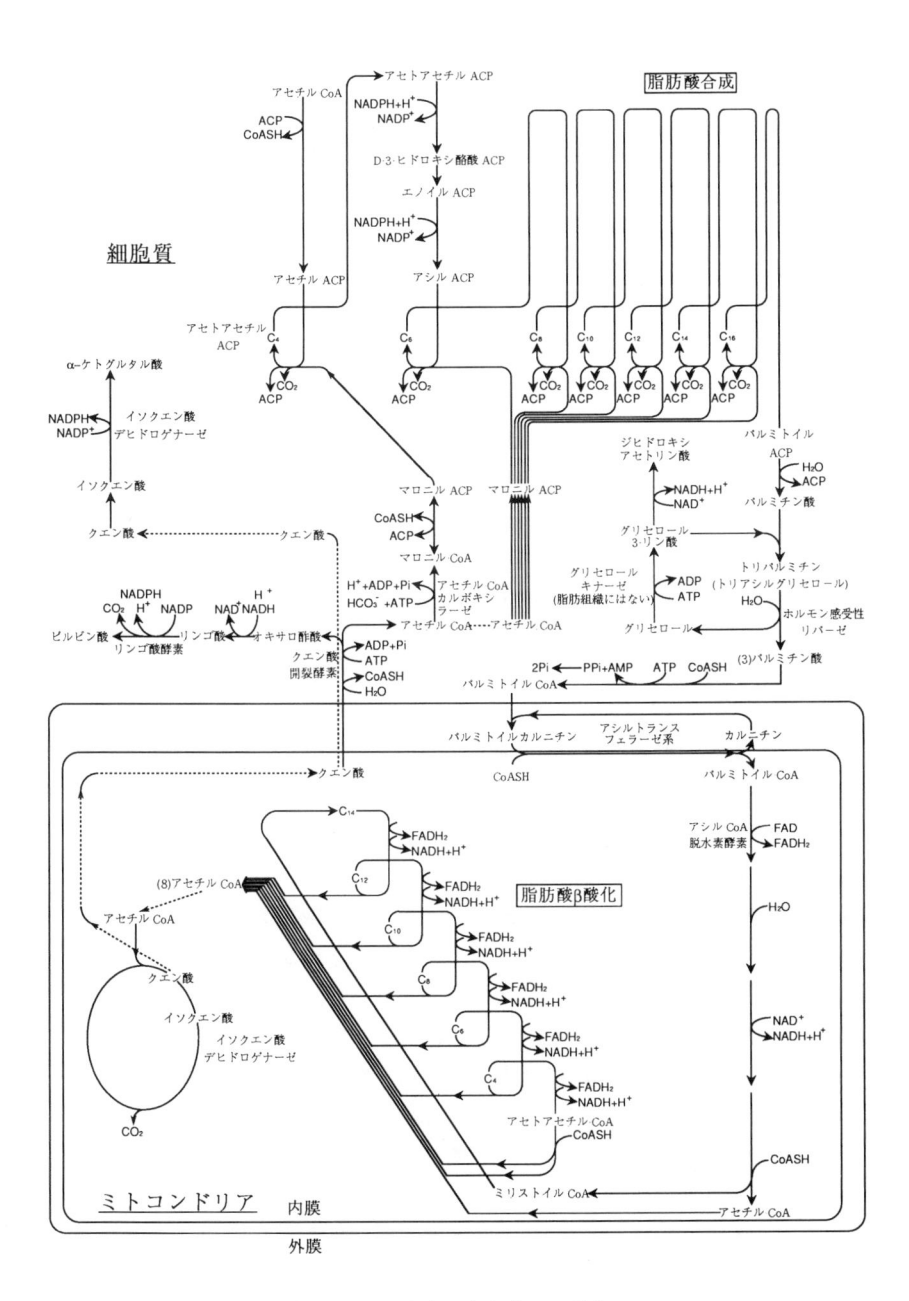

図 5-23 脂肪酸の生合成と β 酸化

2-3-3(2)でもふれたが，まず脂肪酸は細胞質内で活性化されてアシルCoAとなり，これがミトコンドリア膜のカルニチン輸送タンパク質の助けで膜を通過しミトコンドリア内に輸送される。飽和脂肪酸はβ酸化によって炭素鎖のβ位から酸化開裂を受け，炭素鎖が偶数のものは炭素2個からなるアセチルCoA，炭素鎖が奇数のものはアセチルCoAと炭素3個からなる1 molのプロピオニルCoAに分解される。

一方，脂肪酸の合成については，2-3-3(1)でもふれたが，アセチルCoAを素材として，炭素鎖を2個ずつ伸ばして細胞質で行われる。アセチルCoAはミトコンドリア膜を通過できないので，クエン酸として細胞質に運ばれ，クエン酸開裂酵素によりアセチルCoAとオキサロ酢酸が生成する。脂肪酸合成に必要なNADPHは，オキサロ酢酸から生成されたリンゴ酸がリンゴ酸酵素の触媒作用を受けて供給される。なお，さらに必要なNADPHはペントースリン酸回路やイソクエン酸デヒドロゲナーゼから供給される。まず，アセチルCoAからアセチルCoAカルボキシラーゼの作用によりマロニルCoAが生成し，それ以降の反応は，多酵素複合体である脂肪酸合成酵素により触媒される。この両酵素反応とも脂肪酸合成系の調節部位であるが，とくにアセチルCoAカルボキシラーゼが律速酵素となっている。

なお，組織の脂肪酸合成能は動物の種類によって違いがある。筋肉における脂質代謝はすべて異化反応に限られている。筋組織に隣接した場所で脂肪蓄積はおこるが，筋細胞で脂肪酸やトリアシルグリセロールが合成されることはない。

代謝制御　β酸化の制御に一番大きく影響するのは，利用可能な基質の量である。これには脂肪組織から肝臓へ転送されるエステル化されていない脂肪酸，細胞外リパーゼがカイロミクロンレムナントに作用して放出される脂肪酸，および細胞内リパーゼが肝トリアシルグリセロールにはたらいて放出される脂肪酸が含まれる。ついで影響するのは細胞のエネルギー状態で，酸化速度はADP，ATPの相対的濃度に依存する。さらに，脂肪酸がミトコンドリアを通過する際のカルニチンと膜内在性アシルトランスフェラーゼ系を介しても制御される。

一方，脂肪酸の生合成も，基質とエネルギー状態により制御される。クエン酸の供給が過剰になるとクエン酸回路内でエネルギーが大量に蓄えられてATPが高濃度となり，ミトコンドリア内のイソクエン酸デヒドロゲ

ナーゼが阻害される。このため，クエン酸はミトコンドリア外に流出し，クエン酸開裂酵素によりアセチルCoAとオキサロ酢酸に分かれ，アセチルCoAからの脂肪酸合成が亢進する。

(3) タンパク質代謝とその制御

タンパク質の代謝回転（図5-24） 体タンパク質は，体内のアミノ酸プールとの間でアミノ酸を交換している。アミノ酸プールには，細胞内プールと血漿中のような細胞外プールがあり，アミノ酸は血液を介して各臓器間を移行する。細胞内プールとしては，筋肉中のプールがもっとも大きく，全体の70～80％を占める。タンパク質はたえず合成と分解をくり返す代謝回転により動的状態におかれている。代謝回転には，細胞自体が寿命によって入れ替わる細胞レベルの代謝回転と，タンパク質自体の合成・分解による分子レベルの代謝回転がある。成長，妊娠，泌乳，産卵などのようにタンパク質が増加または生産されている場合，これに関わるタンパク質の合成速度は分解速度を上まわっていることになる。

タンパク質合成と分解の制御 タンパク質の合成の速度は，DNAからmRNAへの転写の過程，mRNAが読まれる翻訳の過程やリボソームの量で調節される。例えば，グルココルチコイドの分泌や投与により肝臓でのアミノ酸分解酵素の活性が高まるのは，その酵素を合成するためのmRNAへの転写過程での調節であり，また，短期間の絶食時の肝臓における血清アルブミンの合成量の低下は，翻訳過程における調節である。

タンパク質分解の主要な場としてリソソーム系が考えられている。タンパク質は，まずオートファゴソーム（自食作用胞）により囲い込まれ，さらにリソソームとの融合を経てカテプシンやペプチダーゼなどの加水分解酵素によりアミノ酸にまで分解される。その他非リソソーム系のタンパク質分解として，細胞質や細胞膜に存在し，Ca^{2+}による活性調節を受けるカ

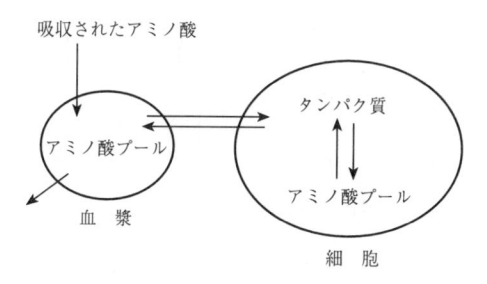

図 5-24 体タンパク質の動的定常状態

ルパイン系，ユビキチンがタンパク質と共有結合しプロテアーゼ作用に対するシグナルを形成するユビキチン系，ATP依存性プロテアーゼなどがあげられる。なお，タンパク質の分解速度は個々のタンパク質によって異なり，その速度は臓器により，また成長の過程により異なる。

5-2-4　生体防御系

　動物はさまざまな異物に曝されながら生活をしている。この外界からの微生物(ウイルス，細菌，真菌，原虫，寄生虫)などの病原体の攻撃に対抗し生体を守るはたらきをしている生体防御システムが免疫系である。この免疫反応には，外界より侵入してくる異物(抗原)に対し，非特異的な自然免疫系と特異的な獲得免疫系(適応免疫系)の二つがある(表5-5)。獲得免疫系は生物の進化の過程で発達した免疫系であり脊椎動物にのみ存在する。一方，自然免疫系は無脊椎動物から脊椎動物にいたるまで保存された免疫系である。病原体の侵入に対し最初の防御に当たるのが自然免疫系であり，病原体は通常この段階で排除される。この自然免疫系で防ぎきれない場合に作動するシステムが獲得免疫系である。

（1）　自然免疫系

　自然免疫系は動物が誕生したときにすでに備わっている免疫系であり，一般的に病原体(抗原)に非特異的な因子群(生化学的・物理的障壁，可溶性因子，細胞性因子)からなり(図5-25)，侵入してくるほとんどの病原体に対して作用し個体を感染症から守る。

　生化学的・物理的障壁　　皮膚は，病原微生物の侵入に対し効果的な障壁として作用する。また，汗・皮脂などの皮膚からの分泌物には殺菌作用

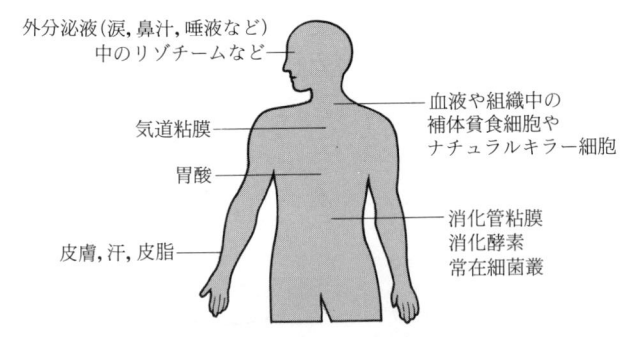

図5-25　自然免疫を構成する要素　[多田富雄著(2001)『免疫・「自己」と「非自己」の科学』，NHK出版を参考に作成]

がある。気道・消化管は粘膜で覆われており，分泌された粘液中にはリゾチームなどの殺菌性物質が含まれている。さらに胃酸(低pH)，消化管内の各種消化酵素・常在細菌叢などが病原微生物の排除に重要な役割を果たしている。

可溶性因子　細菌の細胞壁成分を加水分解する酵素であるリゾチームは，生体内のさまざまな外分泌液中(涙，鼻汁，唾液など)に含まれていて細菌の侵入を阻止する。血清中に存在する補体は，侵入してきた微生物の表面に結合し細胞傷害性複合体を形成し溶菌させる。さらに補体の一部の成分は感染部位に食細胞を集め，別の補体成分の一部は微生物の表面に結合することによって貪食を促進する(オプソニン作用)。インターフェロンには，ウイルス感染を受けたさまざまな細胞が産生するαとβ，そしてナチュラルキラー細胞や活性化したT細胞が産生するγの3種類がある。インターフェロンを強力に誘導する物質として哺乳動物の細胞には見い出されていない二重鎖RNAが知られており，産生されたインターフェロンによってウイルスの増殖を抑え，感染が拡大するのを防ぐ。その他感染初期に産生される急性期反応物質の一つであるC反応性タンパク(CRP)は，とくに肺炎球菌の細胞表層に結合し，補体を活性化するとともに貪食を助ける。

細胞性因子　皮膚や粘膜などの物理的障壁を突破した微生物は，可溶性因子とともに細胞性因子(マクロファージ，好中球などの貪食細胞，およびナチュラルキラー細胞)によって貪食され排除されるか，貪食されずに殺傷され排除される。哺乳動物には，専門的に貪食作用を示すマクロファージと好中球が存在し，体内に侵入した微生物を細胞内に取り込み消化する(図5-26)。ウイルス感染細胞やガン細胞などは，ナチュラルキラー

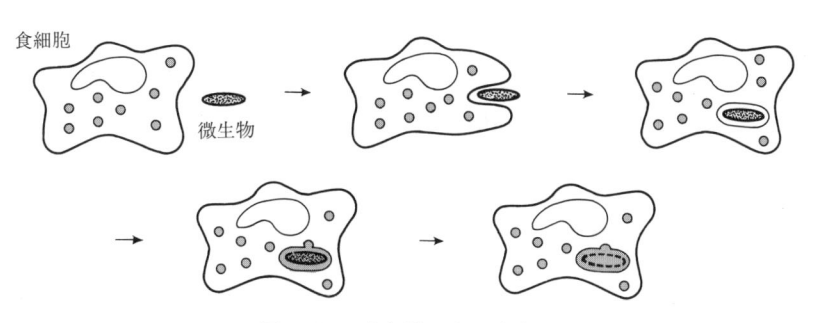

図 5-26　食細胞による貪食

細胞が直接接触することによって殺傷される。

（2） 獲得免疫系

　自然免疫系による排除を逃れた病原微生物（抗原）に対し，抗原特異的に反応する生体防御システムが獲得免疫系である。一度疾病に罹り治癒すると二度と同じ疾病に罹らないのは，この獲得免疫系のはたらきがあるからである。この獲得免疫系の特徴は，抗原に対する特異性と免疫学的な記憶である。獲得免疫に関与するリンパ球には，液性免疫として重要な抗体を産生するB細胞と，細胞性免疫の主役であるT細胞がある（表5-5）。

　獲得免疫に関わる細胞　免疫系を構成している多様な細胞は，もともと単一の造血幹細胞とよばれる多分化能をもつ祖先細胞から分化したものである（図5-27）。獲得免疫に関わる主要な細胞は，B細胞，T細胞，抗原提示細胞の3種類の細胞である。B細胞とT細胞は，造血幹細胞から分化した共通の前駆細胞であるリンパ球系幹細胞から分化する。B細胞は免疫グロブリンを細胞表面にもち，抗原の刺激によって抗体産生細胞（プラズマ細胞あるいは形質細胞）に分化成熟する骨髄（bone marrow）由来の細胞である。抗体産生細胞であるB細胞が分化成熟するための重要な器官として，ニワトリの肛門近くに存在するファブリキウス囊（bursa of Fabricius）が最初に発見され，B細胞とよばれるようになった。しかし，哺乳動物においてはファブリキウス囊に相当する器官はなく，B細胞の分化成熟は胎児期には肝臓で，生後は骨髄（bone marrow）でおこる。リンパ球系幹細胞が胸腺（thymus）で分化成熟することにより，細胞性免疫に重要な役割を果たすT細胞がつくられる。T細胞表面上には，T細胞レセプターが存在し，抗原の刺激を受けて増殖する。抗原提示細胞（マクロ

表 5-5　自然免疫系と獲得免疫系

	自然免疫系	獲得免疫系
	抗原非特異的 感染をくり返しても抵抗力は高まらない	抗原特異的 感染をくり返すことにより抵抗力は高まる
可溶性因子	リゾチーム，補体，インターフェロン，急性期反応物質など	抗体
細胞	食細胞（マクロファージ，好中球など），ナチュラルキラー細胞	T細胞

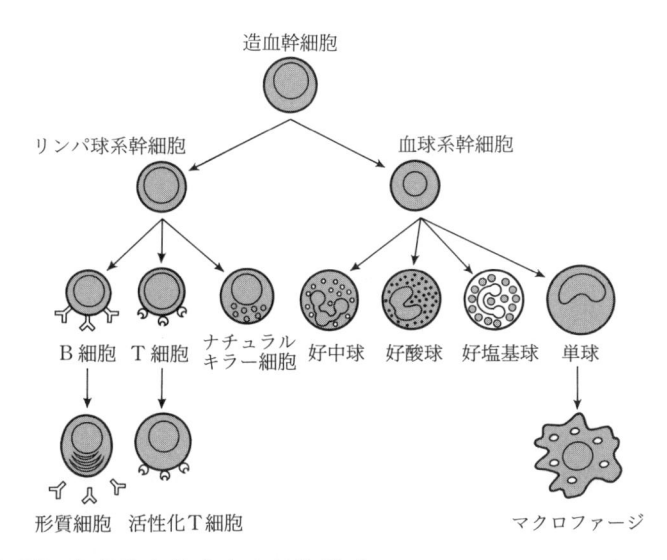

図 5-27 免疫系を構成する細胞群〔C. A. Janeway *et al.* (1999) *Immunobiology 4th ed.* Current Biology Publications/Garland Publishing を参考に作成〕

ファージ，ランゲルハンス細胞，樹状細胞など）は，抗原に特異的なレセプターはもっていないが，細胞内に取り込んだ抗原を処理し，主要組織適合抗原複合体(MHC)に結合した抗原情報をリンパ球に提示するという獲得免疫に欠くことのできない重要な役割を果たしている(図5-28)。

クローン選択説 免疫反応の特異性は，B細胞あるいはT細胞のも

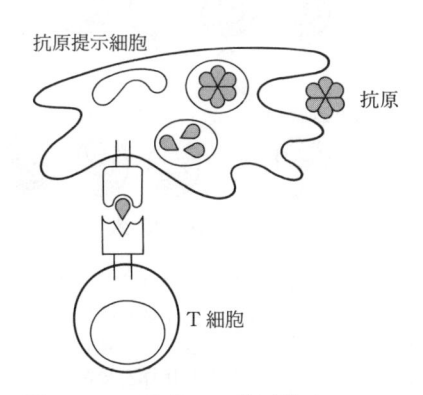

図 5-28 T細胞への抗原提示

つ抗原レセプターの特異性に担われている。個々のリンパ球は一種類の抗原レセプターしかもっていないので(これをクローンとよぶ)，動物は多様な外来抗原に対処するために異なる抗原レセプターをもつ多種類のリンパ球(クローン)を産生しなければならない。抗原が侵入し一つのクローンの抗原レセプターと結合すると，これが刺激となってリンパ球は分裂増殖する。すなわち，抗原によってクローンが選択され分裂することによってこのクローンが拡大する。B細胞の場合は，抗原レセプターと同じ特異性をもつ抗体を産生し分泌する(図5-29)。T細胞の場合は，サイトカインとよばれるタンパク質の産生を促し，免疫応答を活性化する。このとき，一部のリンパ球は記憶細胞として残り，同じ抗原の二度目の侵入に対し，より早く，より強い免疫応答がおこる(二次免疫応答，図5-30)。

抗体の構造と機能　　液性免疫の主体である抗体は，構造が異なるクラスに分類され，ヒトの場合IgM, IgD, IgG, IgE, IgAの5種類のクラスがある。これらの抗体の基本構造は同じであり，同じ2本の重鎖(H鎖)

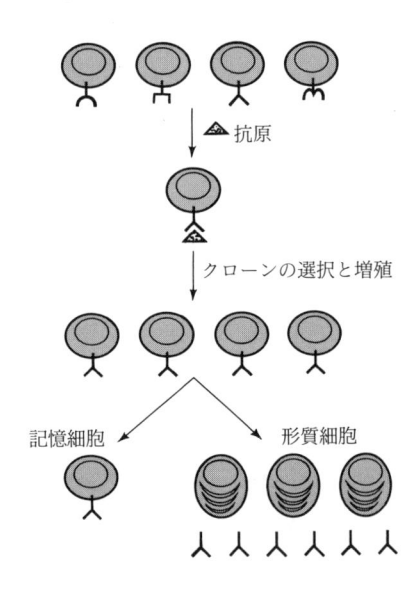

図5-29　クローン選択説　生体はさまざまな抗原に対応するBリンパ球をもっている。各々のクローンは1種類の抗原受容体しかもっていない。抗原が特異的な受容体をもつクローンと結合すると，このクローンは選択され増殖分化して形質細胞となり抗体を分泌する。一部の細胞は記憶細胞となり二次免疫に備える。T細胞の場合も事情は同じである。

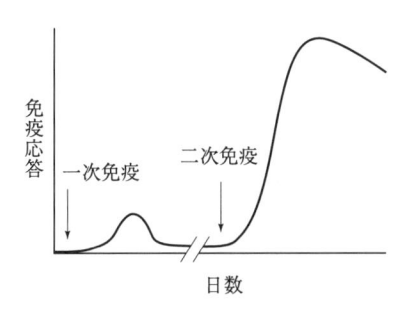

図 5-30 一次免疫応答と二次免疫応答

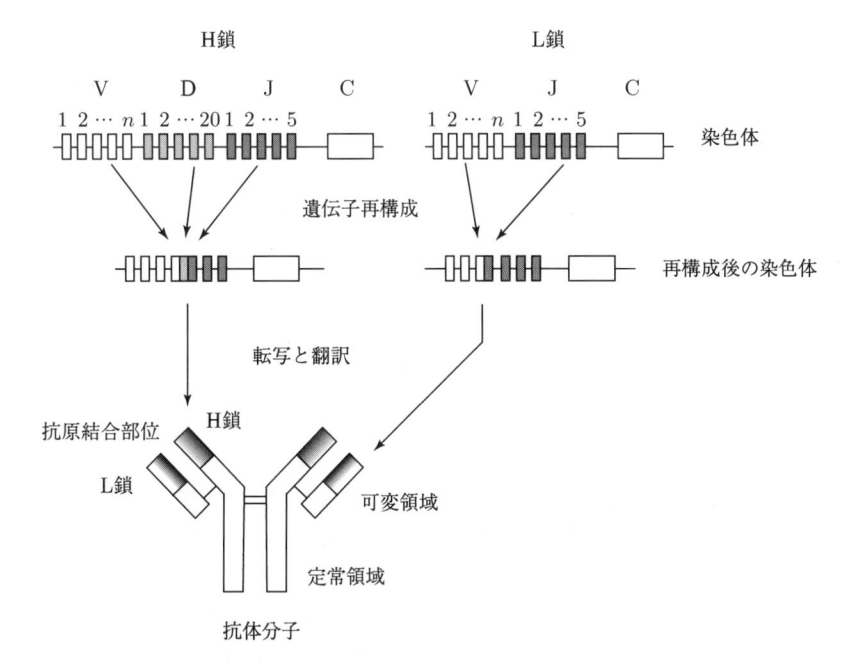

図 5-31 遺伝子再構成による抗体の多様性の獲得機構　抗原結合部位を形成するH鎖の可変領域は，V遺伝子が200個，D遺伝子が20個，J遺伝子が5個とすると，その組合せは20000通りとなる．さらに，L鎖のV遺伝子とJ遺伝子が各々100個，5個とするとその組合せは500通りとなる．H鎖とL鎖が組み合わさって抗体分子を作るので，多様性は全部で1000万通りとなる．実際は，遺伝子再構成時における接続部位のゆらぎや可変領域での突然変異により，さらに多くの多様性が産生される．[中内啓光 (2000)『免疫学早わかり講座』，羊土社を参考に作成]

と，同じ2本の軽鎖(L鎖)からなるY字形をした分子である(図5-31)。Y字の2本の先端が可変領域(V領域)であり，さまざまな抗原と結合する部位(抗原結合部位)である。Y字の幹の部分は定常領域(C領域)であり，H鎖の定常領域の違いによってクラスが異なる。注意すべき点は，クラスの異なる抗体が同じ抗原結合部位をもつということである。最初の抗原刺激でIgMを産生しているB細胞が，抗原特異性を保ったまま他のクラスの抗体を産生するようになる現象をクラススイッチとよぶ。いずれの抗体も次の二つの機能を発揮する。すなわち，①抗原を認識し特異的に結合する。②抗原と結合することにより各クラスに特徴的な生物学的活性を発揮する。例えば，IgGは母親の胎盤を通過し乳児や新生児を感染症から守る。IgAは涙や唾液などの分泌液中の主要な抗体である。また，極微量しか存在しないIgEはアレルギーの発症と関連している。

抗体の多様性の獲得 抗体もT細胞も膨大な種類の外来抗原を認識しており，この多様性こそ免疫系の特徴である。この多様性獲得のメカニズムを抗体を例としてみよう。H鎖の抗原結合部位は一つの遺伝子によってコードされているのではなく，ヒトではV, D, J遺伝子断片が結合してできている。染色体上には各々の断片をコードするV遺伝子が数百，D遺伝子が約20個，J遺伝子が約5個存在し，各々の領域から一つずつの遺伝子がランダムに組み換えられることによって(遺伝子再構成)可変領域の遺伝子ができあがっている(図5-31)。L鎖の可変領域もV遺伝子とJ遺伝子の組換えによってつくられる。抗体の多様性は，これらのH鎖とL鎖の組合せによってさらに増大する。

細胞性免疫 細胞性免疫はヘルパー活性，キラー活性，サプレッサー活性などの多様な機能をもつT細胞が主体となる免疫反応である。T細胞レセプターによる抗原の認識は，液性免疫における抗体とは異なり，標的細胞上あるいは抗原提示細胞上の主要組織適合抗原複合体(MHC)と結合した抗原ペプチドを識別している(図5-32)。T細胞レセプターも抗体と同様に遺伝子再構成によって多様性を獲得している。ヘルパーT細胞は，抗原刺激を受けサイトカインを産生することによりB細胞の抗体産生を助ける。キラーT細胞はウイルス感染細胞や，ガン細胞に直接接触しパーフォリンとよばれる分子を放出することによって標的細胞を殺す。

(3) 炎症反応とアレルギー

炎症反応 炎症反応とは，生体が傷害を受けたり(火傷，怪我，骨折

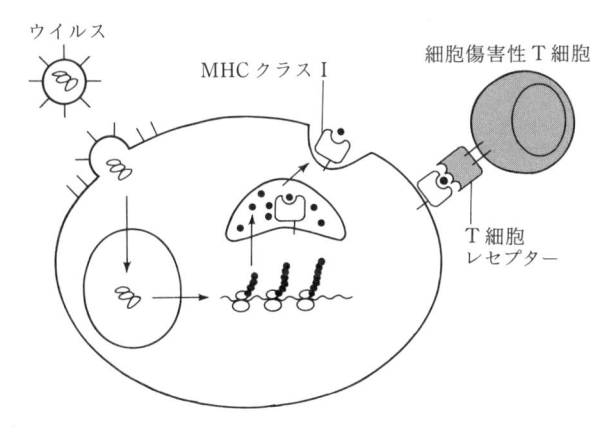

図 5-32　T細胞によるウイルス感染細胞の認識　ウイルスが標的細胞に感染すると，ウイルスゲノムの遺伝情報が細胞質内で翻訳される。つくられたウイルスタンパクはペプチド断片に分解され，主要組織適合抗原複合体（MHC）と結合することによって，細胞傷害性T細胞に提示される。

など）病原微生物による感染を受けると，傷害部位の修復や病原因子（抗原）の全身への拡散を阻止し，抗原を排除するためにただちにおこる腫脹，発赤，発熱，疼痛を主徴とする生体防御反応である。この反応には，さまざまな液性因子（急性期タンパク，補体，キニン，さまざまなサイトカイン）や細胞（マクロファージ，好中球，好塩基球，肥満細胞など）が関わっており，自然免疫系および獲得免疫系が関与している。

　病原細菌やウイルスなどの侵入に対し，われわれの体を守ってくれる免疫系が過剰にはたらき，自己の生体組織を障害するような反応をアレルギー（過敏症）とよぶ。アレルギーは発症機構によって四つのタイプに分類されている。I型アレルギーは，肥満細胞表面に結合したIgEに抗原が結合することによりさまざまな活性物質（ヒスタミンなど）が放出されて起こる炎症である。I型アレルギーには喘息，花粉症，じん麻疹などがある。II型アレルギーは，からだの細胞成分に対する抗体がはたらいておこる細胞障害反応であり，溶血性貧血などが含まれる。III型アレルギーは，抗原と抗体が結合した免疫複合体が血管や組織に沈着しておこる炎症で，リウマチ性の炎症や血清病が含まれる。IV型アレルギーは，抗体は関与せず，感作されたT細胞が直接はたらいておこる炎症で，ツベルクリン反応や接触性皮膚炎が含まれる。

6

生物と生態系

6-1 生物の存在様式

6-1-1 生物と環境

　生物が現在みられるような分布と数を示すようになったのは，どうしてだろうか。それを理解するためには，いくつかのことを知らなければならない。すなわち，① 生物の歴史，② 必要とする餌の分布と量，③ 個体の出生率，死亡率，移動率，そして ④ 環境条件の影響である。このうち環境条件に対する生物の応答には，さまざまな場合がある(図 6-1)。ここでは環境条件として光，温度，pH を取り上げ，これらがどのように生物に影響を及ぼしているかを考える。

（1） 光

　太陽放射は，緑色植物が利用しうる唯一のエネルギー源であり，光合成によって高エネルギー化合物に変換される。窒素や炭素原子，また水分子がくり返し生物によって利用されるのに対して，光合成の際に獲得された放射エネルギーは一度だけ利用される。太陽放射のうち緑色植物に利用される波長帯は 400～700 nm である。この点は水圏の植物プランクトンでも同様である。植物の葉は，規則的，あるいは不規則に変化する光条件に応じて光合成を行うための生理的な戦略をもっている。太陽放射の規則的変化には，季節変化や日周変化がある。太陽放射の季節変化に対しては，植物はエネルギー量に応じて生長量を変える。落葉樹では，不必要な季節には光合成器官である葉を落とす。

　太陽放射の強度に適応した戦略として，陽性植物(sun species)と陰性植物(shade species)がある。陽性植物は，強い光を効率よく利用できる

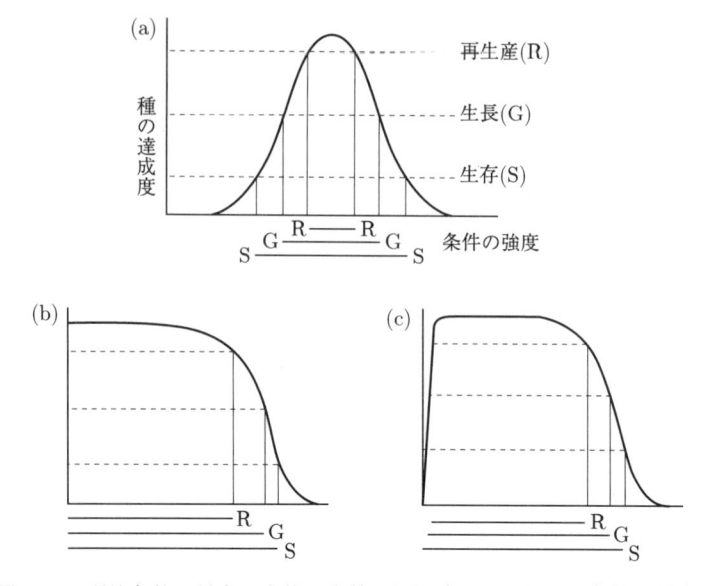

図 6-1 環境条件に対する生物の応答 (a)温度やpHなどの条件に対する種の達成度，(b)高濃度で有毒になるような条件（毒物質，放射能，汚染物質など）に対する生物の応答，(c)銅や亜鉛のように必須であるが，高濃度になると有害になるような条件に対する生物の応答．生存，生長，再生産の順に条件が狭まることに注意．[M. Begon, J. L. Harper, C. R. Townsend (1996) *Ecology 3rd ed.*, Blackwell Science より改変]

植物で，陰性植物はその逆である．これに対して，不規則な太陽放射の変化は，隣り合う葉や，より上層の葉の状態や位置によって生じる．その結果，一本の木にも陽葉(sun leaves)と陰葉(shade leaves)が生じる．陽葉は，小さくて厚く，単位面積あたり細胞数が多く，葉脈が密で，密な葉緑体をもつなどの特徴がある．これに対して陰葉は，大型でより光を通しやすいという特徴をもっている．陰葉の光合成能力はせいぜい呼吸速度と同程度と考えられている．

水圏では，光は深度とともに減少するため植物プランクトンは表層に浮かんでいる必要がある．植物プランクトンは光合成と同時に呼吸を行っているが，表層では呼吸速度より光合成速度の方が勝っている．深度の増加とともに光は弱くなり，光合成速度も小さくなる．ある深度になると両者が等しくなる（図 6-2）．この深度を補償深度(compensation depth)といい，その光強度を補償光度という．補償深度以深では光合成速度より呼吸速度

6-1 生物の存在様式

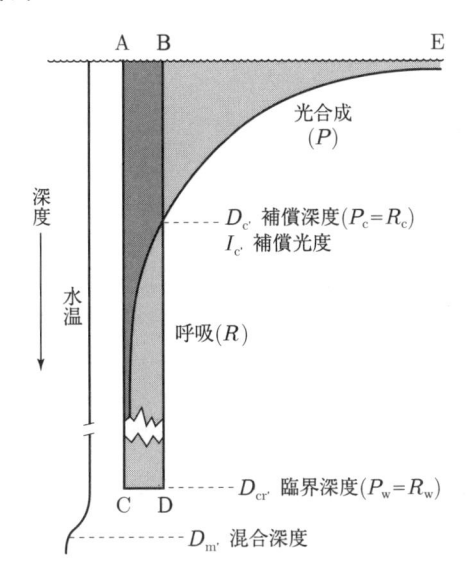

図 6-2 海洋における補償深度，臨界深度，混合深度の関係 ABCD で囲まれた部分が植物の呼吸を，また ACE で囲まれた部分が光合成を示す［C. M. Lalli, T. R. Parsons (1997) *Biological Oceanography : An Introduction 2nd ed.*, Butterworth-Heinemann より改変］

の方が大きくなる．補償深度は内湾域では数 m，透明度の高い熱帯外洋域では 150 m にも達する．水面からある深度までの全光合成と全呼吸が等しいとき，その深度を臨界深度(critical depth)という．

(2) 温　度

温度は，植物や動物の分布に大きな影響を及ぼす．地図上で等温線と動植物の分布を重ね合わせることはよく行われ，またうまく重ね合わさることもあるが，実際に生物が経験するのは，この平均的な温度ではない．生物が生息する微小生息場所(microhabitat)の温度は，この平均温度とは異なっている．例えば直接日光が当たる土壌表面の温度は，大気温度より日変化が激しい．

等温線と生物の分布を考える場合，温度と代謝速度の関係は直線的ではなく，指数関数的であることに注意しなくてはいけない．Q_{10} は，温度が 10℃ 上昇したときに反応速度が何倍になったかを示す指数で，通常 2.5 の値をとる(10℃ の温度上昇で反応速度は 2.5 倍になる)．

生物の分布は平均温度ではなく，最高温度や最低温度によって決まる場

合が多い。例えば霜害は植物の分布を規定するもっとも大事な要因である。またベンケイチュウという背の高いサボテンは，氷点下の気温に36時間以上さらされると死亡し，その分布の北限は連続して36時間以上氷点下の気温になる地点を結んだものに対応している。またコーヒーの生産は，年間最低気温の月の気温が13℃以上の地域に限られる。

温度は，餌の供給量や競合者などの要因を介して間接的に生物の分布を決定する場合がある。また高温は，病原菌の増殖を活発化し，潜伏期間を短縮することで穀物の病気の発生に影響を及ぼすことが知られている。

温度とその他の物理的要因との間には，密接な相互作用があることも見すごせない。とくに，水圏における温度と溶存気体濃度との関係(例えば魚の呼吸に必要な溶存酸素濃度は水温によって決定され，高温ほど溶存酸素濃度は低くなる)，陸上群集における温度と湿度との関係(体の水分を保つため生物は適切な湿度を必要とする)は重要である。

温度はまた，生物が発生を始めるかどうかを決定するうえでの刺激としてもはたらく。例えば温帯，寒帯，高山帯の多くの草本は，低温期を経てはじめて発芽を開始する。温度は，ほかの刺激(例えば光周期)とともにはたらいて休眠状態(diapause)を破り，生物の生長を開始させる。

地表の7割を占める海の深部は0～3℃と低温であること，それに極域の氷床を含めると，地球は低温環境であるといえる。この低温環境に適応した生物が，もっとも成功した生物であるということができる。低温の害は，氷点に達しなくてもおこる。例えばバナナの実は低温になると黒くなり腐る。詳しくはわかっていないが，このような低温は膜の透過性を破壊し，カルシウムなどのイオンを細胞外に出してしまう。温度がさらに下がり，氷点下数度になると生物体内でも氷ができ始める。その場合でも凍るのは細胞外の水であり，細胞内の水が凍るのは大変まれである。細胞外に氷ができると，細胞から水が出ていき細胞質や液胞はより濃縮される。また細胞質が細胞壁から引きはがされる。

海洋においても生物は，水温の影響を直接的，間接的に受ける。直接的には水温が高いほど化学反応や発生，生長といった生物学的過程は速くなる。水温と塩分濃度により海水の密度が決定され，海水が鉛直的に混合するかどうかが決まるが，これによって生物活動も影響を受ける。水温はまた，海水中の溶存気体(酸素や二酸化炭素など)の濃度を決定し，生物過程に大きな影響を及ぼす。海洋の水温の変動幅は，陸上の温度の変動に比べ

るとかなり小さい。これは水の比熱が大きいためである。潮間帯のタイドプール(潮だまり)では，水温は40℃に達することもあるが，外洋では最大でも30℃を少し越える程度である。海水の氷点は-1.9℃であり，密度もこの温度で最大となる。比熱が大きいだけでなく，潜熱も大きいため，海水は地球の温度を一定に保つのに大きく貢献している。

(3) pH

陸圏の土壌や水圏の水のpHは，生物の分布や数に大きな影響を及ぼす。pHの生物に対する影響は，直接的なものと間接的なものとに分けられる。大部分の維管束植物の根の原形質は，pHが3以下あるいは9以上になると損傷を受ける(H^+やOH^-の直接的影響)。間接的な影響としては，pHにより利用できる栄養塩や毒物質の濃度が変化することがあげられる(図6-3)。pHが$4.0 \sim 4.5$以下では，Al^{3+}濃度が増加し，多くの植物にとって毒となる。マンガンや鉄もpHが低いと毒作用をもつ。したがって4.5以下のpHで生息し，繁殖できる植物は限られている。同様なことが池や湖や小川に生息する動物にも当てはまる。一方で高いpHにおいては，鉄やリン酸その他の微量元素は水に溶けにくい化合物になるので，植物はそれらの元素に対して欠乏状態になる。しかし一般にはpHが7以上の方が，より低いpHの土壌や水域より生息する生物の種類が多い。

海水のpHは，炭酸塩，重炭酸塩の濃度で決まり，8程度で大変安定し

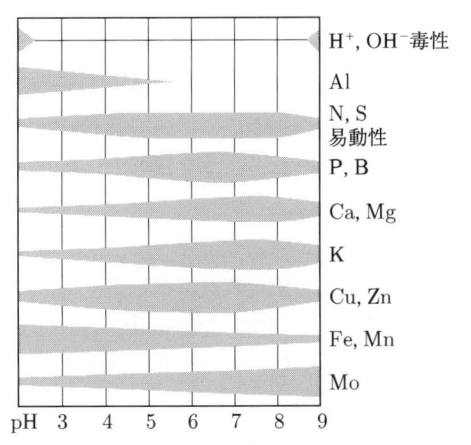

図6-3 土壌中のpH変化に対する，H^+，OH^-，Alの植物に対する毒性変化と種々の元素の得られやすさの変化 [M. Begon, J. L. Harper, C. R. Townsend(1996) *Ecology 3rd ed*., Blackwell Scienceより改変]

ている。

6-1-2　生物の存在単位

　生態学では，扱う対象によって，個体，個体群(population)，群集(community)，生態系(ecosystem)という用語が用いられる。個体は，生態学で扱うもっとも小さな存在単位であるが，それ自身で完結しているわけではない。個体であっても，非生物的環境との間で物質やエネルギーのやりとりを常時行っている。個体群は，ある特定の空間を占める同種個体の集まりである。この段階では個体間の関係も扱われる。群集は，一定の空間に生息するさまざまな生物種の個体群の集合である。異種間のさまざまな関係が扱われる。生態系は，群集とそれがよって立つ非生物的環境(気候，土壌，水質など)の総体ととらえられる。この段階で物質やエネルギーの流れを総体的に研究することが可能になる。ただし，生物と非生物的環境との関わりは，生態系においてはじめて生じるのではなく，個体の段階から存在している。

6-2　個体群の動態

6-2-1　個体群の数的変化

(1)　個体群

　一つの生物種の自然における分布範囲全体に生活している全個体数からなる集合を種個体群(species population)という。しかし，自然の中での種個体群の分布は，地形その他の要因によって，その分布範囲内でも断続があって斑状になるため，実際には形態的あるいは生理・生態的な特徴などによって，他とは区別されるような地理的(空間的)なまとまりをもつ集団を形成して生活している。

　これらの集団の間では部分的な個体の出入りはあるが，それぞれの集団は基本的に相互に独立して個体数が増減している。このような生物種の下のレベルの個体の集まりを個体群(population)という。個体群は生物種の具体的な生活のしかた(生活様式)であり，数量的な変動の単位をなすまとまりである。

(2)　個体群の成長モデルと密度効果

(a)　基本的な個体群成長モデル

　一つの個体群における個体数の変化には，出生(birth)，死亡(death)，

移入(immigration)，移出(emigration)の四つの要因が関係する。出生，死亡，移入，移出による個体数の変化率を B, D, I, E とすると，時間 t に対する個体数 N の増加率は，次のようになる。

$$\frac{dN}{dt} = B + I - D - E \qquad (1)$$

これに基づく個体数増加の基本的な二つの個体群成長モデルが，指数的個体群成長(exponential population growth)とロジスティック的個体群成長(logistic population growth)である。

(b) 指数的個体群成長

個体の出入りのない個体群の場合には，式(1)は $I=0, E=0$ である。単位時間あたり，個体あたりの平均出生率と平均死亡率をそれぞれ b, m とすると，B, D は個体数 N に比例するから，$B=bN, D=mN$ となる。したがって，時間 t における個体数 N の瞬間的な変化率は次のようになる(図6-4)。

$$\frac{dN}{dt} = B - D = bN - mN = (b-m)N = rN \qquad (2)$$

通常，出生率と死亡率の差$(b-m)$ を r で表し，これを内的自然増加率(intrinsic rate of natural increase)という。出生率が死亡率を上まわれば$(r>0)$，個体数は増加し，死亡率が出生率よりも大きければ$(r<0)$，個体数は減少する。

r は個体あたりの増加率であるから，式(2)は，r が一定の場合，個体群全体の増加率はそのときの個体数に比例することを意味している。このような個体数の増加のしかたは指数的個体群成長とよび，時間 t_0 におけ

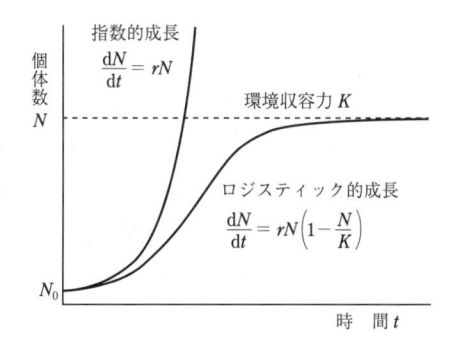

図 6-4 個体群の指数的成長曲線およびロジスティック的成長曲線

る個体数を N_0 として積分すると，

$$N_t = N_0 e^{rt}$$

と表される。

　食物量や生活空間の大きさなど，環境による制限がない場合，個体群はそのときどきの個体数に比例して，最大の増加率(最大内的自然増加率；maximum intrinsic rate of increase)で加速度的に限りなく増える。外的環境の制限のない，最適条件のもとでは限りなく増加するというのは，すべての生物に共通した性質であり，その指標が最大内的自然増加率である。これは個体数を増加させる潜在的な能力で，繁殖能力(biotic potential)ともよばれる。

(c) ロジスティック的個体群成長

　実際の個体群では，個体数はS字状の曲線を描いて増加する。すなわち，個体数が増加しはじめたごく初期の段階では，指数的個体群成長に近似してどんどん個体数が増えていく。しかし，個体数が増加し，個体群密度が高くなるのにつれて増加速度は徐々に低下し，ついには増加率が0になって($dN/dt=0$)，個体数はある最大値において増減を示さなくなる。

　これは指数的個体群成長の仮定である「環境的な制限のない状況」が通常は存在せず，個体数の増加とそれに伴う個体群密度の上昇につれて，生活に必要な資源(食物やすみ場など)が不足していくために増加が抑制されることによる。個体群密度の上昇の結果，出生率 b の低下か死亡率 m の上昇，またはその両方の変化によって増加率が低下する現象を密度依存効果(density-dependent effect)という。

　個体あたりの増加率が個体数に比例して低下する場合，式(2)は次のように変形される。

$$\frac{dN}{dt} = (r - hN)N \qquad (3)$$

　h は制限係数とよばれ，個体あたりの内的増加率の低下分であるので，hN は密度依存効果を表す。図6-4の個体数が収束する最大値は，環境収容力 K (carrying capacity)とよばれ，環境内にその生物種を収容できる許容量を個体数で表したものである。$N=K$ のとき増加率は0になるから，$r-hK=0$，すなわち $h=r/K$ である。これを式(3)に入れて整理すると，

$$\frac{dN}{dt} = rN\left(1 - \frac{N}{K}\right) \qquad (4)$$

となる。

　生活資源が有限の場合の，このような個体数増加のしかたをロジスティック的個体群成長とよぶ。$(1-N/K)$の項は密度依存効果の程度を表す因子であり，「増殖可能性の残りの割合」を意味する。指数的成長とロジスティック的成長の差$-rN(N/K)$が環境抵抗による抑制(environmental resistance)である。

6-2-2　個体群の変動
（1）　個体数変動のパターン

　生物の個体数の変動のしかたは，種や個体群によってきわめて多様であるが，大きく二つのタイプが認められる。一方は，密度依存的な要因によって調節され，環境収容力付近で安定している(平衡状態にある)，または振幅の小さい振動を繰り返しているものである。他方は，主に無機的な環境変動や他の生物の作用などの個体群密度の変化に関係しない要因(密度独立的要因)によって，個体数が環境収容力よりも低いレベルにあり，非平衡の状態において変動するものである。しかし，この二つのタイプは極端に位置するものであり，通常は個体数の変動には密度依存的要因と密度独立的要因の両方が関係する。

　個体数の変動パターンは，安定(平衡)か変動(非平衡)かという極端だけでなく，長期的な気候変動のような方向性のある環境の変化に対応して個体数を徐々に増やし，それによってさらに多くの子孫を産み出すことで大きな周期的変動を示す場合もある。

（2）　r選択とK選択

　マッカーサーとウィルソン(R. H. MacArthur and E. O. Wilson, 1967)は，環境条件の安定度に対応して個体群に作用する，密度依存的な自然選択には二つの方向性があることを指摘し，ロジスティック的成長式のパラメーターrとKにちなんで，r選択(r selection)とK選択(K selection)という考え方を提唱した。r選択とK選択の二つの方向性には，個体群が非平衡状態にあるか，または平衡状態にあるかということが関係する。

　環境が相対的に不安定で変動が大きい場合，そこに住む種の個体群は環境収容力よりかなり低い密度に抑えられて，環境に対して飽和していない状態(非平衡状態にある)で変動するために，個体群の内的自然増加率rを大きくするような遺伝子型が有利になる。このような高い生産性の方向

へ向かう自然選択をr選択とよぶ．これに対して，長い期間にわたって安定した環境条件のもとでは，個体群は環境収容力のレベルにおいて平衡状態に達する．ここでは，環境に対して生物が飽和状態にあり生活に必要な資源に余裕がないために，高い増加率を示す遺伝子型よりも，高密度に対する耐性や資源をめぐる競争力の強い遺伝子型が有利になる．このような自然選択をK選択とよぶ．K選択は環境中の資源利用の効率性を増大させる方向へ向かう選択である．

ピアンカ(E. R. Pianka, 1970)は，r選択とK選択の特徴を表6-1のように整理した．r選択がはたらく変動の大きい環境下では，繁殖開始齢が若く世代時間が短いことが有利であり，環境が好適になったときに急速に個体数を増加させるために，できるだけ多くの物質とエネルギーを再生産に配分し，子供(卵)を小さくして数を多くする方向(小卵多産型)に進む．同時に，体サイズが小さい，成長・成熟がはやいなどの形質が選択される．このような適応的な性質をr戦略という．逆に，K選択がはたらく安定

表 6-1 r選択およびK選択の特徴

項目	r選択	K選択
気候	変わりやすく予測できない：不確定的	かなり一定で予測可能：確定的
死亡率	多くは破滅的，無傾向，密度独立的	傾向あり，密度依存的
生存曲線	C型が多い	通常A型，B型
個体群サイズ	経時的に変わりやすい，非平衡，通常は環境収容力より低い，不飽和群集またはその一部，生態的空白，毎年再移入	かなり一定，平衡状態，環境収容力に近い，群集は飽和，再移入不要
種内・種間競争	変わりやすく，ゆるやか	通常激しい
選択する形質	1. 早い成長 2. 高いr 3. 早い繁殖 4. 体のサイズ小 5. 1回産卵 6. 小子多産	1. 遅い成長 2. 高い競争能力 3. 遅い繁殖 4. 体のサイズ大 5. 多回産卵 6. 大子少産
生存期間	短，通常1年以下	長，通常1年以上
結果	高い生産力	高い効率
遷移の段階	初期	後期，極相

[E. R. Pianka(1970)を改変]

的な環境下では，物質とエネルギーを体の維持と少数の大きくて適応度の高い子供(卵)の生産に配分する(大卵少産型)方向に進化する．競争力を増大するために，ゆっくりとした成熟，大きな体サイズ，長い世代時間などの形質が選択される．これを K 戦略という．

6-3 生物群集の動態

6-3-1 生物群集の成り立ち

(1) 生物群集

生物群集は，一般的には「ある地域(空間)において，同所的に生活している複数の種の個体群からなる集団」と定義される．

種の個体群はそれぞれの生態的特徴によって分布が決まるが，それらの分布が重なることに伴って，構成種の個体群の間には，競争，捕食-被食，寄生などのさまざまな相互関係が生じる．生物群集は個体群の寄せ集めではなく，そのような構成種間の相互作用によって組織化された(まとまりをもつ)集団であるということができる．しかし，群集における種間相互関係による結びつきは，生物の細胞，組織や器官と個体の間の関係のような必然的な関係ではなく，群集が超有機体的な統一性をもつことを意味するものではない．

生物群集は，主として食物連鎖の異なる栄養段階に属する種間における「食う(捕食)-食われる(被食)」の関係と，同じ栄養段階の中での資源をめぐる競争の関係からなる．捕食-被食関係は，食物連鎖を介して物質とエネルギーの移動を伴う縦の関係であり，競争関係は種間での物質やエネルギーのやりとりを伴わない横の関係である．

(2) 種間の相互作用

生物種間の相互作用には，二つの種間の直接的な相互作用と，第三の種を介して2種間にはたらく間接的な相互作用がある．

直接的な相互作用は表6-2のようにまとめられる．ある作用が他種の個体群の増加率や適応度を増加させる場合を＋，減少させる場合を－，そのどちらでもない場合を0で表してある．

捕食(predation)，寄生(parasitism)は，一方の種が他方に対して，生活に必要な資源を依存する相互作用である．捕食には通常の「食う-食われる」関係のほかに，ある種のハチでみられるような，孵化した幼虫が寄

表 6-2　種 A と種 B の個体群の間の相互作用

相互関係	種 A	種 B
競争：両種とも不利益を受ける	−	−
中立：両種とも影響なし	0	0
捕食：A(捕食者)は B(餌)を殺して食べる	＋	−
寄生：A(寄生者)は B(寄主)に寄生し，B は不利益を受ける	＋	−
相利共生：両種とも利益を得る	＋	＋
片利共生：A は利益を得るが，B は影響を受けない	＋	0
片害作用：A は不利益を受けるが，B は影響を受けない	−	0

［山本護太郎・竹内拓司編(1990)『現代生物学　第 4 版』，森北出版より引用］

主を食物として成長する捕食寄生(parasitoidism)や，植物食動物が植物を食物とする植食が含まれる．寄生は一方の種が他方を殺すことなく，相手の体から食物(栄養物)を摂取する関係であるが，2種の間の利害は捕食の場合と同じである．

競争(competition)は共通する資源をめぐる関係で，直接的な資源の奪い合いである資源利用型競争と，競争種の個体が資源を利用するのを妨げる行動による干渉型競争がある．資源利用型競争と干渉型競争の区別は厳密ではなく，同時におきていることが多い．

共生(symbiosis)は，異種間で相互に密接な関係をもちながら空間的に同居している場合をいう．両種が相互に依存し合って利益を受ける場合を相利共生(mutualism)といい，一方の種は利益を受けるが，他方は利益も害も受けない場合を片利共生(comensalism)という．

片害作用(amensalism)は，片利共生に対応するもので，一方の種は他方の種からどのような利益も害も受けないが，他方は害だけを受ける関係である．赤潮の原因プランクトンが分泌する有毒物質によって，周囲の海産生物が死亡する場合などがこれにあたる．

中立(neutralism)は，2種が同所的に生活していても，食物やすみ場に対する要求がまったく異なるために，直接的な関わり合いがない場合である．

植物にとって主な資源は，光，水分，無機栄養分および空気中の二酸化炭素であり，これらの資源をめぐる競争(とくに資源利用型競争)が植物における相互作用の主要なものである．また，植物が生産する物質が，周囲の他の植物の生育を抑制する場合がある．このような作用をアレロパシー

(他感作用；allelopathy)といい，干渉型競争のひとつと考えられている。

6-3-2 種間関係と群集の形成

（1） ニッチと種間競争

（a） ニッチ，生態的地位

それぞれの種は，環境の物理的，化学的な要因のそれぞれについて，ある範囲(例えば，温度の上限と下限など)でのみ生活が可能である。また，食物の種類やすみ場の性質などの資源に対する要求や出現の時間(時期)にも，その種に特有の幅がある。このような生活しうる環境条件の範囲，資源に対する要求やその利用のしかた，さらに他の生物との間の競争や捕食などの種間相互作用などによって，その種が生物群集の中で占める位置が決まる。これをニッチ(生態的地位；niche)という。

（b） 種 間 競 争

2種類の原生動物(ゾウリムシの仲間)，ゾウリムシ(*Paramecium caudatum*)とヒメゾウリムシ(*P. aurelia*)を用いた，種間競争についてのガウゼ(G.F.Gause，1934)の有名な実験がある。2種は近縁で，食物要求その他の生活のしかたもよく似ている。

この2種を食物となるバクテリアの密度を一定に維持しながら別々の容器で飼育すると，それぞれロジスティック的個体群成長を示す。しかし，この2種を一つの容器で混合飼育すると，内的自然増加率rの大きいヒメゾウリムシはどんどん増加するが，rの小さいゾウリムシはしだいに個体数が減少して消滅する(図6-5)。

このように，生活要求が非常に似ている2種では種間競争が厳しくなるために共存できないという考えを，ガウゼの原理(principle of Gause)ま

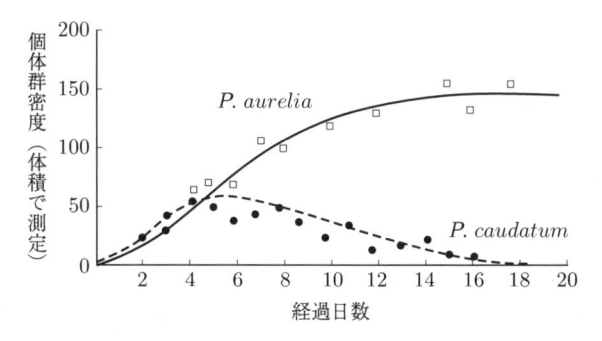

図 6-5　2種類のゾウリムシの種間競争　[Gause, 1934]

たは競争的排除則(competitive exclusion principle)という。通常,「同じ資源を利用する2種は共存できない」または「同じニッチを占める2種は共存できない」と表現される。しかし,競争的排除が生じるのは,ニッチが非常に近くて,しかも内的自然増加率に差がある(すなわち,競争力が異なる)2種において,一方が個体数を増加し,他方の増加を妨げる場合である。

ヒメゾウリムシに替えて,同じく近縁種であるミドリゾウリムシ($P.$ $bursalia$)をゾウリムシと混合飼育すると,ミドリゾウリムシは容器の下層に,ゾウリムシは上層に分かれて共存する。実際の自然の中では,生活要求や資源の利用の仕方を微妙に違える(資源を分割利用する)ことによって,競争が回避または軽減されて共存が可能になっている。生活要求をずらして共存する「すみ分け」や「食い分け」のような現象を総称して,ニッチの分化(niche differentiation)という。

(2) 群集における多様性：多種の共存機構

自然の中では多様な種が共存している。この多種共存の機構には,二つの考え方がある。

一つは,前節で述べたように種間競争の結果としてニッチの分化がおこり,それによって共存が達成されるとするものである。生物群集を形成する主要な要因は種間競争であり,構成種間の資源利用についての相互作用が重要であるとする。この考え方は,生物群集を構成する個体群は密度依存的に調節された平衡状態にあり,群集全体としても環境に対して飽和した状態にあるという見方を基盤としており,「競争-平衡」群集論とよばれる。

もう一つは,非平衡群集論とよばれる考え方である。非平衡群集論では,群集を構成する個体群は環境の変動や捕食などによって環境収容力よりもずっと低い個体群密度で変動しており,群集全体としても資源に余裕のある非平衡の状態にあるために競争的排除は生じず,多種が共存するとされる。

生物群集が資源に対して,飽和状態に達しない非平衡状態をつくりだす要因としては,環境変動による攪乱,捕食,資源の散在などがある。

(a) 環境変動による攪乱

環境変動による攪乱が多種の共存を促進するメカニズムとしては,① 競争関係にある種の個体群密度を全体として低下させ,必要な資源の相対

的な量に余裕ができるために競争関係が緩和される，②種間競争における優位種が除去されたり，または競争種間の優劣関係がときどき逆転するために競争的排除の進行が中断する，③すみ場の微細構造が多様化する，などがあげられる．

　森林においては，攪乱による倒木などによって林冠部の欠けた場所，ギャップ(gap)ができると，地表近くまで太陽光が差し込むようになり，陰樹の若木や地中の種子，さらに分散力の大きい種子がほかから侵入して急速に成長しギャップがうめられる．このように，攪乱による群集の部分的な破壊と再生が生じると，不均質なモザイク構造が形成されることによって，多様性が増大する．

　コンネル(J. H. Connell, 1978)は，攪乱の程度と群集の多様性の関係について，中規模攪乱仮説を提唱した(図6-6)．それによれば，攪乱があると群集の中に隙間が生じて，新しい種が入り込んで定着する可能性ができるが，攪乱が頻繁に起きる場合にはそのような空間を占有して生活できる生物種は限られるために，群集の多様性は低くなる．一方，攪乱の頻度が低く，長い期間にわたって安定する場合，その空間での限られた資源の利用をめぐって競争的排除がはたらくために，最終的には多様性が低下する．また，攪乱を受ける空間範囲が大きすぎたり小さすぎる場合にも多様性は高くならない．このため，群集の多様性は中程度の攪乱のあるところでもっとも高くなる．

(b) 捕　　食

　ペイン(R. T. Paine, 1966)は，岩礁域潮間帯の固着性生物群集を対象

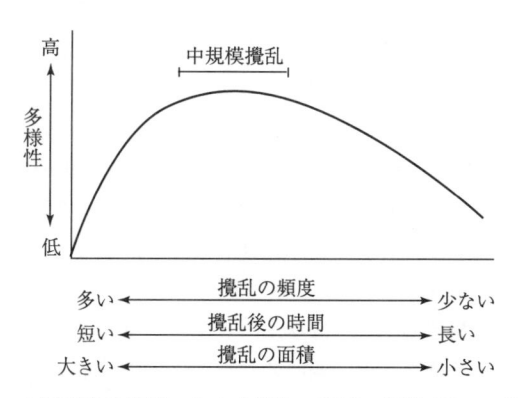

図 6-6　中規模攪乱仮説による多様性の増減の概要　[Connell, 1978]

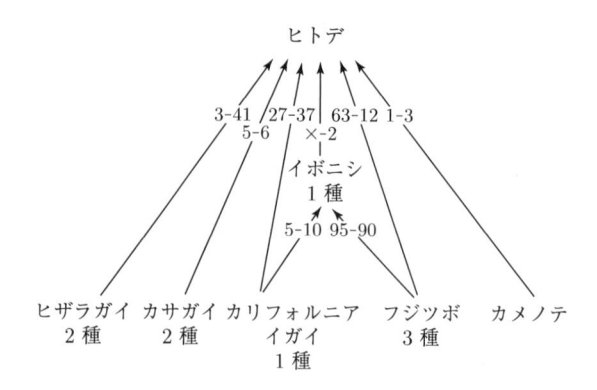

```
           ヒトデ
        ↗ ↑ ↑ ↑ ↖
    3-41 27-37 63-12 1-3
      5-6  ×-2
           │
         イボニシ
          1種
        ↗  ↖
      5-10 95-90
```

ヒザラガイ カサガイ カリフォルニア フジツボ カメノテ
 2種   2種   イガイ   3種
              1種

図 6-7 ヒトデが下位の生物をどのような割合で捕食するかを示した模式図 [Paine, 1966] 図中の数字は，捕食者が摂食した食物種の割合(%)を表す．ハイフンの左側は個対数でみた割合，右側はカロリーでみた割合である．

として，群集の多様性に対する捕食の役割を研究した．最上位の捕食者であるヒトデを実験的に除去しつづけると，3か月後にはフジツボが優占したが，1年後には小型で成長の早いイガイやカメノテにとって替わられた．この空間をめぐる競争はその後も続き，最終的にはイガイが優占し，イガイとその上に付着する生物からなる単純な群集となった．固着性生物が生息空間を失って消滅しただけでなく，ヒザラガイ類や大型のカサガイ類は空間と食物が不足したためにほかの場所へ移動した．開けた空間に生息していた藻類，イソギンチャク類，カイメン類なども消滅した．この実験結果は，肉食性の捕食者であるヒトデが，空間占拠競争における強力な優占種のイガイを食うことによって，イガイによる空間の占拠が抑制され，多種生物の共存が可能になっていたことを示している（図 6-7）．

ペインは，「強力な最上位捕食者の存在は，栄養段階の下位の群集構成種のうち，競争に強く資源を独占しがちな種の優占を抑制し，群集全体の多様性の維持に貢献する」という捕食者仮説を提示した．

(c) 資源の散在

自然の環境の構造は均一ではなく，資源がパッチ状に散在するのが普通である．競争関係にある種が資源のパッチに集中分布する場合は，ニッチの分化がなくても種間競争が緩和され共存が可能になる．

6-4 生態系の動態

6-4-1 生態系の構造

陸上生態系では，基礎生産者は光合成に必要な太陽光を受けるために重力に逆らって高く伸びる必要があり，セルロースやリグニンといった炭水化物からなる支持組織を発達させている。したがってよく目につく。一方海洋生態系では，光は浅層にしか届かないため基礎生産者は表層にとどまる必要がある。海洋の基礎生産者である植物プランクトンは，体を顕微鏡サイズに小さくすることによって単位体積あたりの表面積を増し，沈みにくくなっている。また栄養塩は海水に溶けているので，細胞表面から吸収することができる。

ここでは，陸上生態系，海洋生態系，農耕地生態系を取り上げ，それぞれの特徴を考える。

(1) 陸上生態系

陸上生態系では，生産者である植物の特性が生態系の性格をきわめて強く規定するので，植物群系(植生)の分類の単位(群系)がそのまま生態系の類別に利用されている。群系(formation)とは，優占する植物の生活形(life form)によって類別した植生であり，落葉広葉樹林，高茎イネ科草原，マングローブ高木林といったものである。地球上の植生の分布を決める第一次的な要因は，温度と乾湿度の地理的勾配である。植物が正常な栄養および生殖生長を行うためには，ある閾値以上の温度の一定量の持続(積算値)が必要である。吉良(1945)はその閾値を経験的に5℃と考え，1年間の月平均気温を5℃以上の分だけ合計したものを暖かさの指数(WI；warmth index)とした。$WI = \sum^{n}(t-5)$，nは$t>5℃$である月の数である。植生の分布を支配する乾湿度は，単なる雨量の大小ではなく，雨量と蒸発量のバランスで決定される。乾湿度は過湿潤帯から強乾燥帯までの5段階に分けられ，森林が成立するのは湿潤帯以上である。以上のような乾湿度指数・暖かさの指数をそれぞれ横・縦軸にとると(図6-8)，日本を含む世界のひろい地域の植生の分布を群系レベルでよく分類できる。

(2) 海洋生態系

海洋環境は，大きく漂泳環境(pelagic environment)と底生環境(demersal environment)とに分けられる(図6-9)。底生環境とは，波打ち際，潮間帯から深海までの海底のことであり，漂泳環境とはその上の水

図 6-8 北半球にみられる大生態系の分布と温度気候帯および乾湿度気候帯との対応関係［吉良竜夫(1976)『生態学講座2 陸上生態系──概論──』，共立出版より引用］

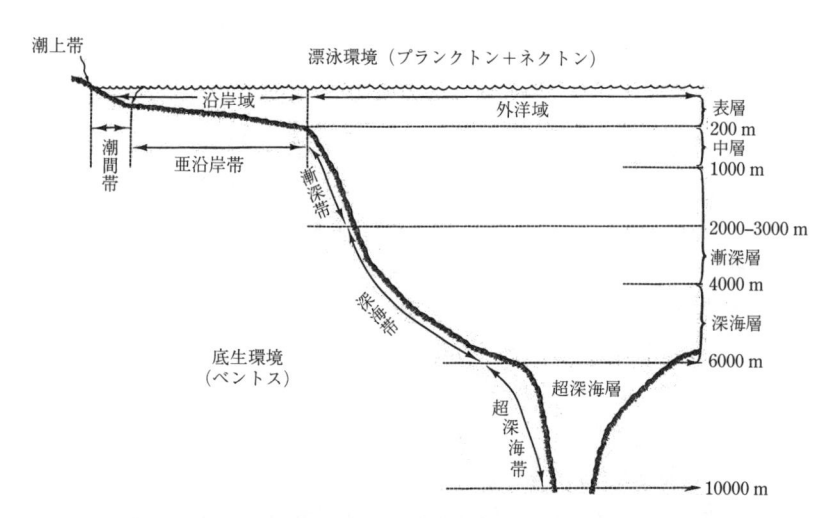

図 6-9 海洋の基本的生態区分［C. M. Lalli and T. R. Parsons(1997) *Biological Oceanography*：*An Introduction 2nd ed.*, Butterworth-Heinemann より改変］

柱のことである。海洋環境はまた，沿岸域と外洋域とに分けることができる。沿岸域は200m以浅の海域であり，大陸棚の縁辺までと考えてよい。外洋域はそれより沖合の海域である。

　海洋に生息する生物は，沿岸域に生息するか外洋域に生息するかで沿岸性種とよばれたり，外洋性種とよばれたりする。また生活様式(生活型，life type)によってプランクトン(浮遊生物)，ネクトン(遊泳生物)，ベントス(底生生物)に分けられる。このうちプランクトンとネクトンは漂泳環境に生息する生物で，プランクトンは流れに逆らって泳ぐことのできない生物と定義され，植物と動物を含む。ネクトンは遊泳力の大きな魚などの動物である。ベントスは底生環境に生息する植物と動物をさす。

　海洋生物の種の地理分布は，陸上生物ほどよく知られていない。これは外洋域で生物を採集する機会が限られていること，採集器具が統一されていないこと，海流によって本来の生息場所から遠く離れた海域に運ばれることがあること，生息場所が三次元的であり，分布が時空間的に変化することなどのためである。海洋の非生物的環境は水平よりも鉛直的に急激に変化する。例えば光は表層で強いし，栄養塩は深層で多く，生物も当然これら環境要因の影響を受ける。後述するように，海洋の一次生産は緯度によってではなく，栄養塩の得られやすさによって規定されている。

(3) 農耕地生態系

　農耕地生態系は，現在全陸地面積の約10％に相当する15億haを占めている。農業は，収穫の際に作物のかたちで元素を農耕地から取り除いてしまうので，これを補うために，たい肥や化学肥料を使用する。この肥料が作物に吸収されずに河川に流出してしまうと富栄養化の原因になり，問題をおこす。

　農耕地生態系を維持するためには，特定の作物の生長を促進するために施肥を行ったり，ほかの草本を除去するため除草剤散布などによって遷移(succession)を遅らせる不断の努力が必要である。また，殺虫剤を散布して食物連鎖を断ち切ったり，逆に食物連鎖を利用する場合(天敵の利用)もある。

　農耕地生態系の中でも水田は環境保全に大きく役だっている。というのは，水田は降水の流出を平均化させ，土壌侵食を防ぎ，気温の激変を和らげるからである。また水田には多量の灌漑水によって栄養塩類が供給され，湛水条件下では藍色細菌類(藍藻類)によって窒素固定が行われ，排水に伴

い有害物質が除去されるなど，水田はきわめて生産性の高い安定した食糧生産の場となっている。

6-4-2 生 物 生 産

一次生産のうち，呼吸に使われた分も含めた量を総生産(gross production)とよび，総生産から呼吸を差し引いた量を純生産(net production)とよぶ。陸上生態系の1年間の純生産量は，乾重量にして110～120 Gt（ギガトン；1 Gt=10^9t)，海洋生態系の純生産量は50～60 Gtと推定されている。海洋は面積では地球の2/3を占めるが，純生産では1/3～1/2である。しかし陸上生態系における生産量は，多くが地上部分についてのものであり，地下部分(根)の生産量が見積もられれば倍になる可能性もある。

陸上生態系では，一次生産者は重力に打ち勝って太陽光を得，また根を通して土壌から栄養塩を吸収し，体組織に運搬する必要があるため，炭水化物でできた支持組織を発達させている。一方海洋生態系では生物は水という媒体の中で生活しているため，重力に抗する努力は少なくてすむので頑丈な支持組織は必要としない。また栄養塩は体が接している海水の中に溶け込んでいる。植物プランクトンは体が小さく，表面積が相対的に大きいことで浮力を増しているし，栄養塩の取り込みが容易になっている。

また体組成にも違いがあり，植物プランクトンは小型でタンパク質に富んでいるので，一次生産の大部分は一次消費者に食べられる。これに対して，陸上生態系の一次生産者は主に消化しにくい形の炭水化物からなっているので，せいぜい5～15％が一次消費者に食べられるにすぎない。

（1） 陸上生態系における生産

森林生態系は，高層に達するため巨大な現存量をもつ(表6-3)。現存量は，とくに低緯度の熱帯雨林で多く，高緯度の森林ほど小さくなる。陸上生態系における一次生産は，一般に高緯度域より低緯度域の方が高い。このことは，森林，草原，湖沼についてあてはまる。これは陸上生態系の一次生産が，主に太陽放射と温度によって決定されていることを示唆している。ただし低緯度でも水が不足している地域の生産は低い。中でも熱帯雨林はもっとも生産が高く，年間純生産量は37.4 Gtに達する。次に高いのはサバンナ(13.5 Gt)と熱帯季節林(12.0 Gt)である。単位面積あたりの純生産量は熱帯雨林や湿原で高い。

（2） 海洋生態系における生産

陸上生態系と異なり，海洋生態系では純生産が緯度によっては支配され

表 6-3 地球の植物現存量および純生産量

生態系タイプ	面積 ($10^6 km^2$)	現存量 単位面積あたり (kg/m^2)	現存量 総量 ($10^9 t$)	純生産 単位面積あたり (g/m^2)	純生産 総量 ($10^9 t$)
熱帯多雨林	17.0	45	765	2200	37.4
熱帯季節林	7.5	35	260	1600	12.0
温帯常緑林	5.0	35	175	1300	6.5
温帯落葉林	7.0	30	210	1200	8.4
亜寒帯林	12.0	20	240	800	9.6
ウッドランド・低木林	8.5	6	50	700	6.0
サバンナ	15.0	4	60	900	13.5
温帯草原	9.0	1.6	14	600	5.4
ツンドラ・高山帯草原	8.0	0.6	5	140	1.1
低木砂漠	18.0	0.7	13	90	1.6
氷雪・岩石・砂砂漠	24.0	0.02	0.5	3	0.07
農耕地	14.0	1	14	650	9.1
湿原	2.0	15	30	2000	4.0
陸水	2.0	0.02	0.05	250	0.5
全陸域小計	149	12.3	1837	773	115
外洋	332.0	0.003	1.0	125	41.5
湧昇域	0.4	0.02	0.008	500	0.2
大陸棚	26.6	0.01	0.27	360	9.6
藻場・サンゴ礁	0.6	2	1.2	2500	1.6
河口域	1.4	1	1.4	1500	2.1
全海洋小計	361	0.01	3.9	152	55
総計	510	3.6	1841	333	170

[M. Begon, J. L. Harper, C. R. Townsend (1996) *Ecology 3rd ed.*, Blackwell Science より改変]

ない.これは,海洋表層では栄養塩が欠乏しがちだからで,河川水の流入する沿岸域や,湧昇がみられる海域など,栄養塩の供給が行われる海域で純生産が高い.単位面積あたりの純生産量は,藻場やサンゴ礁,河口域で高い.

　海産無脊椎動物や魚類は冷血動物であり,陸上に多い温血動物に比較してエネルギー消費が少ない.また海産動物は重力に抗するエネルギー消費が少なくてすむので,運動のために消費するエネルギーも少ない.そのため海産動物では食物から得たエネルギーの多くを成長と再生産にまわすことができる.したがって海洋の一次生産は地球全体の1/3〜1/2にすぎないが,高次生産は1/2以上に及ぶ.

6-4-3 食物連鎖と栄養段階

　生態系における食物連鎖(food chain)は，無機化合物から有機化合物を合成する生産者(一次生産者)，生産者を直接捕食する第一次消費者(第二次生産者)，それを捕食する第二次消費者，…およびこれらの死体や排出物を分解する分解者のような栄養段階(trophic level)のつながりである。

（1） 陸上生態系における食物連鎖

　植物にはじまって，生態系の中を流れるエネルギーの移動経路には，植物が生きたまま植食動物に食われるところから出発する生食食物連鎖(grazing food chain)と，枯れてから動物や微生物に消費される腐食連鎖(detritus food chain)とがある。森林では一般に動物による葉の摂食は数％にすぎない。しかし，湿潤気候下の森林や草原群落では，1年間の純生産量の90％以上が腐食連鎖に流れているものと考えられている。森林では，全動物現存量の80〜90％がミミズ，トビムシ，線虫などの土壌動物であり，それらは鳥や哺乳類に比べ，著しく体が小さく，世代の回転が速いことから，生産力には現存量の比率以上の差があるものと推定されている。海洋生態系では生食連鎖の流れが重要であるといわれているのに対し，陸上生態系では腐食連鎖が圧倒的に重要である。

　陸上の植物体のC：N比(炭素と窒素のモル比)は40〜100：1であるが，これに対してバクテリア，菌類，デトライタス食者，植食性動物，肉食性動物などの従属栄養生物では8〜10：1である。したがって従属栄養生物は植物のC：N比を変更して自分のC：N比に近づけるように工夫する必要がある。そのためには窒素を付け加えるか，炭素を選択的に除くか，しなければならない。シロアリでは窒素を付け加えるのに，腸中に寄生している窒素固定バクテリアの作用で空中窒素を固定して利用し，また自分の出す排泄物中に含まれる窒素を，共生するバクテリアや菌類によって同化(アミノ酸合成)して取り入れリサイクルする道をとっている(図6-10)。

（2） 海洋生態系における食物連鎖

　海洋生態系の漂泳環境には，2種類の食物連鎖が存在する。一つは珪藻など大型の植物プランクトンをカイアシ類などの一次消費者が食べ，これをプランクトン食性の二次消費者が食べ，さらに魚食性の三次消費者が食べる生食食物連鎖(grazing food chain)である(図6-11)。食物連鎖よりも複雑に入り組んだ食物網(food web)の方が現実に近い物質やエネルギーの流れを示しているが，複雑なために定量的な解析は困難である。北海は，

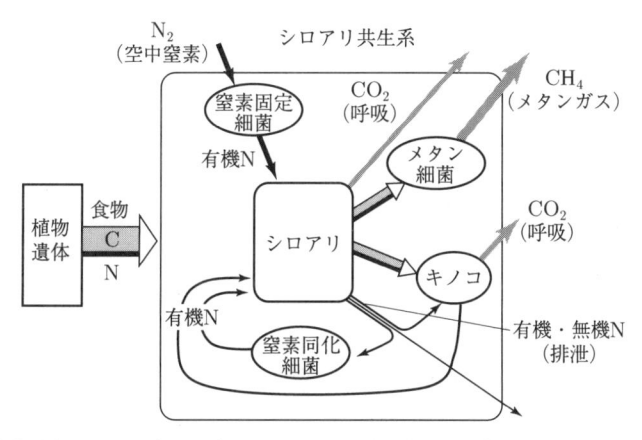

図 6-10 シロアリにみられる C：N 比問題解決法［安部琢哉・東正彦(1992) シロアリの発明した偉大なる「小さな共生系」，『シリーズ地球共生系 1 地球共生系とは何か』，東正彦・安部琢哉編，平凡社より引用］

漁場としての重要さから例外的によく研究されている海域であり，図 6-12 に示したような食物網が構築されている。図中の数字は炭素で表した年間生産量(gC/m^2)であり，一次生産 $90\ gC/m^2$ のうち約 0.8% にあたる $0.7\ gC/m^2$ が人間に利用可能である。

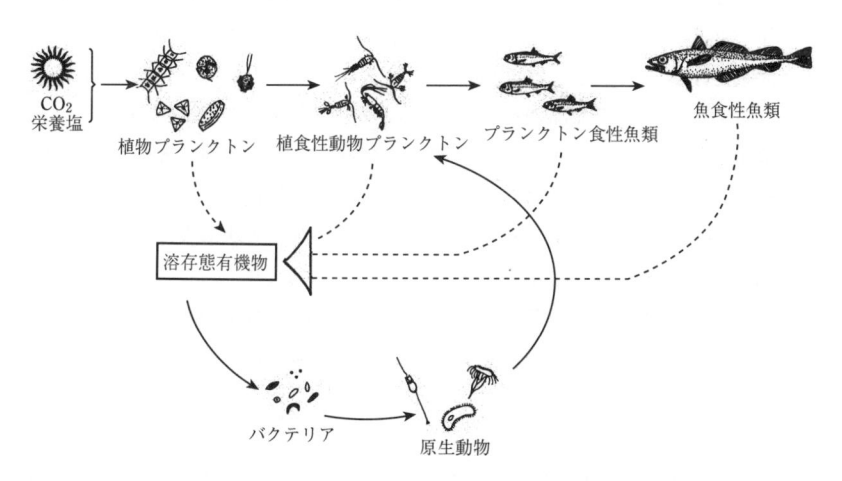

図 6-11 海洋における生食連鎖と微生物連鎖［C. M. Lalli and T. R. Parsons(1997) *Biological Oceanography : An Introduction 2nd ed.*, Butterworth-Heinemann より改変］

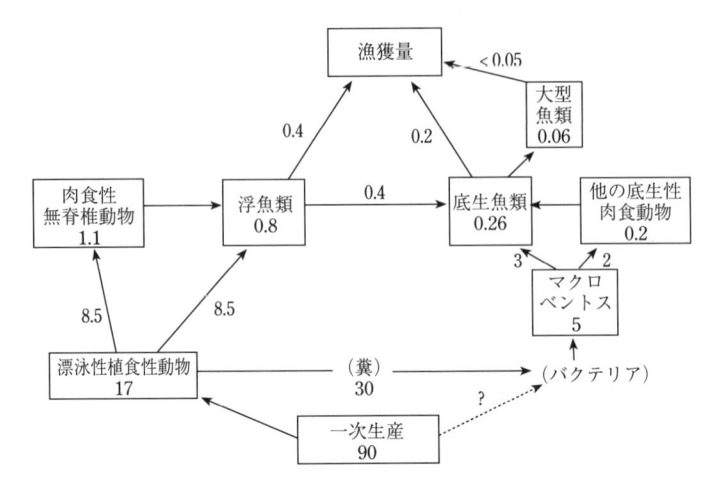

図 6-12 北海における食物網　図中の数字は年間生産量(gC/m²)［C. M. Lalli and T. R. Parsons(1997) *Biological Oceanography* : *An Introduction 2nd ed.*, Butterworth-Heinemann より改変］

　生食食物連鎖に対して，バクテリアが大きな役割を果たす微生物食物連鎖(microbial food chain)も側鎖として同時に存在する．バクテリアはプランクトンなどの死骸や溶存態有機物を利用して増殖するが，小さすぎるのでカイアシ類などの植食性動物プランクトンはこれを食べることができない．そこで図 6-11 のように原生動物を介してバクテリアが生産した有機物を生食食物連鎖に取り込むことになる．これが微生物食物連鎖とよばれるもので，従来海洋のバクテリアの多くは寒天培地では培養できず，現存量がよくわからなかったが，最近になってその重要性がわかり，微生物食物連鎖の存在が知られるようになった．微生物食物連鎖は，低緯度海域だけでなく，高緯度海域でも重要であることが明らかになってきた．

(3) トップダウンとボトムアップ

　ある食物連鎖が捕食者の捕食圧によって支配されているとき，その食物連鎖は，トップダウンコントロールであるという．一般に基礎生産者が短命で，生長速度が速く，捕食者の捕食に素早く応答するときにトップダウンの傾向が大きい．一方でエネルギーや栄養塩の流れから生物群集を考えるとき，ある栄養段階はその一つ下位の栄養段階に大きな影響を受ける．食物連鎖が資源の得られやすさによって支配されているとき，その食物連鎖はボトムアップコントロールであるという．

6-4-4 物質循環

　生命活動には元素や化合物が必要なので，生物はエネルギーを使って非生物的環境からこれらの物質を取り込む。生物体のほとんどの部分は水からできているが，それ以外の大部分は炭素化合物からできている。この炭素化合物にはエネルギーも蓄えられている。炭素は，光合成の際にCO_2として食物連鎖に入り込み，炭水化物，脂質，タンパク質となる。太陽エネルギーも光合成の際にこれらの物質に取り込まれ，食物連鎖に入り込む。生物が仕事のために，これら高エネルギー分子を消費するとき，エネルギーは熱として系外に出る。ここでエネルギーと炭素のカップリングは解消される。熱は大気に失われ，再利用されることはないが，太陽エネルギーは，毎日供給されるので心配はない。これに対して炭素は再びCO_2として大気に放出される。

　ここではこの炭素と，同様に生物体の構成元素として重要な窒素の循環を考える。

（1） 炭素の循環

　炭素は二酸化炭素だけではなく，一酸化炭素，メタン，炭酸イオン，重炭酸イオン，遊離炭酸，炭酸塩鉱物や生物を含む有機物質として存在している。炭素の自然における年間循環量は，大気と陸上植生との間では（光合成と呼吸），60 Gt，大気と海洋との間では（ガス交換，光合成および呼吸），90 Gt である（図 6-13）。海洋は，炭素の最大の貯蔵庫であり，大気中の二酸化炭素濃度は海洋との交換で主にコントロールされる。

　化石燃料の燃焼により，年間 5.5 Gt の炭素が，また森林破壊により年間 1.6 Gt の炭素が大気中に放出されている。そのうち破壊された森林の再生長の効果，二酸化炭素や窒素の増加で生じる施肥効果による陸上の吸収，海洋の吸収の残り 3.3 Gt が大気中で毎年増加することになる。この値は地球上の全炭素量に比べると大変少なくみえるが，このわずかな変化の蓄積が地球生態系に大きな変化を与えることになる。化石燃料の燃焼による二酸化炭素放出量は，1860 年から年率 4 ％で指数関数的に増加している。森林破壊による二酸化炭素放出の増加は 19 世紀，20 世紀はじめには主に温帯域で生じていたが，ここ数十年，熱帯域が主になっている。

（2） 窒素の循環

　大気の 80 ％は窒素分子（N_2）で構成されているが，窒素分子はきわめて安定で反応性が低い。生物反応で窒素を利用するには，窒素をほかの元素

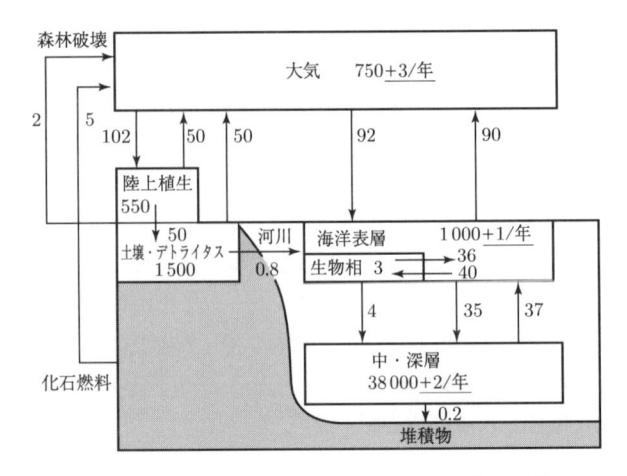

図 6-13 炭素の現存量と循環（単位はギガトン＝10^9t）　下線のついた数字は人間活動による年間増加量［J. T. Houghton, G. J. Jenkins, J. J. Ephraums ed. (1990) *Climate change : the IPCC scientific assessment*, Cambridge University Press より改変］

と結合させる（固定）させる必要がある。窒素分子の一部は，燃焼や稲妻のような高温で化学的にO_2と反応して固定される（図6-14）。大気中で生成する窒素酸化物は硝酸に変換され，雨で洗われ，その結果土壌に硝酸が供給される。しかし，このように大気中で固定される窒素の量では大量の植物の生産には不十分であり，ある種のバクテリア（マメ科植物と共生しているバクテリア）や藍色細菌類という藻類が，窒素分子をアンモニアに還元することで賄われている。植物は窒素源としてアンモニアを直接利用できるが，動物は植物を食べることによって窒素を獲得する。植物や動物が死ぬと，組織中の窒素はバクテリアに分解されてアンモニアになる。アンモニアは別のバクテリアによって酸化され，亜硝酸を介して硝酸に変換される（硝化，nitrification）。固定された窒素が大気圏に戻されないと，大気圏の窒素のプールは枯渇してしまう。実際には脱窒細菌が硝酸を還元して窒素分子に戻すことで窒素が大気圏に戻され（脱窒，denitrification），窒素サイクルが閉じている。

　古くから農業の肥料として用いられてきたのは動物の糞尿であるが，ここ数十年来しだいに工業的につくられた化学肥料に置き変わってきた。世界の窒素肥料の生産は過去30年間に急激に増加し，マメ科植物による窒

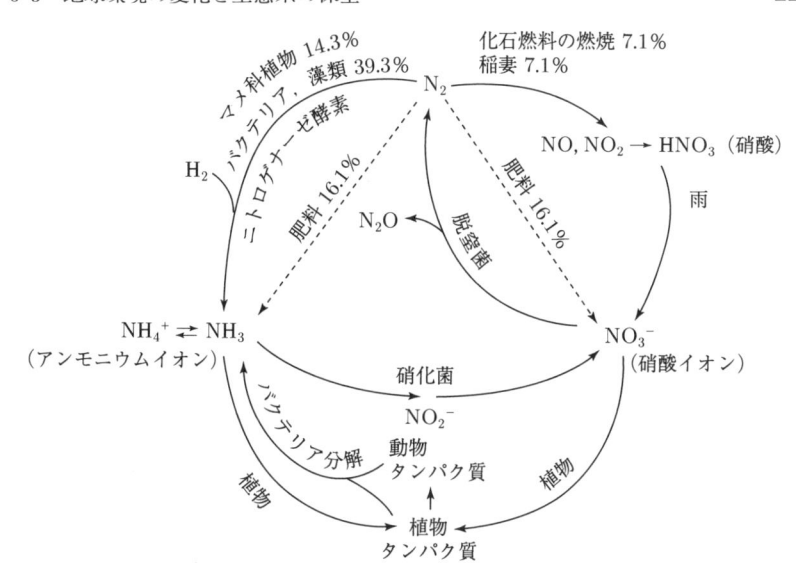

図 6-14 生物圏における窒素の循環 [T. G. Spiro, W. M. Stigliani, *Chemistry of the Environment*, 岩田元彦・竹下英一訳(2000)『地球環境の化学』，学会出版センターより引用]

素固定量の2倍以上になっている(固定窒素量で年間9000万t対4000万t)。今日では，これに化石燃料の燃焼による酸化窒素が2000万t/年加わる。窒素は食料生産性の向上に不可欠であるが，生態系を保全し，人間社会を持続的に発展させるためには窒素循環の合理的管理が必要である。

6-5 地球環境の変化と生態系の保全

　人間も含めた生物活動の場は，地球表面のごく薄い層に限られている。生物が生活する生物圏(biosphere)とそれを包む大気圏，水圏，陸圏は急激な人間活動の拡大によって汚染や破壊が進行しつつある。微量ガス濃度の上昇による温暖化，オゾン層の破壊，酸性降下物，海洋汚染，森林破壊，砂漠化といった地球規模の環境変化(破壊)は，生物圏を構成する各生態系に深刻な影響を与えつつある。人間の生活の場(都市や農村)を生存に適する状態に維持するだけでなく，生存に不可欠な食料を持続的に生産するためにも，持続可能性の高い農耕地生態系とともに生物多様性に富む自然生態系の保全が重要である。

6-5-1 地球環境の変化
（1） 大気環境の悪化

　大気中の微量ガスの濃度は，18世紀の産業革命以降の人間活動の拡大に伴って急激に増加しつづけており（図6-15），1998年の二酸化炭素，メタンおよび亜酸化窒素の大気中濃度は365 ppm, 1745 ppbおよび314 ppb

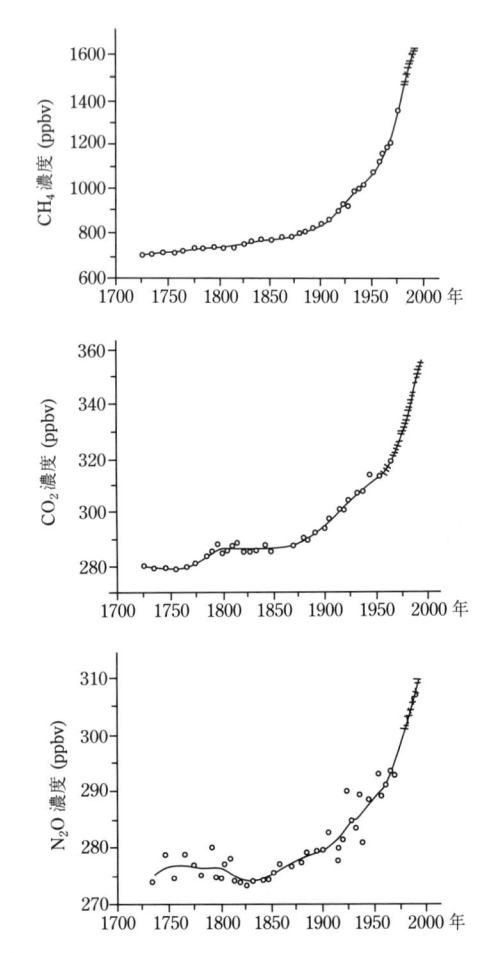

図6-15　大気中の二酸化炭素，メタンおよび亜酸化窒素濃度の変化（南極H15氷床コアの分析値（○）および直接観測（南極点（CO_2, N_2O）およびタスマニア島ケープグリム（CH_4））における観測地）（＋）から得られた年平均濃度）［安成哲三・岩坂泰信編（1999）『地球環境学3 大気環境の変化』，岩波書店より引用］

にまで達している．これらのガスは，太陽光線を吸収して熱せられた地表面から放射される赤外線を吸収して大気温度を上昇させる効果（温室効果）をもつ．IPCC 3（気候変動に関する政府間パネル第三次評価報告書，2001）によれば，大気中の濃度，1分子あたりの赤外線吸収量および大気中での寿命をもとに計算した温暖化への寄与は，二酸化炭素が60％ともっとも大きく，ついでメタン，ハロカーボン（フロン）類，亜酸化窒素となっている（図6-16）．経済発展の速度や温室効果ガスの排出抑制のシナリオによって異なるが，2100年の二酸化炭素濃度は540〜970 ppmに増加し，地球の年平均気温は1990年に比べて1.4〜5.8℃上昇すると予測されている（IPCC 3）．このような地球温暖化（global warming）は大気中の水循環，海水位，気象，生物相に甚大な影響を与える．

成層圏中のオゾン層（O_3濃度が高い層）は，太陽からの有害な紫外線を吸収し，地上の生物を保護している．フロンや亜酸化窒素などは対流圏では安定なために，その上層にある成層圏のオゾン層に達し，オゾンの触媒的な分解を進行させる（オゾン層の破壊）．氷粒子がオゾン分解能の高いCl_2やHOClの生成に触媒的にはたらくために，南極のオゾン層は極端に希薄になる（オゾンホール）．フロン類は塩素を含むことで化学的に安定（不燃性，非爆発性）で，冷媒や電子・機械部品の洗浄などに使用されているが，この塩素がオゾン分解の原因となるCl_2やHOClの給源になって

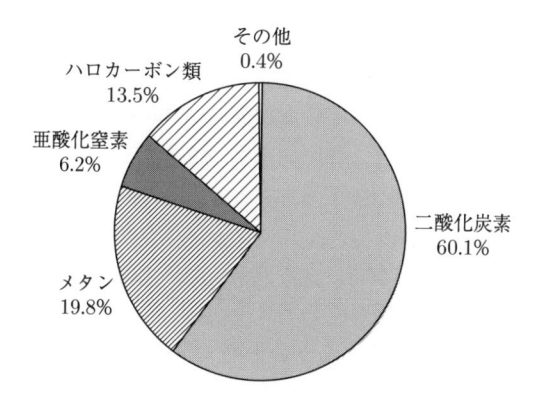

図6-16 大気中の微量ガスの温暖化に対する寄与率 （1750年から1998年の間の濃度変化から計算）［J. T. Houghtonら編（2001）*Climate Change 2001 : The Scientific Basis*, Cambridge University Press よりデータを引用して作図］

いる。オゾン層破壊によって増加する紫外線は大部分が UV-B(280～315 nm)である。成層圏オゾン量が 10％ 減少すると，地表の UV-B 量は 20％ 増加すると予想され，それによって白色人種の場合は皮膚がんが 30～50％ 増加するとされている。植物に対する UV-B の影響は紫外線吸収物質の産生による適応や可視光による緩和効果もあることから，一定の見解が得られていない。食料生産に対するオゾン層破壊の影響を明らかにするためには，フィールドでの研究成果の蓄積が望まれる。

酸性降下物は，化石燃料の燃焼に伴う二酸化硫黄や窒素酸化物およびこれらが大気中で酸化されて生成した硫酸や硝酸である。350 ppm の二酸化炭素と平衡にある水の pH は 5.6 である。酸性雨は，pH が 5.6 よりも低い雨や霧を指すが，広義では乾性降下物も含めた概念として使われている。雨中のアンモニウムイオンは酸性物質を中和し，pH を上昇させるが，土壌に添加された場合は微生物によって硝酸に変化するので，潜在的な酸性物質といえる。これらの酸性物質は局地的に発生するが，気流などにより長距離輸送され，その影響は国境を越えて広域に及ぶ。酸性降下物は植物に直接付着することや，土壌の塩基養分の溶脱の加速と酸性化によるアルミニウムイオンの溶出により，森林衰退，湖沼生物の死滅などの原因となる。

(2) 水環境の悪化

人間の生活範囲の拡大や鉱工業生産の増大に伴い，有機物や窒素，リンの栄養塩類による富栄養化，鉱工業廃水や廃棄物に由来する重金属，有害有機物あるいは農薬などによって水環境が悪化している。

工場排水，生活廃水，畜産排泄物，農地に過剰に施用された肥料や流出土壌に由来する窒素，リンが閉鎖水系に流入すると，藻類の大量発生を招き，赤潮やアオコ(水の華)が発生する。大量に発生した藻類の遺体が分解する際に溶存酸素が減少し，それによって魚介類の死滅や中間生成物による悪臭の発生が問題となる。また，赤潮中の渦鞭毛藻やアオコ中の藍藻には動物に対する毒性物質を含むものがある。例えば，アオコ中の *Microcystis* や *Anabaena* はミクロシスチンという肝臓毒を含むことが明らかになっている。

農地に肥料や畜産廃棄物が過剰に施用された場合，硝酸イオンは土壌にほとんど吸着・保持されないので，地下水汚染の原因となる(図 6-17)。また，農地や上流部のゴルフ場に散布された農薬や半導体工場などで使用

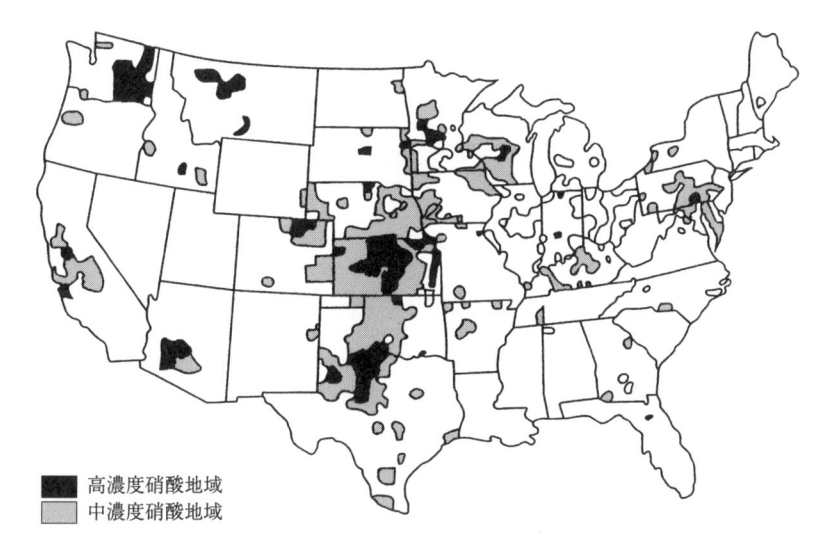

図 6-17 アメリカ合衆国における硝酸態窒素による地下水汚染地域の分布（高濃度硝酸地域：硝酸イオン濃度 10ppm 以上，中濃度硝酸地域：硝酸イオン濃度 3～10ppm，地下水の硝酸汚染はアメリカ中央部の農業地帯に集中している．）［環境庁保全局水質管理課・土壌農薬課監修，平田健正編著（1996）『土壌・地下水汚染と対策』，日本環境測定分析協会より引用］

されたトリクロロエチレンなどの揮発性有機塩素化合物による地下水汚染，DDT や PCB などの有機塩素化合物による海洋汚染，鉱工業廃水に含まれるカドミウム，水銀，鉛などの重金属による水質汚染，などの多様な水質汚染が進行している．

　脂溶性物質や重金属，あるいは生殖異常を引きおこすとされているダイオキシン類などの内分泌攪乱化学物質は，食物連鎖を通じた生物濃縮によって上位の動物に蓄積しやすいので，水系での濃度が低くても危険な場合がある．

（3） 土地の荒廃

　国連環境計画（UNEP，2002）によれば，これまでに地球の陸地の 15 ％に相当する約 20 億 ha の土地が人間活動によって荒廃してきたと推定されている．その原因は，家畜の過放牧（35 ％），森林伐採（30 ％），過剰耕作および不適切な灌漑（27 ％），植生の過利用-燃料用木材の過剰採取（7 ％）および産業開発や都市の拡大（1 ％）である．砂漠化（desertification）は，ブラジルのリオデジャネイロで開催された国連環境開発会議（1992 年）に

おいて,「乾燥・半乾燥ならびに乾性半湿潤地域における気候上の変動や人間活動を含むさまざまな要素に起因する土地の荒廃(land degradation)である」と定義された。1977年の国連砂漠化会議において,砂漠化危険地域は約6億haと推定されている(図6-18)。

半乾燥地は,水分不足によって疎林や草原しか成立しない。そのような土地に家畜の放牧を過度に行うと,植生が回復できず,土壌侵食がおこりやすくなり,砂漠化へと進行する。

土壌侵食を受けやすい傾斜地や起伏地にトウモロコシなどを連作すると,土壌侵食が加速し,土壌生産力は急激に低下する。また,易溶性塩類を下層に多量に含む乾燥地,半乾燥地で不適切な灌漑を行うと,毛管上昇によって下層の塩類が表層に集積し,塩類化/アルカリ化によって多くの中性植物は生育できなくなる。

焼き畑農業,家畜の放牧,燃料用および工業用木材獲得のために森林伐採が行われている。森林が伐採されると,植生からの有機物供給が絶たれ,土壌有機物の酸化分解が促進されることにより,土壌構造の退化,水分涵

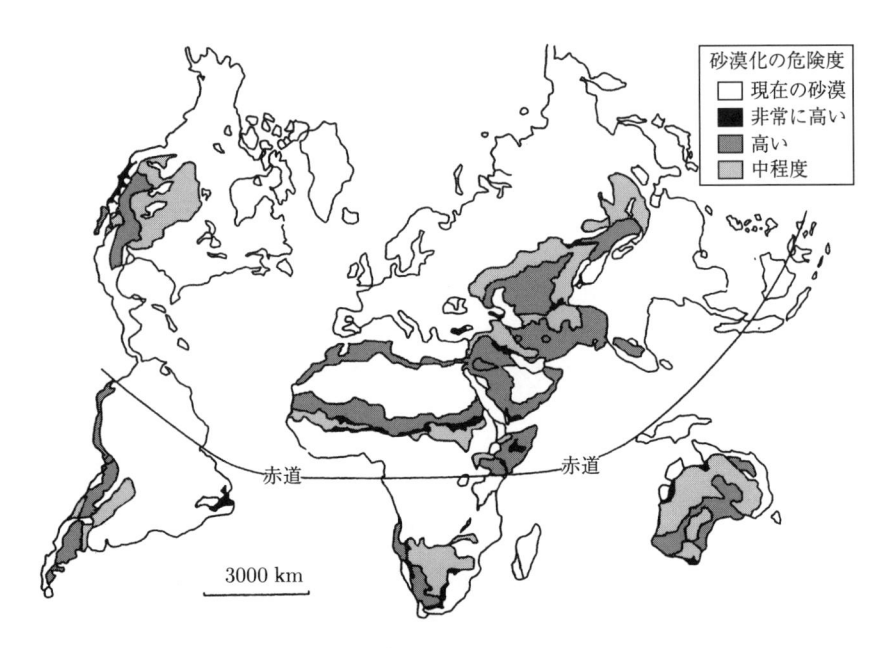

図 6-18 世界の砂漠化地図 [久馬一剛編(2001)『熱帯土壌学』,名古屋大学出版会より引用]

養力の低下とともに侵食を受けやすくなる。最終的に養分に富む表土が失われることにより砂漠化していく。とくに，熱帯林においては，もともと薄い表土が侵食によって失われると，植物の生育に必要な養分が枯渇し，植生回復は非常に困難になる。森林の破壊は固定された二酸化炭素のストックを大気に開放することにもなるので，地球温暖化抑止の観点からも森林の維持・回復は重要な意味をもつ。

土地の荒廃を防ぎ，持続的な土地利用を行うには，土壌の生産力と地形，気候条件を考慮した保全的な利用が不可欠である。

6-5-2 生態系の保全と食料生産の調和
(1) 環境変化と食料生産

農耕地は全陸地のわずか11％(14.5億ha)であり，漁業資源の豊かな大陸棚海域は海洋の約8％を占めるにすぎない。人間はこれらのわずかな面積で生産される食料に依存して生きている。良好な環境と食料の確保は人間が生存する上で不可欠であり，環境悪化は農業生産にも大きな影響を与えるので，環境および生態系の保全と食料生産を調和させることに議論の余地はない。

農耕地生態系は従来，作物残渣・家畜排泄物の土壌還元や多様な作物の輪作によって循環型の生産システムを維持してきた。それにより，農耕地生態系において，土壌保全，水質浄化，大気浄化，景観保持などの環境保全機能が高く維持されていた。現代の農耕地生態系においては，化石エネルギー，農薬，肥料の多量投入によって労働生産性や単位面積あたりの作物収量が飛躍的に向上してきた。しかしながら，系内の物質循環が断ち切られ，浄化能を超えた物質投入が行われているために，農耕地生態系が自然生態系に及ぼす負荷は無視できなくなってきている。

先進国では，農薬，化学肥料の不適切な使用や集約的な大規模畜産が，河川，湖沼，地下水の農薬や硝酸塩による汚染や富栄養化問題を引きおこしている。また，トウモロコシなどの連作耕起栽培地域では表土の侵食が激化し，土壌生産力の持続性を失いつつある。一方，経済基盤や土壌資源が脆弱な途上国の場合は，人口増加に伴う食料の需要増大に応えるために，不適切な焼畑農業，過耕作や過放牧によって森林破壊や土壌荒廃を引きおこしている。また，地域に関わらず牛などの反芻動物と水田生態系は温室効果ガスであるメタンの発生源であり，過剰施肥された畑地は温暖化とオゾン層破壊の原因となる亜酸化窒素の発生源でもある。

一方で，地球環境の変化は農業生産に大きな影響を与える．世界の食料生産に対する地球温暖化の影響予測は確定していないが，次のように考えられている．炭酸ガスの濃度上昇による作物の光合成活性の増大や蒸散抑制は収量増加の要因となるが，一方，気温上昇が原因となって生じる作物や家畜の高温障害，土壌水分不足，土壌有機物の減少，病害虫の発生増加，などは農業生産にはマイナス要因となる．気温上昇によって作物栽培適地は移動または消滅する可能性がある(図6-19)．すなわち，エジプト，東南アジア，中国などの大河川の河口三角州は世界でもっとも肥沃な土地であるが，これらは海水位上昇によって失われるか，海水遡上によって農業用水の確保が困難になる可能性がある．中緯度地域にはカザフスタン，中国，アメリカ合衆国，アルゼンチンなどの主要な畑作地帯が分布する．もともと夏期の水分が不足しやすいこれらの地域では，温暖化によって水分不足が激化し，大幅に減収する可能性がある．一方，従来寒冷であった高緯度地域では温暖化によって気候生産力は増大するが，もともと土地が瘦せているので，現在の中緯度地域と同レベルの作物生産性を期待するのは困難と予測されている．

酸性降下物が作物の生育に与える直接的な影響は少ないとされているが，少なくとも北アメリカやヨーロッパにおける森林衰退の原因となっている

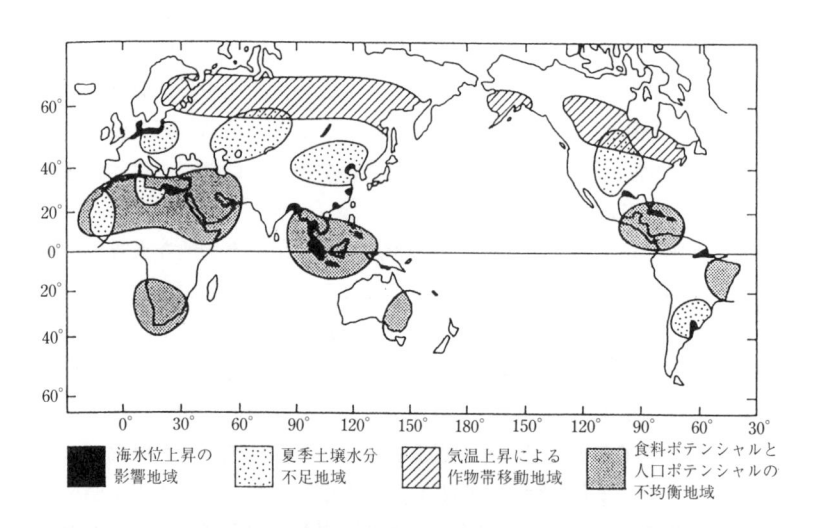

図 6-19 2倍のCO_2気候温暖化の食料生産への影響予想 [不破敬一郎編著 (1994)『地球環境ハンドブック』，朝倉書店より引用]

と考えられている。また，湖沼の強酸性化は水生生物に壊滅的な影響を与えていることが欧米で明らかになっている。

膨大な生物種を抱える熱帯林の破壊は，直接的に生物多様性を低下させることになる。森林面積の減少は温暖化を進行させるのみならず，陸圏における水資源の枯渇を助長させ，さらに不適切な土壌管理と相伴って土壌流出による水圏の富栄養化問題を深刻にしている。また，農耕地生態系，都市生態系からの有機物・栄養塩類・有害物質の流出は，水系の富栄養化や汚染を引きおこし，水資源の破壊とともに水産業に多大な負の影響を与える。

（2）生態系の保全と持続的食料生産

年間の増加人口は8000万人を下回るペースとなってきたが，2000年の世界の総人口は約61億人に達した。国連の中位予測でも2100年には100億人を超えるとされている。一人あたりの穀物生産量は1950年の247 kgから2000年の303 kgと増加したが，ここ4年間では減少している。一人あたりの穀物収穫面積は1950年の0.23 haから2000年の0.11 haと一貫して低下している（図6-20）。穀物生産量の増加は主に単位面積あたりの生産量の増加に依存している。人口増加にうちかって，単位収量を押し上げてきた要因は，高収量品種の育種，化学肥料の投入，灌漑およびこれらをバックアップしてきた各種の農業技術である。しかしながら，人口増加

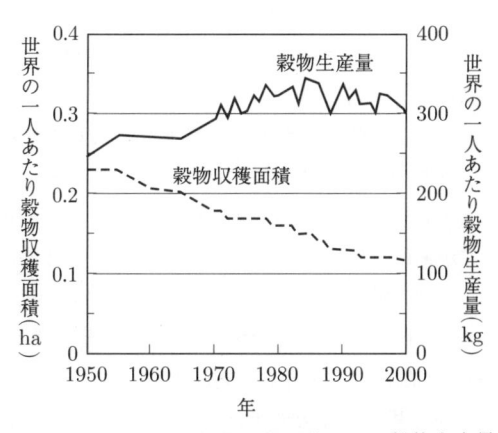

図 6-20　世界の一人あたりの穀物収穫面積および穀物生産量の推移 ［ワールドウォッチ研究所/山藤泰監訳(1996)『バイタル・サイン 1996-97』，ダイヤモンド社とクリストファー・フレイヴィン/福岡克也監訳(2001)『地球環境データブック 2001-02』，家の光協会，からデータを引用して作図］

に伴い,都市の拡大(耕地の消失)や土壌荒廃による土地資源の縮小と水資源の需要増加が激化すると予想され,また肥料投入はめだった穀物増収に結びつきにくくなってきている状況を考慮すると,単位収量の新たなるテイクオフを早急に期待するのは難しいとの予測もある。これまでみてきたように,食料生産を支える土地資源と水資源が劣化しつつある状況の中で新たに増加する人口を養うことが求められている。

増加しつづける人口圧と環境変化の中で,予想される食料不安を解決するにはどうすればよいのだろうか。農耕地生態系のポテンシャルを超えた食料生産は農耕地生態系の劣化と自然生態系の破壊を引きおこし,人間の生存を脅かす原因となる。このような矛盾を解決するには,農耕地生態系の物質循環機能を回復し,それを取り巻く自然生態系に負荷を与えずに,むしろ自然生態系からの恩恵(水資源の貯留,大気の浄化,多様な生物種など)を十分に生かすことであろう。その方法として,さまざまな考え方が提唱されている。EU(ヨーロッパ連合)の「環境保全型(あるいは粗放型)農業」やアメリカの「低投入持続的農業(LISA;Low Input Sustainable Agriculture)」がその例である。LISA の目標は,農業生産において生産性および収益性を維持し,資源および環境を保全し,農業者の健康と農産物の安全性を確保することである。わが国でも,1992 年の「新しい食料・農業・農村政策の方向」において「農業の有する物質循環機能などを生かし,環境との調和などに留意しつつ,土づくり等を通じて化学肥料,農薬等の使用による環境負荷の軽減に配慮した持続的な農業(環境保全型農業)」が提唱されている。

これらの農法を具体化するために,さまざまな技術が検討されている。土壌資源と水資源の保全には,アグロフォレストリー(agroforestry),不耕起栽培などの保全耕法(conservation tillage),環境浄化への水田の積極的活用などがあげられる。アグロフォレストリーは焼畑林業,混牧林などとよばれる農地と林地の持続的なローテーションである。アレイクロッピング(alley cropping)は,その例の一つで,傾斜地の等高線に沿って 4~6 m 間隔に植えたマメ科樹木の間にトウモロコシ,キャッサバ,コーヒーなどの作物を栽培する方式である。図 6-21 に,樹木によって土壌侵食を防止し,その窒素固定と下層の養分を循環利用することにより,土壌保全・地力維持を狙ったアレイクロッピングの一例を示した。保全耕法では,地表面の作物残渣と不耕起によって土壌侵食が効果的に抑制され,さ

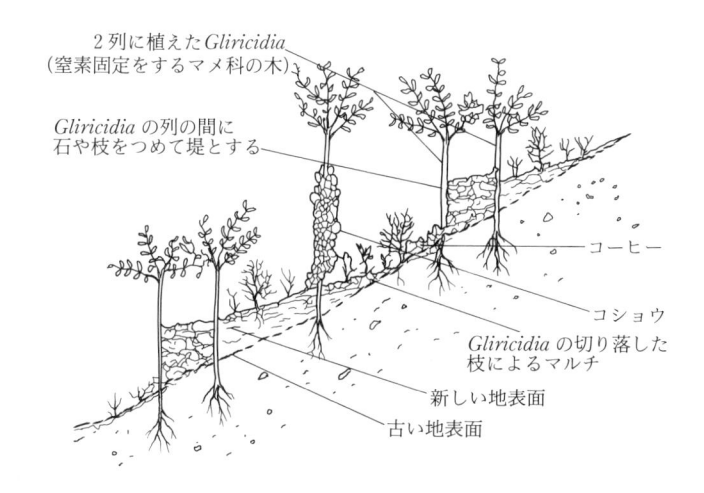

図 6-21 アレイクロッピングによる土壌保全　マメ科樹木の植生列に石礫などによる土壌侵食防止用の堤防をつくり，自然の過程でテラス化を図る
[久馬一剛編(2001)『熱帯土壌学』，名古屋大学出版会より引用]

らに耕耘省略による省力・省エネルギーによる環境負荷軽減効果も大きい。水田農業はそもそも連作障害や土壌侵食がおこりにくく，灌漑水を通じた上流からの栄養分を効率的に活用しうる安定・高生産の農業システムである(図 6-22)。さらに，水田は洪水防止・水源涵養・土壌侵食防止・水質浄化などの環境保全機能が高く，日本全体でのこれらの機能は年間約 2 兆円になると試算されている。わが国では，この水田の水質浄化能を活用した集水域単位の環境保全的土地利用システムが提案されている。

　農薬・肥料の使用量を合理的に削減することも重要であり，そのためには病害虫の発生予察・土壌診断に基づいた資材施用量の決定，生態系内で代謝されやすい農薬の開発，天敵生物を活用した病害虫防除法，除草剤に依存しない総合的雑草防除法の開発，肥料の利用効率を飛躍的に高める肥効調節型肥料と新しい施肥法の導入などがある。リン，カリウムの肥料資源を輸入に頼っているわが国においては，畜産廃棄物の循環利用は含有養分の資源化と自然生態系への負荷軽減を同時に達成しうるので非常に重要である。そのためには，堆肥化技術のみならず，その適切な利用技術の構築が望まれている。水産資源の持続的再生産のためには海洋資源の評価と適正管理に加えて，陸圏-水圏のつながりを解明することも重要である。

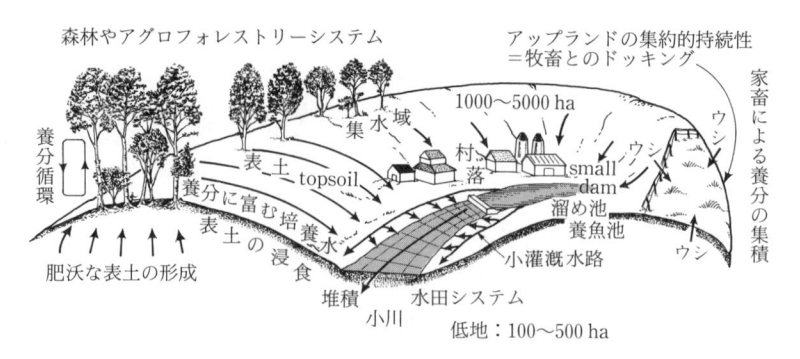

図 6-22 単位集水域における森林と水田システムの関係 森林において生成した肥沃な表土と養分が水とともに低地の水田に流入・堆積し,水田の生産性を支えている。これにより集水域全体の持続的生産性の向上と水の保全機能が強化される。これもアグロフォレストリーの一種とみることができる［久馬一剛編(1997)『最新土壌学』,朝倉書店より引用］

　今後も増え続ける人口を養うためには,環境に負荷を与えない持続的食料生産システムの構築が不可欠である。そのためには自然生態系の保全とともに農耕地生態系における物質循環の回復を基礎にした,多様な農林漁業技術の開発が必要とされている。

7 生物の遺伝的多様性

7-1 集団の遺伝的組成

　種は，生物集団のもっとも基本的な単位といえる。生物は単独で存在しているのではなく，多くの場合同じ種に属する複数の個体からなる集団を形成している。遺伝学における集団(population)は，通常メンデル集団(Mendelian population)をさし，「個体相互の間で交配の可能性をもち，世代とともに遺伝子を交換する有性繁殖集団」と定義される。種は地球上に一様に分布しているのではなく，分布域に偏りがみられ，分布域内でいくつかの集団を形成している。さらに，集団内における個体は一様に分布しているのではなく，個体の分布密度にも偏りがみられる。しかし，ある種がその分布域内においてどのように細分化されて分布しているかについては，わからないのが普通である。自然環境(川や山，砂漠など)によって集団が細分化され，局所的に交配している個体の集まりに対しては局所個体群(デーム；deme)という言葉が用いられている。それぞれのデームはいくつかの家族(family)から成り立っている。それぞれの集団は，それぞれの集団が分布する地域の環境に適応し生息していることから，それぞれの集団自体が遺伝的多様性を有していることになる。野生集団の遺伝的保全や人為操作の影響，育種学的管理を行う場合，集団の遺伝的組成や集団間での遺伝子の動態を把握する必要がある。このような集団レベルでの遺伝子の動態を研究の対象としているのが，集団遺伝学(population genetics)である。

　それぞれの集団の遺伝的組成を定量的に表す指標として，遺伝子型頻度(genotype frequency)と遺伝子頻度(gene frequency)がある。二倍体の

常染色体上に2対立遺伝子(A, B)を有する1遺伝子座を仮定した場合，N個体からなる集団におけるこの遺伝子座の遺伝子型 AA の遺伝子型頻度と対立遺伝子 A の遺伝子頻度は，次のように求められる．

$$\text{遺伝子型 } AA \text{ の頻度} = \frac{\text{遺伝子型 } AA \text{ の数}}{\text{個体数}}$$

$$\text{対立遺伝子 } A \text{ の頻度} = \frac{\text{対立遺伝子 } A \text{ の数}}{\text{全対立遺伝子の数(個体数の2倍)}}$$

それぞれの個体は遺伝子座に対立遺伝子を2個有しており，ホモ接合体は同じ対立遺伝子を2個，ヘテロ接合体は異なる対立遺伝子を有している．グッピーのアスパラギン酸アミノ転移酵素 (Aat-1) 遺伝子座で観察される2対立遺伝子の遺伝的多型(genetic polymorphism)における対立遺伝子頻度を求めてみると，次のようになる．

表現型(遺伝子型)	個体数
A (AA)	33
AB (AB)	52
B (BB)	15
合　計	100

遺伝子型 AA, AB, BB の頻度はそれぞれ

$$qAA = \frac{33}{100} = 0.33$$

$$qAB = \frac{52}{100} = 0.52$$

$$qBB = \frac{15}{100} = 0.15$$

対立遺伝子 A と B の頻度は

$$qA = \frac{33 \times 2 + 52}{100 \times 2} = \frac{118}{200} = 0.59$$

$$qB = \frac{15 \times 2 + 52}{100 \times 2} = \frac{82}{200} = 0.41$$

となる．なお，2対立遺伝子の場合 p がわかれば $p+q=1$ より $q=1-p$ として求めることができる．対立遺伝子間に優劣がない場合，遺伝子型頻度は表現型頻度(phenotype frequency)と等しくなる．

実際に集団の遺伝的組成を表そうとする場合，まず手がかりになるのは表現型頻度である．それぞれの表現型の遺伝様式が明らかにされてはじめ

て遺伝子型頻度や遺伝子頻度を求めることができる。しかし，集団の遺伝的特性をもっともよく反映しているのは，表現型や遺伝子型の元となっている遺伝子の集団中における頻度である。したがって，遺伝学的な観点からみた場合，遺伝子頻度を集団の遺伝的組成として用いるのが適当といえる。また，遺伝子型の数は，対立遺伝子数を k とした場合 $k(k+1)/2$ と対立遺伝子が増加するに従い飛躍的に増加する。遺伝子頻度は表記する数が少なくてすむという利点も有している。

7-1-1 ハーディー・ワインベルグの法則

ハーディー・ワインベルグ(Hardy-Weinberg)の法則は，メンデルの法則が1900年に再発見されるとまもなく，1908年にイギリスの数学者ハーディー(G. H. Hardy)とドイツの医学者ワインベルグ(W. Weinberg)によって明らかにされた。この法則では，有性生殖集団における遺伝子頻度と遺伝子型頻度との関係について，それぞれ独自に一定の法則が成り立つことが示され，現在ハーディー・ワインベルグの法則とよばれている。この法則は，いくつかの仮定(任意交配，遺伝的浮動・自然選択・突然変異・移住が生じない)のもとでは，対立遺伝子の遺伝子型と頻度にある平衡が生じることを示している。ハーディー・ワインベルグの法則は，以下の三つの部分から成り立っている。

（1）対立遺伝子頻度は世代を通じて変化しない。
（2）集団の遺伝子型頻度も世代を通じて変化しない。このときの遺伝子型頻度は対立遺伝子頻度によって決められる。
（3）平衡状態が乱されても一世代の任意交配により新たな平衡状態に達する。

遺伝子頻度と遺伝子型頻度との関係は，2対立遺伝子(A, B)の場合，Aの頻度をp，Bの頻度をqとすると，遺伝子型AA, AB, BBの頻度はそれぞれ$p^2, 2pq, q^2$で表される。以後，とくに断らない限りこのモデルを適用する。

ハーディー・ワインベルグの法則の証明　この法則が成り立つことは，簡単な計算で確認することができる。ある世代での2対立遺伝子(A, B)の頻度をp, qとすると，この次世代の遺伝子型AAの頻度はp^2，ABの頻度は$2pq$，BBの頻度はq^2となる。この世代における対立遺伝子Aの頻度は$p^2+1/2\cdot 2pq$となる。$p+q=1$であるから，$p^2+1/2\cdot 2pq=p^2+p(1-p)=p^2+p-p^2=p$となり前世代と変化していない。$B$の頻度も同様

表 7-1 グッピーの Aat-1 遺伝子座における遺伝子型の分布とハーディー・ワインベルグの法則との検定結果

遺伝子型	AA	AB	BB	合計
	p^2	$2pq$	q^2	
観察値	33	52	15	100
期待される割合	(0.348)	(0.484)	(0.168)	(1.000)
期待値	34.8	48.4	16.8	100.0
$\chi^2 = \sum \dfrac{(\text{期待値}-\text{観察値})^2}{\text{期待値}}$	0.093	0.216	0.193	0.554

に計算すると q となり, 親世代と変化していないことがわかる. この遺伝子頻度から決められる遺伝子型頻度はそれぞれ p^2, $2pq$, q^2 となり, 遺伝子型頻度も前世代と変化していない.

　ある集団がハーディー・ワインベルグの平衡状態にあるかどうかを検定するには, ある世代から抽出したサンプルから遺伝子頻度を求め, この遺伝子頻度から期待される期待値が観察値と一致しているかどうかを統計的に検定すればよい. 検定には χ^2 検定が用いられる. χ^2 の値は以下のように求められる.

$$\chi^2 = \sum \frac{(\text{期待値}-\text{観察値})^2}{\text{期待値}}$$

このときの自由度は, 対立遺伝子数を k とした場合 $k(k-1)/2$ で求められる. 前述のグッピーの Aat-1 遺伝子座における各遺伝子型の分布を当てはめてみよう. それぞれの遺伝子型の頻度を遺伝子頻度から求め, 期待値を算出する. 各遺伝子型における観察値と期待値から χ^2 の値を求め各遺伝子型の χ^2 の値を合計する. 観察値が期待値と異なっているかどうかは χ^2 の表で調べる. 表 7-1 に観察値, 期待される割合, 期待値, χ^2 検定を行った場合の χ^2 の値を記す.

　χ^2 の値は 0.560 となる. 2 対立遺伝子の場合の自由度は 1 で, この値は危険率 5% の χ^2 値 3.841 より小さいので, 期待値と観察値との間に有意な差があるとはいえない, となる. すなわち, ハーディー・ワインベルグの法則に合っていることになる.

7-1-2 ハーディー・ワインベルグの法則を乱す要因

　ハーディー・ワインベルグの法則が完全に成り立っていれば集団の遺伝的組成はまったく変化せず, 一定の遺伝的組成を有する集団が存在しつづ

7-1 集団の遺伝的組成

けることになる。ごく短い期間ではこのような現象はおこり得るが，長い時間を考えた場合，集団の遺伝的組成はなんらかの要因により変化する。生物の進化や遺伝的多様性を考えた場合，ハーディー・ワインベルグの法則が成り立つ方がむしろ例外といえるかもしれない。集団の遺伝的組成の変化は，ハーディー・ワインベルグの法則が成立する際の仮定が崩れたときに生じる。それぞれの成立条件が崩れた際に，どのような遺伝的組成の変化が生じるかを成立条件ごとに述べる。

遺伝的浮動　それぞれの世代は，その前の世代の配偶子が抽出されてつくられる。したがって，抽出される配偶子の数が少なければ少ないほど前の世代の遺伝的組成を正確に反映しているとはいえなくなり，前の世代とは異なった遺伝的組成を示すようになる。このような現象を遺伝的浮動 (randam genetic drift) とよぶ。個体数が有限である集団において交配が行われた場合，集団中からヘテロ接合体は毎代 $1/2N$ の割合で減少し最終的にはホモ接合体のみになってしまう。ここで N は個体数である。図7-1 にショウジョウバエの 108 の家系について，毎世代 100 個体を抽出し，

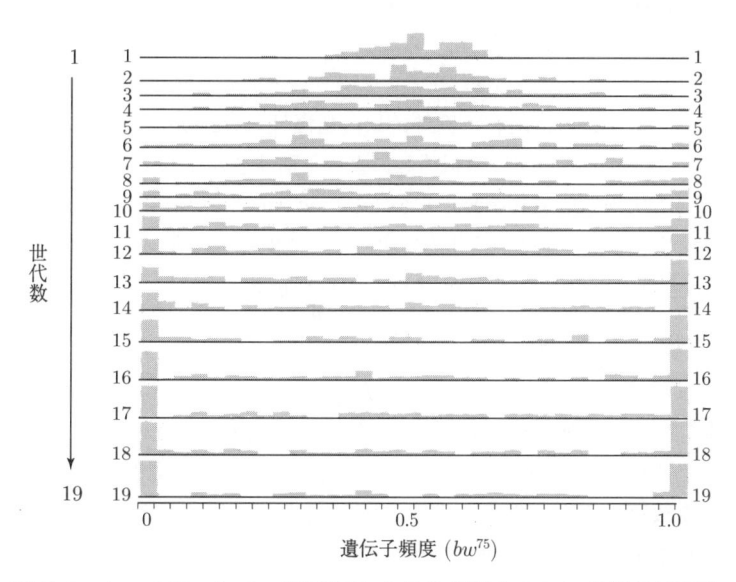

図 7-1　ショウジョウバエ 108 家系における各家系での bw^{75} 遺伝子頻度の変化　世代を経るに従い，遺伝子頻度 0.5 を示す中央の家系数が減少し，遺伝子頻度 0 または 1.0 を示す家系が増加している。全体としての遺伝子頻度は変化していない。

次世代を作成したときの各家系の遺伝子頻度を算出した世代ごとのヒストグラムを示す。世代を経るに従い遺伝子頻度が0.5付近の家系が減少し，0と1.0の家系が増加してくるのがわかる。

見かけ上の集団を構成する個体数は，メンデル集団を考えた場合の理想集団の個体数と比べて多いのが普通である。見かけ上の集団を理想集団へ置き換えて個体数を換算した値を「集団の有効な大きさ(effective population size：Ne)」とよび，自然集団の保全や育種的な管理を行う場合，重要な指標となる。

任意交配からのずれ　　交配する個体どうしが，集団からランダムに選び得る個体よりも遺伝的に近縁である場合に生ずる。近親交配(inbreeding)がこれにあたり，特に集団の大きさが小さいときに生じやすい。近親交配が行われると遺伝子型頻度は変化するが遺伝子頻度は変化せず，毎代ヘテロ接合体の割合が$2pqF$低下し，ホモ接合体の割合がpqF増加する。近親交配の程度は近交係数(inbreeding coefficient：F)で表され，個体の相同遺伝子が共通の祖先遺伝子に由来する確率と定義されている。

自然選択　　ある遺伝子型の個体がほかの遺伝子型の個体よりも生存に有利だったり，逆に不利だった場合をさす。選択が生じた場合，選択される遺伝子が集団中からすべてなくなるか，その遺伝子によって占められてしまうまで選択は続く。例外的に，超優性(overdominance)のときにそれぞれのホモに対する選択係数による平衡状態が生じる。遺伝子型AA，AB，BBの適応度(fitness)をそれぞれw_1，w_2，w_3，$w=p^2w_1+2pqw_2+q^2w_3$としたとき，qBの変化率は次のように求められる。

$$\Delta q=\frac{pq(p(w_2-w_1)+q(w_3-w_2))}{w}$$

突然変異　　突然変異により新たな対立遺伝子が創出される。突然変異が一方向のみに生じる場合($A \to B$)，対立遺伝子Aは集団中から消失する。しかし，両方向で生じている場合($A \rightleftarrows B$)，それぞれの方向への突然変異率からなる平衡頻度が生じる。$A \to B$の突然変異率をu，$B \to A$の突然変異率をvとしたとき，qAの平衡頻度は$v/(u+v)$，qBの平衡頻度は$u/(u+v)$となる。突然変異による遺伝子頻度の変化や，平衡頻度の集団に及ぼす影響は大きくない。しかし，突然変異は新たな遺伝子を生み出すという意味で重要である。

移住　　移住により遺伝子型頻度や遺伝子頻度は変化するが，その影響

の大きさは，移住される集団と移住する集団間の遺伝子頻度の差や移住の規模による。移住する集団と移住される集団との間に遺伝子頻度の差異がある場合，混合した集団は見かけ上ホモ接合体の数が期待される値よりも多くなるホモ過剰が観察され，ワーランド効果(Wahlund's effect)とよばれている。しかし，移住が行われた集団中でランダムな交配が生じた場合，以後の世代ではハーディー・ワインベルグの法則が成り立つことになる。

7-1-3　集団中における有害遺伝子の動態

集団中に存在する遺伝的変異の中には，直接に検出できない形で潜在しているものがある。ホモ接合体が死亡する劣性致死遺伝子(recessive lethal gene)がその例である。有害遺伝子は優性の場合，一代で集団中から消失するが，劣性の場合ヘテロの状態で集団中に残り消失するまでには非常に長い時間を有する。ここでは，有害遺伝子が集団の遺伝的組成に与える影響について述べる。

劣性有害遺伝子の集団中での存在状態　有害遺伝子が劣性致死である場合，集団中での有害遺伝子はヘテロ接合体として存在することとなる。ある遺伝子座における劣性有害遺伝子を a，その頻度を p とすると，a がホモ接合体となる確率は p^2，ヘテロ接合体となる確率は $2p(1-p)$ となる。ヘテロ接合体とホモ接合体中の p の比率は $p(1-p)/p^2$ となり，これは p が非常に小さな値である場合，$1/p$ と近似することができる。劣性有害遺伝子が低頻度であればあるほど，ほとんどがヘテロ接合体で存在していることになる。逆に，劣性致死遺伝子がホモ接合体として観察された場合，その数十倍，場合によっては数百倍のヘテロ接合体が存在していることになる。ヒトのフェニルアラニン水酸化酵素の遺伝的欠損により生じるフェニルケトン尿症は，厚生省の統計によると日本国内で76300人に1人の割合で生じている。これが単一の劣性遺伝子のホモ化によると仮定すれば，その頻度は $1/76300=0.00362$ となりごく低頻度であるが，ヘテロ接合体の割合はホモ接合体の $1/0.00362≒276.2$ 倍となり，約270人に1人はヘテロ接合体でこの遺伝子を有していることになる。

劣性致死遺伝子の場合，その頻度(q)が半減するまでの世代数は，$1/q$ で表される。したがって，0.5が0.25へ半減するのに2世代，0.05が0.025へ半減するまで20世代，0.005が0.0025へ半減するまで200世代を有することとなる。集団中の頻度が低下するほど半減するまでに要する世代数は長くなる。現実には遺伝的浮動の影響で，一定頻度以下になると，

集団中から消失する可能性は高くなるが，ヘテロ接合体でながく集団中に存在し続けることとなる．致死にいたらない半致死や弱有害遺伝子は，さらに長い期間集団中にとどまることとなる．

遺伝的荷重　生物集団中には大量の遺伝的変異が存在しており，それらの中にはホモ接合体で適応度を低下させる有害な遺伝子も少なくない．集団を構成する個体が最適適応度の個体のみで構成されているときに比べ，このような有害遺伝子の影響で集団の平均適応度が低下した場合，低下の割合を遺伝的荷重(genetic load)とよび，最適遺伝子型の適応度を W，集団の平均適応度を w としたとき，遺伝的荷重(L)は次のように表される．

$$L=\frac{W-w}{W}$$

実際の生物集団で遺伝的荷重の推定は，さまざまな要因が関与するために困難である．このために比較的環境要因の影響が少なく測定しやすい要素として，若年期死亡率を指標とし，致死相当量(lethal equivalent)として求める方法が考案された．これは個体，あるいは配偶子あたり致死遺伝子に換算するといくつ保有しているかを推定するものである．モートン(N. E. Morton)ら(1956)は，死亡率と近交係数(F)の関係から，次のような式を導き出した．

$$死亡率 = A + BF$$

さまざまな近交係数における死亡率から回帰直線を求めたとき，$A+B$ が配偶子あたりの致死相当量の上限を，B がその下限を与える．新城(1992)は，日本における家畜集団について誕生時の死亡に関与する有害遺伝子の致死相当量の推定を試みている．それによると，個体あたりの致死相当量はホルスタイン乳牛種が0～4，ブタのポーラント・チャイナ種が2，ニワトリの白色レグホン種が1.7，横斑プリマスロックが5.7，日本ウズラが7.5となった．一般に家畜化されてからの歴史が短い種で高い値となっている．これは，家畜化の過程で有害遺伝子が除去されているためと考えられる．一方，自然集団には多くの有害遺伝子が存在しており，これらの保有機構についてさまざまな仮説が提唱されているがまだ決定的なものはない．

現在，マイクロサテライトDNAなどの高感度遺伝マーカーを用いた連鎖地図の作成が各種生物で行われている．ここから，種々の形質(有害遺

伝子を含む)を支配する遺伝子の存在や染色体上での位置，発現のメカニズムの解明が期待される。

7-2 量的形質の遺伝

7-2-1 量的形質

(1) 量的形質とは

　動植物の重量や体積などは，連続分布を示し，毛色の「白い」や「黒い」，角が「ある」や「ない」のように2グループに明確に分けることができない。このような特徴をもつ形質を量的形質(quantitative trait)という。ヒトが利用している動植物の形質の多くは量的形質であり，多数の遺伝子座上の一つひとつの効果が小さい遺伝子(ポリジーン；polygene)と環境効果により支配され，連続的な変異を示す。一方，動物の毛色や角の有無のように不連続なクラスに分類できる質的形質は，少数の効果が大きい遺伝子(主働遺伝子；major gene)により支配される。環境の効果が表現型に影響を与えない質的形質では表現型から遺伝子型を識別できるが，環境の影響を受ける量的形質では識別できない。そのため，量的形質の遺伝を考える場合，集団の特性を分析するための統計的手法により遺伝子型のもつ効果である遺伝子型値を推定する。

(2) 量的形質の遺伝

　表現型値　それぞれの個体について観察あるいは測定された量的形質の値を表現型値(phenotypic value；P)とよぶ。表現型値は遺伝子型による効果(遺伝子型値，genotypic value；G)と，その生物に無作為にはたらく環境効果(environmental effect；E)の和，すなわち $P=G+E$ として表される。環境効果は個体ごとに大きさも正負の符号も異なるので互いに打ち消しあって，その集団全体の平均値はゼロとなり，表現型値の平均は遺伝子型値の平均となる。

　遺伝子型値　親から子に伝わるのは，遺伝子型ではなく遺伝子なので遺伝子の効果が重要となる。その作用には遺伝子自身の加算的(相加的)な作用と，対立遺伝子相互間でみられる非相加的効果である優性効果による作用，さらに異なる座位上にある遺伝子間あるいは遺伝子型間にみられる非相加的な相互作用がある。そして，親に由来する遺伝子の組合せにより，子の代では新しい遺伝子型ができる。その効果(遺伝子型値)は，相加的遺

伝子型値(additive genotype；A)，優性効果(dominance effect；D)，エピスタシス効果(epistatic effect；I)に分割される。ある形質に影響を与える遺伝子群に関する相加的遺伝子型値の和をその形質に関する育種価(breeding value)ともいう。

環境効果　環境効果とは，個体の形質の発現や形質の測定値に含まれるすべての非遺伝的因子の効果を意味する。大別すると，生物の生まれた年次や季節などの固定した環境効果，個体に特有の微少な環境効果や測定誤差などの一時的環境効果(temporary environmental effect)，哺乳動物の母親が一腹の子に対して与える母胎環境や新生子への哺育などの効果である母性効果(maternal effect)などの永続的環境効果(permanent environmental effect)がある。母性効果は一腹の子に対して共通した影響なので，共通環境効果(common environment)ともよばれる。

7-2-2　遺伝率と遺伝相関

(1)　遺伝率とその推定法

量的形質では，表現型値の連続変異は遺伝的変異と環境変異の両方の和となる。そして，表現型値の変異のうち後代に遺伝するのは遺伝的変異であり，環境変異ではない。ここで，遺伝的変異の大きさを表す統計量としての遺伝子型分散 $Var(G)$ の表現型分散 $Var(P)$ に対する割合が，広義の遺伝率(ヘリタビリテイ；heritability)と定義される。

$$h^2 = \frac{Var(G)}{Var(P)}$$

遺伝子型変異は，相加的遺伝子効果と非相加的遺伝子効果の和であるが，相加的遺伝子効果に基づく遺伝子の加算的効果は遺伝し，非相加的遺伝子効果は遺伝しない。そこで，下式に示した相加的遺伝分散 $Var(A)$ の表現型分散 $Var(P)$ に対する割合が狭義の遺伝率として定義され，ある形質の表現型値でみられた変異のうち，親から子にどれだけ遺伝するかを示す指標となる。遺伝率は0から1の間の値となる。

$$h^2 = \frac{Var(A)}{Var(P)}$$

例として，いくつかの動物について推定された遺伝率を表7-2に示した。一般に繁殖性や活力，抗病性に関する形質の遺伝率は低く，発育や泌乳性に関する遺伝率は中程度から高めであることが報告されている。

遺伝率は，血縁個体間の表現型値の似通いの程度を利用して推定される。血縁個体とは，親子，きょうだい，半きょうだいなどの血縁関係にある個

7-2 量的形質の遺伝

表 7-2 各種動物，諸形質における遺伝率の推定値

動物	形質	推定遺伝率	動物	形質	推定遺伝率
ヒト	身長	0.65	ヒツジ	産毛量	0.35
	血清 IgG 量	0.45	ニワトリ	32週齢体重	0.55
ウシ	生時体重	0.30		卵重	0.50
	1歳時体重	0.63		産卵数	0.10
	脂肪交雑	0.40	マウス	尾長	0.40
	ロース芯面積	0.70		6週齢体重	0.35
	皮下脂肪厚	0.40		一腹産子数	0.20
	分娩間隔	0.10	ラット	9週齢体重	0.35
	泌乳量	0.35		春機発動日数	0.15
	乳脂率	0.40	ショウジョウバエ	腹部剛毛数	0.52
ブタ	皮下脂肪厚	0.70		体の大きさ	0.40
	飼料要求率	0.50		卵巣の大きさ	0.30
	一日平均増体重	0.40		産卵数	0.20
	一腹産子数	0.05			

［佐々木義之，『動物の遺伝と育種』，p.90，朝倉書店 より引用］

体のことである．遺伝率の推定法として，子の測定値の親の測定値に対する回帰係数または相関係数を2倍する方法，子の測定値の両親平均測定値への回帰から求める方法がある．また，各父親がそれぞれ何頭かの母親と交配し，その各々に数頭の子が生まれた場合，分散分析法によって遺伝率が推定できる．近年では，コンピューターの発展により分散成分を推定するためのいくつかのプログラムが開発され利用されている．

(2) 遺伝相関とその推定法

二つ以上の測定値の間の関連性を表す尺度として，相関係数(correlation coefficient)が用いられる．表型相関，遺伝相関および環境相関係数の三つが計算され区別される．とくに遺伝相関は，一つの形質を選抜対象として改良を進める場合，他の形質の変化を推定する情報を与えてくれる．遺伝相関の推定方法は，遺伝率の推定方法と同様に血縁個体間の表型似通いを利用し，遺伝率推定プログラムを利用し推定できる．

7-2-3 選抜と選抜反応

(1) 選 抜

選抜(selection)とは，量的形質などの測定値から特定の基準により望ましい遺伝子型と望ましくない遺伝子型をもつ個体を判別し，次世代を生産するために望ましい雌雄の個体を選び，望ましくない個体を淘汰(culling)することである.特定の基準を選抜基準(selection criterion)とよび,測定した複数の形質を組み合わせてつくられる.選抜により集団における望ましい遺伝子の遺伝子頻度が高まり集団平均が変化する.

（2） 選 抜 方 法

選抜基準に個体自身の記録を用いる場合を個体選抜という.きょうだい平均値を選抜基準に用い,もっとも高い家系を選抜する方法を家系選抜,さらに,家系平均からの偏差を選抜基準に用い,各家系から優れた個体を選抜する場合を家系内選抜という.肉質や枝肉形質など,と殺しないと測定できない形質や,雄などで測定できない産乳能力や繁殖能力のように,選抜対象個体で記録が得られない場合,きょうだいや子の記録から育種価を推定する.この場合,それぞれ,きょうだい検定,後代検定という.量的形質の選抜では表現型値から育種価を予測し,予測育種価が選抜基準として用いられる.したがって,育種価をいかに正確に予測するかが量的形質の改良の際には重要となる.育種価を予測するには遺伝率などの遺伝的パラメーターがあらかじめ知られていなければならない.

（3） 育種価予測方法

遺伝的パラメーターと集団の平均が既知で,選抜の対象となっている個体がすべて同じ時期・同じ条件のもとで家畜が飼育されている場合,育種価の予測には最良線形予測法(best linear predictor)が用いられる.一方,飼養条件,時期などがバラバラである場合,全個体の平均値を単純に集団平均とみなせない.そこで,飼養条件,時期など一定の固定した効果である母数効果の影響を取り除き,個体の血縁情報を取り込むことにより,正確で偏りのない育種価を予測するブラップ法(best linear unbiased predictor；BLUP法)が用いられる.個体自身の記録をも含めて育種価を推定するアニマルモデルや反復率モデル,父親モデルなどがある.遺伝率推定と同様に,大規模な家畜集団での育種価推定のためのコンピュータープログラムが開発され利用されている.

（4） 選 抜 反 応

量的形質を対象とした選抜に伴う集団平均の変化を選抜反応(selection response)という.子世代の集団平均 M_O と親世代の集団平均 M_P との差である世代あたりの選抜反応(遺伝的改良量,ΔG)は次の式で予測される.

$$\Delta G = M_O - M_P = (M_S - M_P)h^2 = \Delta P h^2 = i\sigma_P h^2$$
$$= i\sigma_P \frac{\sigma_A^2}{\sigma_P^2} = i\sigma_A \frac{\sigma_A}{\sigma_P} = i\sigma_A h$$

7-2 量的形質の遺伝

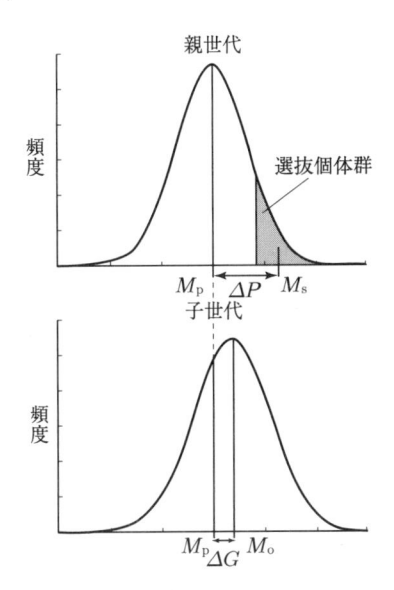

図 7-2 親世代の選抜差(ΔP)と子世代の遺伝的改良量(ΔG)

ここで，M_P，M_S と M_O はそれぞれ親集団平均，選抜群の平均と子世代の集団平均，h^2 は選抜形質の遺伝率，ΔP は親世代平均と選抜群平均の差($M_S - M_P$)であり選抜差という。選抜差を標準偏差(σ_P)で割った値 $\Delta P/\sigma_P$ を標準化選抜差とよび i で表す。これは，選抜強度(selection intensity)ともよばれ，集団全体に対する選抜群の割合を示す。したがって，ΔP は $\Delta P = i\sigma_P$ と表される。さらに，$h^2 = \sigma_A^2/\sigma_P^2$ なので上式となる。σ_A は育種価の標準偏差，h は遺伝率の平方根であり選抜の正確度ともよばれる。これらの関連を図 7-2 に示した。

7-2-4 交　配

選抜により選ばれた雌雄の個体は，後代を生産するために交配される。選抜と交配を繰り返し行い，世代を進めることで設定した育種目標を達成する。交配法は大きく分けて無作為交配(random mating)と作為交配(non-random mating)がある。前者は集団の中から無作為に選ばれた雄，雌が交配の機会をもつランダム交配である。一方，作為交配とは表現型値あるいは遺伝子型値が似たものどうしの交配(同類交配)や遺伝的血縁関係の遠近による交配がある。交配の方法により後代に伝えられる遺伝子の組合せが影響を受け，ホモ接合体の頻度が増減する。

(1) 近親交配

遺伝的血縁関係のとくに近い個体間である，親子，全きょうだい，半きょうだい，叔父姪，祖孫，いとこ間の交配を近親交配という。近親交配によりホモ接合体が増加し，ヘテロ接合体が減少して形質が遺伝的に固定されてくる。近親交配により生まれた子は，共通祖先のもつ一個の対立遺伝子の複製を両親のそれぞれから受け取る可能性がある。そこで，個体のもつホモ接合体の対立遺伝子対が共通祖先の同一遺伝子に由来する確率を近親交配の程度の指標として考え近交係数(coefficient of inbreeding)とよび，二個体間の血縁関係の遠近を表す指標として血縁係数(coefficient of relationship)がある。

(2) 交　雑

異なる品種あるいは品種内の異なる系統に属する個体間の交配を交雑(crossing)という。交雑により子(F1)の能力が両親平均を上まわる場合がある。この現象を，雑種強勢(hybrid vigor)あるいはヘテローシス(heterosis)とよぶ。繁殖性，生存性，強健性など，遺伝率の低い形質に強く表れ，遺伝率の高い形質ではほとんど表れない。

7-2-5　DNAマーカーを利用した育種技術

量的形質の遺伝解析では，統計遺伝学的手法により表現型値からその形質を支配する遺伝子型値を推定してきたが，量的形質を支配する遺伝子の染色体上の場所や効果を推定することはできなかった。そこで，量的形質遺伝子座(quantitative traits loci；QTLs)の近くに連鎖する質的形質や染色体部分，アイソザイムなどをマーカーとし量的形質遺伝子座の解析が行われた。しかし，マーカー数が少ないため詳細な連鎖地図をつくることは困難だった。

(1)　連鎖地図の作成

近年，分子生物学の進歩によりゲノム解析技術が急速に発展し，1980年代には制限酵素の切断部位の有無によるRFLP(制限酵素断片長多型)とよばれるDNAマーカー，1990年代にはマイクロサテライトDNAマーカー(2塩基程度の単位の繰返し回数の違い)が開発され，全染色体領域をカバーする連鎖地図が作製されるようになった。連鎖地図とは染色体上に並んだ量的形質を支配する遺伝子群，DNAマーカーなどの遺伝子の相対的な位置である。

（2） QTL 解析

連鎖地図に基づいて量的形質遺伝子座の位置と遺伝子効果を推定するQTL解析が，多くの生物種で急速に行われるようになった．各個体について得られるDNAマーカーの分離と量的形質の表現型値のデータから対象とする量的形質に関与するQTLの数，各QTLの染色体上の位置，各QTLの遺伝効果などを推定する．QTL解析には区間マッピング(interval mapping)法とよばれる手法が使われる．この方法はF_2，戻し交雑などの分離世代において，QTLを挟む二つの隣接マーカーの分離型と表現型値をデータとして最尤法によりQTLの遺伝効果を推定するものである．1990年代の後半以降，動植物ではQTL解析によりいくつかの量的形質が染色体上にあるとの報告が出されてきている(図7-3参照)．

（3） マーカーアシスト選抜

量的形質についてQTLの位置，数，遺伝効果が推定されると，QTL

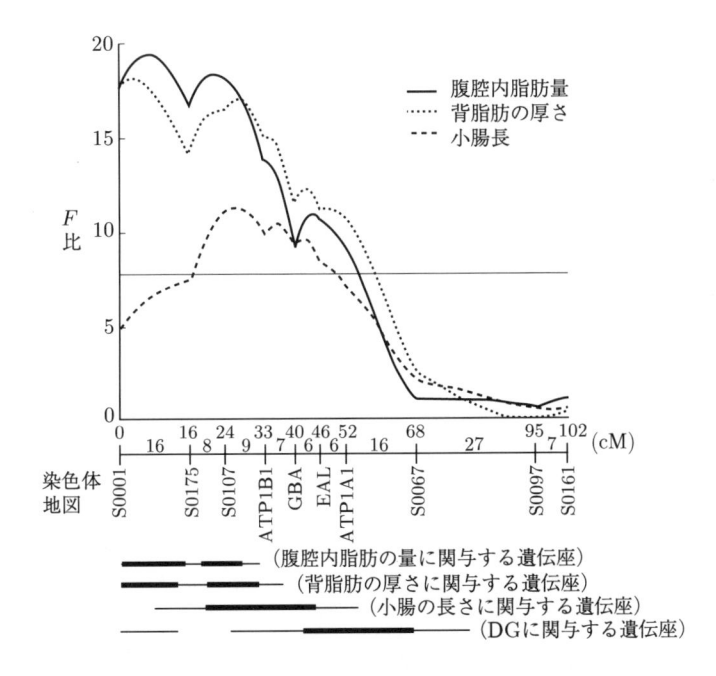

図 7-3 ブタの第四染色体におけるQTLsの統計的検定曲線　ATP1A1，ATP1B1：Na^+,K^+-ATPアーゼα,β遺伝子，GBA酸性ベータグルコシダーゼ遺伝子，EAL：赤血球抗原L［水間豊，『新家畜育種学』，p. 193，朝倉書店より引用］

の近くにある DNA マーカーを利用して，各 QTL について望ましい方の対立遺伝子と連鎖したマーカー型を選抜することにより，QTL 遺伝子型を間接的に選抜できる。これをマーカーアシスト選抜とよぶ。

（4） 遺伝病遺伝子診断

家畜のゲノム解析情報をもとに，遺伝子診断が可能となった疾病がある。遺伝病遺伝子キャリアー個体とホモ個体の識別が可能である。ウシでは，白血球粘着不全症，ウリジン-5′-モノホスフォートシンターゼ欠損症，シトルリン血症，牛複合脊椎形成不全症(complex vertebral malformation；CVM)，ブタではストレス症候群，酸性肉などが遺伝子診断により識別できるようになった。

7-3　生物の多様性と遺伝資源

7-3-1　生物の多様性とその意義

地球上には，その歴史 40 億年間にきわめて多数の生物種が出現したが，生物学が発達した現在でもその正確な数は把握しきれていない。その数は，記録されたものだけでも 150 万種といわれるが，実際は 500 万種から 3000 万種あるのではないかという見方もある。一方，同一の生態系の中の多様な生物種は，相互に敵対したり共存したりしながら生活域を共有し相互間の微妙なバランスの上に存在している。このような種そのものおよび種相互の関係にみられる生物多様性(biodiversity)について，われわれは，まだ詳細な情報を十分もちあわせていない。生物多様性の世界にみられる生命現象を正確に解明するためには，未知の種および既知種の生理・生態・遺伝などを含む生物情報を確かな目的をもって収集し，研究する必要があると考えられる。

（1） 絶滅種の急増の問題

20 世紀の後半になって，絶滅種および絶滅危惧種が急増している。ノーマン・マイアース(N. Myers)によれば，絶滅した生物種の数は，中生代では 1000 年に 1 種であったが，17 世紀から 18 世紀にかけて 4 年間に 1 種，20 世紀前半には毎年 1 種，1975 年には毎年 1000 種，1990 年代には毎年 4 万種にまで増加しているということである。地球上では，過去に少なくとも 4 度の生物種の大絶滅時代があったことが知られている。したがって，生物種の絶滅は自然現象としてみればなんら問題視する理由はない。

しかし，1975年以降の急激な絶滅種の増加は，生物進化の頂点にたった人間による環境破壊や資源の濫獲などが原因となってもたらされた大量絶滅である。

新生代第4紀に出現した霊長類ヒト科のヒトが，卓抜した知能を駆使して生活環境を自分の都合のよい方向に改めてきた。ヒトは生物多様性という遺伝資源を過剰利用し，多数の種の絶滅をもたらしてきた。ヒトの及ぼす影響をこのまま放置することは，生物進化によってもたらされた現在の地球環境調節維持機構に変調をきたし，ヒトを含む多様な生物によって構成される生物界自体を破壊することにつながるという危機意識が広まっている。このことが，グローバルな環境保全をもとめる1992年のリオデジャネイロでの地球環境会議の開催と，生物多様性条約や地球温暖化防止の動きへと結びついたと考えられる。

(2) 絶滅の危険性についてのランクづけ

国際自然保護連合(IUCN)という組織では，絶滅の危機に瀕している種をリストアップする際に，危うさの程度を以下のような範疇に分けて記録している。

絶滅種(extinct species) 過去50年間にわたって野生状態では観察されなくなり，事実上絶滅しているもの。

絶滅危惧種(寸前種)(endangered species) 個体数がはなはだしく減少しており，放置すればやがて絶滅すると考えられるもの。

危急種(vulnerable species) すぐ絶滅するおそれはないが，生活している場所や個体数が急速に減少しつつあり，放置すればやがて絶滅危惧の状態になるとみなされるもの。

希少種(rare species) 生活している場所や個体数が少なく，なんらかの影響を受ければ，容易に危急種や絶滅危惧種になると推定されるもの。

現状不明種(unknown species) 上記のどれかにランクされることは確実だが，情報が少ないのでランク分けの判断ができないもの。

(3) レッドデータブック

レッドデータブックは，国際自然保護連合(IUCN)や日本の環境省，農林水産省などが中心となって，野生生物の絶滅の危険性についての調査結果を編纂したものである。最近では，平成6年に国際自然保護連合がより定量的な評価基準に基づく新たなカテゴリーを採択したことを踏まえ，平成12年4月までに動植物すべての分類群についてレッドリストを作成・

公表した。

　表7-3は,新しいレッドデータブックにあげられた日本の野生生物の絶滅が危惧される種の一覧である。絶滅種の事例としては,明治時代以降の乱獲により激減したトキ(*Nipponia nipponn*)や昭和58年に高知県で死体が確認されたのを最後に生息記録が途絶えてしまった日本カワウソがあげられる。また,イチョウは裸子植物のイチョウ門の唯一の原生種であり,街路樹として珍しくないが,これらはいずれも栽培品種起源といわれ,自生のものがほとんど確認できない現状では,国際自然保護連合の基準では絶滅種と認定される。

　絶滅危惧種の事例として,中国・四国山地のツキノワグマ,繁殖成功率の著しく低下しているイヌワシ,クマタカ,オオタカなどの猛禽類をあげ

表 7-3　日本の野生生物の既知種数と絶滅の恐れのある生物種の数

動物	既知種数	絶滅危惧種	準絶滅危惧種	合計	合計(%)
脊椎動物門					
哺乳綱	241	48	16	64	26.5
鳥綱	700	90	16	106	15.1
爬虫綱	97	18	9	27	27.8
両生綱	64	14	5	19	29.7
硬骨魚綱(淡水産)	300	76	12	88	29.3
硬骨魚綱(海産)	3100	—	—		
節足動物門					
昆虫綱	30200	139	161	300	1
その他の綱	10000	33	31	64	0.6
軟体動物門					
貝類(淡水産,陸生)	1224	251	206	457	37.2
貝類(海産)	6600	—	—		
その他の門	7500				
合計	60300	669	456	1125	1.9
植物					
維管束植物門	8800	1665	145	1810	21
その他の植物門					
蘚苔類	1600	180	4	184	11.5
藻類	5500	41	24	65	1.2
地衣類	1800	45	17	62	3.4
菌類	16000	63	0	63	0.4
合計	34200	1994	190	2184	6.3

［環境省(2002)より］

ることができる。野生水生生物に関しては，絶滅危惧種66種，危急種52種，希少種107種があげられる。これらの絶滅種あるいは絶滅が危惧される種は，人間の生活圏に近いところに生息している哺乳類，爬虫類，淡水魚類，淡水産貝類などで多く認められ，その原因が人間の諸活動に起因することが示唆される。

（4） 生物多様性の階層性

生物多様性は，通常，生物種の多様性を指すことが多いが，個体が保有する遺伝子のレベルや生態系を構成する生物種の集まりのレベル（群集）にも多様性が認められ，これらを多様性の階層構造と称している。

種および集団の多様性　種は，生活の様式を同じくする個体の集まりである。同じ種でも定住型と移動型，陸封型と回遊型などの生活様式の異なる集団や，地理的に隔てられた地域集団＝地方品種，ヒトの手が加えられた改良品種などさまざまな種内集団が存在する。種の消滅の過程は，生活圏の喪失に伴う分集団や地方集団の減少に始まり，種集団全体の崩壊へと進む。

遺伝子レベル　生物種を構成する個体は，細胞，タンパク質などを背景とする種々の個体変異を含んでいる。これらの個体変異は，免疫多型，分子多型など構造遺伝子や調節遺伝子における変異に起因している。最近では，遺伝子の変異は，DNA塩基配列から直接読みとることも可能である。種の消滅過程の初期段階でおこる集団サイズの縮小は，ボトルネックによる遺伝的変異レベルの縮小をもたらす。同時に近親交配の機会が高くなり，遺伝的変異レベルの低下が加速され，ついには近交弱勢現象にみまわれ，種の消滅へとつながるものと考えられる。表7-4は，魚類の遺伝子レベルの多様性を，DNAマーカー座の平均アリル数と平均ヘテロ接合体率によって評価した事例である。国際会議において水産業の重要種クロマグロが絶滅危惧種だと騒がれたことがあるが，遺伝学的にはその兆候は認められず，この場合は資源管理上の問題にすぎないことがわかった。

生物群集と生態系の多様性　陸圏や水圏にはそれぞれに相対的に独立したさまざまな種類の生態系が存在し，そこに生息生物は，もちつもたれつの相互関係で結ばれる独特のつながりのある生物群集が形成される。一つの生態系の特徴は，それを構成する種類（群集構成）と数によって決まる。

一つの生態系中で，それが消失するとその他の多くの生物間の共生関係が崩壊して生態系が縮小してしまうというケースがある。これはキースト

表 7-4 マイクロサテライト DNA マーカーによる魚類集団の遺伝的多様性の評価の事例

魚　種	平均マーカーアリル数	平均ヘテロ接合体率	集団の有効な大きさ
クロマグロ（外洋回遊性）	12.7	0.761	8750
ヒラマサ（沿岸回遊性）	21.7	0.809	19250
カンパチ（沿岸回遊性）	11.7	0.778	8750
マダイ（陸棚性底生魚）	23.7	0.856	13750
キジハタ（岩礁生底成魚）	9.3	0.563	3250
アユ（両側回遊魚）	11.6	0.784	8500
イトヨ（淡水魚）	10.8	0.853	10250
リュウキュウアユ（絶滅危惧種）	2.4	0.201	1751
マゴイ（養殖品種）	5.1	0.578	4750
ニシキゴイ（観賞魚）	4.4	0.361	3250

ーン種といわれるものであるが，それを探り当てることは重要な課題である．しかし，キーストーン種はそれが消滅してはじめてわかるというケースが多いといわれる．生態系の中には，塩なめ場や水飲み場のように群集にとって必要不可欠な特異な環境があり，これらはキーストーン資源といわれるものである．

（5）生物多様性における五つの合意

保全生物学の世界には，生物多様性の保全に関して，五つの倫理的基本合意がある（プリマック（R. B. Primack）より）．それらは，① 生物の多様性はよいことである，② 人間の活動による個体群と種の急激な絶滅はよくないことである，③ 生態学的複雑さはよいことである，④ 生物進化を保証することはよいことである，⑤ 生物多様性には固有の価値がある，といった内容である．これら五つの合意事項のそれぞれについて根拠が示されているが，それらについて，深く考えてみる必要がある．

（6）生物多様性の価値

プリマックは，生物多様性の価値を直接的価値と間接的価値に分けている．直接的価値は，さらに消費の使用価値と生産的使用価値に，間接的価値は非消費的使用価値，潜在的利用価値および存在価値に分けている．

消費的使用価値とは，釣りや狩猟など市場を通らずに直接消費される生物資源のことを指している．生産的使用価値は，市場を経由して売買される自然資源のことであり，加工産物の資源となると驚くほど，高価となる．生物多様性が人間により危機的状況に追い込まれる原因は，その生産的使

用価値の大きさゆえに起きる産業による濫用にあるといわれる。

　非消費的使用価値は，消費しても減ることがない環境サービスやレクリエーション関係事業のようなものを指している。潜在的利用価値は，医薬品やバイオテクノロジー産業の素材としての可能性を指している。存在価値については，世界の多くの人々が野生の動植物や珍しい生物に関心を寄せ，それらの生息場所を尋ねてみたいという欲求をもっているところにみえてくる。このような野生生物や珍しい生物を保護するために，個人や団体が種々の形で，資金を投入している。このことは人々がその存在自体に価値を認めているからにほかならない。

(7) 生物多様性を脅かす自然的要因

　自然的要因の一つは生物学的要因で，それらは競合，捕食，疾病などによるものである。環境変動により生物の共生メカニズムが崩壊することもある。二番目の要因は，島嶼域のように隔離条件下で構成種の単純化などにより防衛力が減退する場合である。三番目の要因として，緩慢な地質学的変化，気候の激変，人間の存在などによる生息環境の変化があげられる。

(8) 生物多様性を脅かす人為的要因

　第一にあげられるのは，ゴルフ場開発，森林開発，海岸(干潟)の埋立てなどの人間の諸活動による生物の生活圏の破壊である。第二に，工業廃水，家庭下水，工場からの排気による環境汚染である。銅鉱山からの有毒排気ガスによる山林の消失，河川の汚濁による急性および慢性の影響による淡水魚の消失などの事例があげられる。第三に，濫獲による資源水準の低下と集団サイズの縮小である。資源が消失するまえに，漁業が成立しなくなるので，濫獲が絶滅の直接的原因となることは考えにくいが，それにより地方集団が消滅してしまったという事例は珍しくない。第四に，キーストーン種を絶滅させたことにより生態系の生物群集の単純化と生態系の食物環(網)が崩壊することである。第五に，外来種の移植導入による生態的攪乱の問題である。アメリカから導入されたブラックバス，ブルーギルは，日本全国の湖沼河川の生態系において爆発的に繁殖し，コイ科魚類からなる多くの在来種を駆逐し，在来の生態系を壊滅させている。第六に，人工種苗の大量放流，栽培種の野外逃避による野生種の遺伝的攪乱の問題である。全国の湖沼へ放流された琵琶湖原産のゲンゴロウブナは在来種のキンブナやオオキンブナと交配し，F_1に妊性があるため，放流水面における遺伝的攪乱をおこし，在来種が消失しつつある。養殖漁業や栽培漁業にお

ける種苗生産とその利用においては，在来種との交配による遺伝的攪乱と資源の喪失の問題をおこさないよう留意する必要がある。

7-3-2 遺伝資源の概念と重要性
（1） 遺伝資源とは

遺伝資源（genetic resources）は生物種の遺伝子，およびそのキャリアーである個体および集団を遺伝資源としてとらえる概念である。生物資源は，再生産が不可能な化石資源や鉱物資源とは異なり，それを適切に扱えば再生産を通じて永久に利用できる資源であることを意味している。生物資源を利用し，保全するためには，この概念を正しく理解することが必要不可欠と考えられる。

（2） 遺伝資源の特性

再生産能力　自律的再生産が可能である。自律的再生産を可能ならしめるのは，ゲノム（個体形成のための遺伝子セット）およびその構成物であるDNAである。

階層性　種，集団，品種，配偶子（種子），遺伝子，DNAなど，さまざまな階層レベルからなる。

保守性と可変性　生物の諸特性は，遺伝子およびその構成物であるDNAの自己複製能力（保守性）により保障されている。種，集団，品種などの集団中の遺伝的変異性は，有性生殖集団では，減数分裂と雌雄の配偶子の再結合過程で生じる遺伝子の複雑な組合せと遺伝子型の分離により新しいゲノム型が創造され続けている。また，諸形質を支配する遺伝子は外部環境と体内環境の変化に対応しながら適応的に発現するメカニズムを備えている。また，環境の一定範囲の変化に対しても個体として柔軟に対応できるよう形質発現のシステムを備えており，この能力が環境適応能力を保障している。

（3） 遺伝的変異と生物の適応性

生物種を構成する遺伝子の自己複製能力と遺伝子の変異（多型）性は，遺伝資源の備える二つの重要な要素である。前者は種の継代的安定性を保障し，後者は地球環境的変動に対する生物の適応力と将来の進化の可能性を保障する。遺伝資源の保全の目的は，このような遺伝的多様性を適切に維持することにある。

（4） 種と集団の崩壊過程

種集団の崩壊は，最初，生活の場の喪失や生態的攪乱などにより，種内

の分集団における個体数の減少から始まる。その後，種の絶滅までの過程は以下の経過をたどるものと考えられる。

(ⅰ) 分集団の資源水準の低下と繁殖集団の縮小
(ⅱ) 分集団内の個体変異の低下と近交係数の上昇
(ⅲ) 集団および個体レベルの適応値の低下(行動的能力，生理的能力，再生産能力の低下)
(ⅳ) 分集団の消滅と集団構造の崩壊(集団構造は一部の分集団が危うくなっても周辺の分集団からの遺伝子が供給され，崩壊を免れるという集団のしくみが壊れること)
(ⅴ) 種集団の完全な崩壊：集団構造が壊れ，分集団間の遺伝子と個体の流動が阻止されることにより，分集団の崩壊に弾みがつき，ついには種集団が消滅する。

最近は，DNAマーカーにより，絶滅危惧種における遺伝単純化を評価・確認する試みが行われている。図7-4は，奄美大島に生息する絶滅危惧種リュウキュウアユのマーカーアリル構成にみられた著しい遺伝的単純化の事例である。

(5) 遺伝資源の保存と保全

遺伝資源が危うくなったとき，人々はこれを残すためのなんらかの行動をおこすのが常である。植物の場合ならば，ひとまず，種子を保存すれば当座の危機を免れることができる。動物ならば，精子を凍結保存すれば長い年月の保存が可能である。しかし，未受精卵や受精卵の保存はきわめて困難で，事実上不可能に近い。もしこのような保存が可能であったとしても，保全生物学の五つの合意を満足することはできない。したがって，単に一時的保存と区別して，野生状態で現状保存を目指すことになる。このような保存のしかたに対し，配偶子保存と区別して保全という言葉を使っている。

保存　保存(preservation)とは，個体や集団を維持することで，進化的変化を保障することは含まれていない。例えば動物園や植物園，水族館などで個体を飼育・継代したり，種子や精子を保存したりすることを意味している。

保全　保全(conservation)とは，将来の進化の可能性を提供するような自然群集の長期的維持を目的とする施策と計画である。例えば自然保護区，聖域などを設定することを指す。ただし，自然集団では，最低維持個

体数として非近縁関係個体が $N=50〜100$ 必要といわれ，このような集団を維持することが必要となる．また，生態系として多数の生物種による社会構造の形成を促進する必要がある．このように考えると，いったん崩壊した生態系の修復には甚大なコスト（経費，人力および時間）が必要となることは明白である．したがって，崩壊の危険性が指摘された対象に対して，はやめに現状保全のための施策を実施することが，より合理的で効果

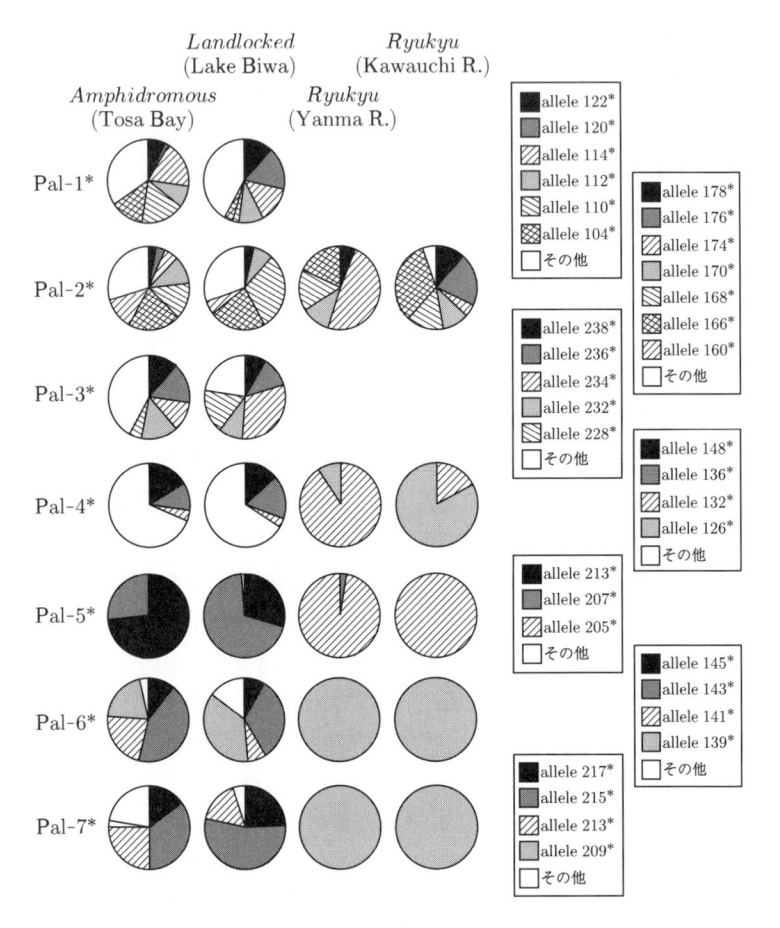

図 7-4　DNA 多型マーカーによる絶滅危惧種，リュウキュウアユにおける遺伝子変異性の単純化　*Amphidromous*：両側回遊型アユ，*Landlocked*：陸封型アユ，*Ryukyu*：リュウキュウアユ．Pal-1〜Pal-7 はマイクロサテライト DNA のマーカー座，マーカーアリルは検出した allele のサイズで区別している．

的と考えられる。

（6） 人間の諸活動のリスク査定とリスク評価

人間の諸活動が質・量ともに発達して，新しい技術が一つの形になったとき，新しいシステムの利便性に付随するさまざまなリスクが発生することは避けられない。さまざまな技術が未発達な時代は，発生したリスクを後追いする形でリスク管理法が編み出されてきたが，技術レベルが高くなるとリスクもしだいに大きくなり，取り返しがつかない深刻な問題が発生することもある。

一般に，安全性の考え方は，それとの関わり方をめぐる立場によって異なるのが普通である。したがって，最近では，新しい技術の実用化に際しては，顕在的・潜在的リスクの事前評価とそれに基づくリスク査定，コンセンサスの形成，リスクの管理とモニターといった系統的取組みを行い，客観的判断を行うための手続きが求められるようになった。

まず，最初に実施するリスク査定(risk assessment)は，ハザードが見込まれる物質や問題物に曝されたときに発生する効果を科学的データを用いて見積り，予言することを指す。次に，リスク査定結果に基づきリスク評価(risk evaluation)を実施する。これは，技術的，社会的，経済的，政治的な関連からそれぞれのリスク査定結果を参考にして，潜在的リスクと予想される便益から制御費用や代償を総合的に評価し，選択肢を比較衡量する。計画の実行の決定は，検討委員会や民意を問う形で決定することとなる。

リスク評価を参考にして，事業の展開が決定された場合には，予想されるリスクを予防管理(risk management)するため，もっとも適切な規制や行動を選択決定し，運用することになる。

農林水産業においては，さまざまな品種や人工種苗が利用・放流され当該の生態系に生息する野生集団との接点をもつため，なんらかの相互作用と影響がもたらされることを想定する必要がある。したがって，生態的撹乱または遺伝的撹乱などのリスクの有無を査定・評価し，リスク回避の方法と措置について検討を行うこととなる。遺伝子操作によりつくりだされる遺伝子改変生物(GMOまたはLMO)の開放系利用については，生態的撹乱や遺伝的撹乱に関するリスク査定と評価試験が当然のことながら求められる。これは，従来型の育種によりつくりだされた新品種を導入するときにも同じ手続きが踏まれるべきである。その一般的な生物学的検査項目

は以下の通りである。
 （ⅰ）放流種苗の分類学的位置関係(種名鑑定または品種名)
 （ⅱ）生物学的・生態学的・生理学的特性の調査および検査
 （ⅲ）病原性微生物検査(寄生虫，病原菌，病原ウイルスなど)
 （ⅳ）遺伝的多様性検査
 （ⅴ）対象種苗の最適栽培・養殖法および種苗生産法の調査・検討
 （ⅵ）導入によるリスクの査定と総合評価および可否決定
 （ⅶ）持続可能な事業展開のための管理法の策定

（7）生物多様性条約と国際協力

20世紀の末期にかけて深刻な状況になった地球の温暖化をはじめとする環境問題への対処方針を考えるために，1992年6月，ブラジルのリオデジャネイロにおいて地球環境サミットが開催された。このサミットのアジェンダ21で，生物多様性の利用と保全に関わる問題が取り上げられ，参加国の間で生物多様性条約が調印された。

生物多様性条約は，①生物多様性を保全すること，②その構成要素の持続可能な利用を目指すこと，③遺伝資源の利用から生ずる利益を公正かつ公平に配分することを目的とすることをうたっている。また，条約の目的を達成するため，①遺伝資源の取得の適当な機会の提供，②関連技術の適当な移転，③資金供与のことを考慮することとしている。いずれも遺伝資源の利用をめぐる先進諸国と途上国の利害対立の調整の必要性を考慮してのことである。この条約の批准と発効に関しては，国連環境開発会議(UNCED)に合わせ1992年6月5日に署名開放され，1年間の署名開放期間中に168の国・機関が署名し，1993年12月29日に発効した。その後，2000年2月10日までに，177の国・機関が批准または加入した。多くの先進国と途上国が批准をすませているなかで，アメリカはいまだ批准していない国の一つである。日本は1992年6月13日に署名，1993年5月28日に条約を受諾し，18番目の締約国となった。それぞれの締約国は，生物多様性の利用と保全に関する国家戦略を定め，条約上の義務を履行することになっている。このため，日本政府は，行政上または政策上の措置を積極的に講じつつある。

（8）バイオセーフティに関するカルタヘナ議定書の発効

生物多様性条約第8条には，生物多様性の保全に関する措置のうち，生息域内保全に関連する措置が述べられている。第8条では，保護地域制度

による生物多様性の保全や生態系や種の復元，回復の実施などの生息域における保全のための措置が記述されているが，その一つして，バイオテクノロジーによる遺伝子組換え生物の利用，放出に際しての生物多様性へのリスクを規制，管理，制御するための措置をとるよう，締約国に求めている。生物多様性条約19条第3項の「バイオテクノロジーの取扱いおよび利益の配分」に関する規定を受け，1995年のジャカルタでの第二回締約国会議において議定書を準備することが決められた。2000年1月のコロンビアのカルタヘナで開催された生物多様性条約特別締約国会議において，議定書が採択された。2001年9月には103か国が同議定書に署名し，50番目の国が批准後90日目に発効することになっている。日本政府は，同議定書に対応して「生物多様性の保全および持続可能な利用に悪影響を及ぼす可能性のあるモダンバイオテクノロジーにより改変された生きた生物(LMO；living modified organism)の安全な移送，取扱いおよび利用について，とくに国境を越えた移動に焦点を当てた国内措置」の検討を進めている。このような生物多様性条約やカルタヘナ議定書は，遺伝資源の利用と保全において重要な意義があることは論を待たない。しかし，ヨーロッパ各国が協力的であるのに対し，アメリカのような大国が非協力的であることが同議定書の今後に影を落としている。

(9) 生物多様性の持続可能な利用について

イギリスの科学者，ジェイムス・ラブロック(J. E. Lovelock)は1960年代後半に，地球が気候や化学組成をいつも生命にとって快適な状態に保つ自己制御システムを備えているというガイア仮説を考え出した。生物が存在しないと仮定したとき，地球の大気はほぼ無酸素で，炭酸ガスが充満し，大気温は290℃という現在の地球環境からは想像のつかない環境になっているというものである(表7-5)。ジェイムス・ラブロックの理論は，生物は環境に適応するだけでなく環境を改変すると考える点で，従来の生物学とは一線を画している。そして生物は環境を変えることにより，岩石，大気，海洋などのすべてと，全生命自身とを含むシステムの一部となり，文字どおり生きとし生けるもののすべてが，絶え間なく物理環境と相互作用を続け，それらの相互作用から地球生命圏「ガイア」という自己制御システムができあがったと考えるのである。

この理論から，進化の結果としての生物の存在と生物の多様性は，現在の地球環境の形成に深く結合していることがわかる。森林の喪失，都市化，

表 7-5 生物が存在しないと仮定したときの地球，火星および金星の大気と気温の比較

	現在の地球	生物がいなかったときの地球	火星	金星
大気				
二酸化炭素(%)	0.03	98	98	95
窒素(%)	79	1.9	1.9	2.7
酸素(%)	21	微量	微量	0.13
表面温度(℃)	13	290	477	−53

[J. E. Lovelock より]

　化石エネルギーの過剰利用が二酸化炭素の増加と地球の温暖化をもたらすことにみるまでもなく，生物が備える地球環境と生態系の保全に果たしている役割は実に大きいものがある．多様な生物およびそれを涵養する多様な生態系は，人間にとって大切な資源ではあるけれども，その利用にあたっては長期的展望にたってそれを維持することを考えなくてはならない．生物多様性条約のなかで，たびたび標榜された生物資源の持続可能な利用(sustainable utilization)は，人類の生存のための条件を確保するためである．

　農林漁業の中には，依然として野生生物の生産力に依存している事業が多い．遺伝資源の利用にあたって，その保全のため，①環境汚染防止，②生態系保全──乱開発防止，③生物群集保全──生物種相互の関係保全──生態的地位に対応した資源利用，④遺伝資源と漁業資源──余剰生産力，すなわち持続可能な漁業の実施，⑤外来種の放流禁止──生物群集の攪乱防止，⑥野生集団の遺伝的攪乱を防止するため養殖魚(家魚化集団)の散逸の防止，⑦放流種苗生産の適正管理──野生集団と遺伝的同質な集団をつくりだすこと，など今後検討すべき課題はきわめて多い．

　絶滅危惧集団を現場的に復活することは，資金をはじめとしてさまざまな困難を伴うと考えられる．その手順として考慮すべきは，①遺伝学的診断──遺伝的変異性の評価，集団構造の把握，②限界集団サイズの確保，③再生産用親集団における近交防止と近交弱勢の発現防止，④野生集団の集団構造に対応した遺伝学的管理，⑤適切な生活圏(聖域)の確保，などである．

参考文献

1章

H. Lodish, A. Berk, S. L. Zipursky, P. Matsudaira, D. Baltimore and J. Darnell／野田晴彦・丸山工作・石川統・須藤和夫・山本啓一・石浦章一訳(2001)『分子細胞生物学(上・下)』, 東京化学同人.

渡伸三・宮澤七郎監修(1999)『よくわかる立体組織学』, 学際企画.

藤田尚男・藤田恒夫(2002)『標準組織学総論 第4版』, 医学書院.

H. W. Heldt／金井龍二訳(2000)『植物生化学』, シュプリンガー・フェアラーク東京.

星野忠彦(1990)『畜産のための形態学』, 川島書店.

山田英智・市川厚・黒住一昌監修(1991)『ブルーム・フォーセット 組織学 I』, 廣川書店.

日本獣医解剖学会編(2002)『獣医組織学 第2版』, 学窓社.

神阪盛一郎・西谷和彦・桜井直樹・谷本栄一・上田純一・渡辺仁共著(1991)『植物の生命科学入門』, 培風館.

福田裕穂編(2001)『朝倉植物生理学講座4 成長と分化』, 朝倉書店.

森正敬(2000)『岩波講座：現代医学の基礎2 代謝とエネルギー産生 分子・細胞の生物学 II―細胞―』, 岩波書店.

B. Alberts, D. Bray, J, Lewis, M. Raff, K. Roberts and J. D. Watson／中村桂子・藤山秋佐男・松原謙一監訳(2001)『細胞の分子生物学 第3版』, ニュートンプレス.

B. Alberts, A. Johnson, J. Lewis, M. Raff, K. Roberts and P. Walter(2002) *Molecular Biology of The Cell. 4th ed.*, Garland Science.

C. A. Janeway, P. Travers, M. Walport and M. J. Shlomchik(2001) *Immunobiology. 5th ed.*, Garland Publishing.

2章

D. Voet, J. G. Voet and W. Pratt／田宮信雄, 村松正実, 八木達彦, 遠藤斗志也訳(2000)『ヴォート 基礎生化学』, 東京化学同人.

D. Voet and J. G. Voet／田宮信雄, 村松正実, 八木達彦, 吉田浩訳(1996)『ヴォート 生化学(上・下) 第2版』, 東京化学同人.

H. R. Matthews, R. A. Freedland and R. L. Miesfeld／藤本大三郎, 井上晃監訳(2000)『マシューズ 生化学要論』, 東京化学同人.

3章

B. Alberts, D. Bray, J. Lewis, M. Raff, K. Roberts and J. D. Watson／中村桂子・藤山秋佐夫・松原謙一監訳(2001)『細胞の分子生物学 第3版』，ニュートンプレス．

A. Wolffe／掘越正美訳(1997)『クロマチン―染色体構造と機能―』，メディカル・サイエンス・インターナショナル．

花岡文雄，永田恭介編(2002)『ゲノム機能を担う核・染色体のダイナミクス』，羊土社．

L. Stryer／入村達郎・岡山博人・清水孝雄訳(2000)『ストライヤー 生化学 第4版』，東京化学同人．

L. Benjamin／菊池韶彦訳(2002)『遺伝子 第7版』，東京化学同人．

R. A. Wallace, J. L. King and G. P. Sanders／石川統・掛田啓子・見学美根子・根津武馬・福田公子訳(1998)『ウォーレス 現代生物学』，東京化学同人．

松澤昭雄(1997)『絵とき 遺伝学の知識』，オーム社．

4章

日向康吉編著(2001)『花―性と生殖の分子生物学―』，学会出版センター．

S. S. Bhojwani and S. P. Bhantnagar／足立泰二・丸橋亘訳(1995)『植物の発生学』，講談社．

毛利秀雄監修(1992)『精子学』，東京大学出版会．

岩倉洋一郎ら編(2002)『動物発生工学』，朝倉書店．

佐藤英明編(2003)『動物生殖学』，朝倉書店．

5章

小柴共一・神谷勇治編(2002)『新しい植物ホルモンの科学』，講談社．

L. M. Srivastava(2001)*Plant Growth Development*, Academic Press.

渡辺昭・篠崎一雄・寺島一郎監修(1999)『植物の環境応答』，秀潤社．

寺島一郎編(2001)『環境応答』，朝倉書店．

H. W. Heldt／金井龍二訳(2000)『植物生化学』，シュプリンガー・フェアラーク東京．

森敏・前忠彦・米山忠克(2001)『植物栄養学』，文永堂出版．

星川清親(1975)『図説解剖 イネの生長』，農山漁村文化協会．

都丸敬一・生越明・奥田誠一・脇本哲・羽柴輝良・平野和弥・加藤肇・奥八郎(1992)『新 植物病理学』，朝倉書店．

久能均・白石友紀・高橋壮・露無慎二・眞山滋志(2001)『新編 植物病理学概論』，養賢堂．

島本功・柘植尚志・渡辺雄一郎(2003)『植物細胞工学シリーズ19 新版 分子レベルからみた植物の耐病性』，秀潤社．

星野忠彦(1990)『畜産のための形態学』，川島書店．

参考文献

山田英智・市川厚・黒住一昌監修(1991)『ブルーム・フォーセット 組織学 I』, 廣川書店.
日本獣医解剖学会編(2002)『獣医組織学 第2版』, 学窓社.
津田恒之(2001)『家畜生理学』, 養賢堂.
本郷利憲・広重力・豊田順一・熊田衛(2001)『標準生理学』, 医学書院.
W. C. McMurray／斎藤正行・矢島義忠 訳(1987)『人体の代謝 分子レベルでの考察』, 東京化学同人.
J. G. Salway／麻生芳郎訳(1994)『一目でわかる代謝学 栄養素メタボリズムの基礎知識』, メディカル・サイエンス・インターナショナル.
C. A. Janeway, P. Travers, M. Walport and J. D. Capra(1999) *Immunobiology : the immune system in health and disease. 4th ed.*, Current Biology Publications/Garland Publishing.
I. Roitt, J. Brostoff and D. K. Male／多田富雄監訳(1986)『免疫学イラストレイテッド』, 南江堂.

6章

川那部浩哉監修, 東正彦・阿部琢哉編(1992)『シリーズ地球共生系1 地球共生系とは何か』, 平凡社.
M. Begon, J. L. Harper and C. R. Townsend(1996) *Ecology : Individuals, Populations and Communities. 3rd ed.*, Blackwell Science.
C. M. Lalli, T. R. Parsons(1997) *Biological Oceanography : An Introduction, 2nd ed.*, Butterworth-Heinemann.
T. G. Spiro and W. M. Stigliani, *Chemistry of the Environment*／岩田元彦・竹下英一訳(2000)『地球環境の化学』, 学会出版センター.
J. T. Houghton *et al.* ed.(2001) *Climate Change 2001 : The Scientific Basis, Contribution of Working Group I to the Third Assessment Report of the Intergovernmental Panel on Climate Change*, Cambridge University Press.
安成哲三・岩坂泰信編(1999)『地球環境学3 大気環境の変化』, 岩波書店.
都築俊文・伊藤八十男・上田祥久著(1996)『水と水質汚染』, 三共出版.
不破敬一郎編著(1994)『地球環境ハンドブック』, 朝倉書店.
陽捷行編著(1995)『地球環境変動と農林業』, 朝倉書店.
ワールドウォッチ研究所編著／山藤泰監訳(1996)『バイタル・サイン 1996-97』, ダイヤモンド社.
C. Flavin編著／福岡克也監訳(2001)『地球環境データブック 2001-02』, 家の光協会.
環境庁保全局水質管理課・土壌農薬課監修, 平田健正編著(1996)『土壌・地下水汚染と対策』, 日本環境測定分析協会.
久馬一剛編(2001)『熱帯土壌学』, 名古屋大学出版会.
久馬一剛編(1997)『最新土壌学』, 朝倉書店.
E. R. Pianka(1970) *Amer. Natur.*, **104**: 592-597.

G. F. Gause (1934) *The Struggle for Existence*, Williams & Wilkins.
伊藤嘉昭・山村則男・嶋田正和 (1992)『動物生態学』, 蒼樹書房.
岩佐庸 (1998)『数理生物学入門』, 共立出版.
J. H. Connell (1978) *Science*, **199**: 1302-1310.
R. H. MacArthur and E. O. Wilson (1967) *The Theory of Island Biogeography*, Princeton University Press.
R. H. Whittaker／宝月欣二訳 (1975)『生態学概説—生物群集と生態系—』, 培風館.
R. T. Paine (1966) *Amer. Natur.*, **100**: 65-75.
山本護太郎・竹内拓司共編 (1988)『現代生物学 第4版』, 森北出版.

7 章

佐々木義之 (1994)『動物の遺伝と育種』, 朝倉書店.
水間豊 (2002)『新家畜育種学』, 朝倉書店.
鵜飼保雄 (2002)『量的形質の遺伝解析』, 医学出版.
動物遺伝育種シンポジウム組織委員会編 (2000)『家畜ゲノム解析と新たな家畜育種戦略』, 畜産技術協会.
D. S. Falconer／田中嘉成, 野村哲郎訳 (1993)『量的遺伝学入門』, 蒼樹書房.
O. H. Frankel, M. E. Soulé／中村桂子訳 (1982)『遺伝子資源』, 家の光協会.
樋口広芳 (1996)『保全生物学』, 東京大学出版会.
岩槻邦雄 (1994)『多様性の生物学』, 岩波書店.
環境省編 (2002)『新生物多様性国家戦略』, 行政.
川那部浩哉 (1996)『共生と多様性』, 人文書院.
R. B. Primack／小堀洋美訳 (1998)『保全生物学のすすめ』, 文一総合出版.
水産庁 (1994)『日本の希少な野生水生生物に関する基礎資料』, 日本水産資源保護協会.
鷲谷いずみ (1999)『生物保全の生態学』, 共立出版.
矢原徹一, 鷲谷いずみ (1996)『保全生態学入門』, 文一総合出版.
J. E. Lovelock／星川淳訳 (1997)『地球生命圏—ガイアの科学—』, 工作舎.
大場滋 (1977)『集団の遺伝』, 東京大学出版会.
野澤謙 (1994)『動物集団の遺伝学』, 名古屋大学出版会.
F. J. Ayala (1982) *Population and Evolutionary Genetics: A Primer*, The Benjamin/Cummings Publishing Company.

索　引

あ　行

IUCN　249
アグロフォレストリー　230
アセチルCoA　182
暖かさの指数　211
アデノシン二リン酸　30
アデノシン三リン酸　30
アニーリング　64
アブシジン酸　150
アミノアシルtRNAシンテターゼ　101
アミノ化反応　74
アミノ転移酵素　75
アミノ転移反応　74
アミノ酸　74
アミノ酸プール　185
RNA　61
RGR　162
r選択　203
α-アミノ酸　43
アレイクロッピング　230
アレルギー　192
アレロパシー　206
アロステリック効果　100
アンチコドン　101
アンモニア同化　158
EF-Tu　103
異化　30
育種価　242
異型接合体　111
移住　238
異数性　121
一次構造　48
遺伝　83
遺伝学的管理　260
遺伝子　83
遺伝子型　111

遺伝子型頻度　233
遺伝子組換え生物　259
遺伝資源　254
遺伝子再構成　192
遺伝子頻度　233
遺伝相関　243
遺伝的攪乱　253, 257
遺伝的多型　234
遺伝的単純化　255
遺伝的荷重　240
遺伝的浮動　237
遺伝病遺伝子　248
遺伝率　242
インスリン　178
陰性植物　195
インデューサー　100
イントロン　68, 109
ウィスコンシン・ファースト・プラント　147
運搬体タンパク質　18
HDAC　89
栄養段階　216
エキソン　68, 109
液胞　11
S期　27
SD配列　102
エチレン　150
ATP　30
ADP　30
AUG　102
NADH　33
NAR　162
NADPH　184
NADP$^+$　37
エネルギー変換　30
エキソン　68
エピジェネティクス　91
M期　27

エリスロマイシン　105
LAI　163
LMO　259
炎症反応　192
エンドサイトーシス　18
エンハンサー　108
オキサロ酢酸　182
オーキシン　150
オゾン層　223
オートクライン　23
オプソニン作用　187

か 行

ガイア　259
開始コドン　102
階層性　251, 254
解糖系　181
改変された生きた生物　259
ガウゼの原理　207
化学的勾配　34
核　3
獲得免疫系　186
核膜　3
カタボライトリプレッション　101
活性化酵素　101
活性中心　53
活動電位　175
過敏感反応　165
花粉細胞　125
可変性　254
芽胞　12
カルス　30
カルタヘナ議定書　258
カルニチン　184
カルビン回路　38
間期　26
環境汚染　253
環境収容力　202
環境抵抗による抑制　203
環境保全型農業　230
ガングリオシド　72
還元型ニコチンアミドアデニンジヌクレオチド　33
間接的価値　252
感染特異的タンパク質　165

危急種　249
気孔　152
基質　53
基質特異性　53
希少種　249
キーストーン資源　252
キーストーン種　251
寄生　205
キセニア　114
QTL解析　247
Q_{10}　197
共生　206
共生関係　251
競争　206
競争的排除則　208
きょうだい検定　244
近交係数　246
近親交配　238
筋組織　170
クエン酸　182, 184
クエン酸回路　31
クチクラ蒸散　152
組換え　116
組換え価　116
クラススイッチ　192
グリコーゲン　181
クリプトクローム　152
グルカゴン　178
グルコース　58
クレブス回路　31
クロマチン　24, 66, 87
クロマチンリモデリング複合体　89
クロラムフェニコール　105
クロロフィル　36
クローン　123
クローン選択説　189
群集　200
形質　111
K 選択　203
結合組織　169
血糖値維持　178
ゲノムDNA　65, 85
ゲノムプロジェクト　91
現状不明種　249
減数分裂　136

索　引

抗原提示細胞　188
光合成　36
抗体　188
後代検定　244
呼吸　31
国際自然保護連合　249
国連環境開発会議　258
個体群　200
個体群成長速度　163
個体変異　255
コドン　101
ゴルジ装置　6
根粒菌　158

さ 行

再生産能力　254
最大内的自然増加率　202
最低維持個体数　255
サイトカイニン　150
サイトカイン　23
細胞質　1
細胞質遺伝　120
細胞周期　26
細胞内情報伝達物質　179
細胞板　26
細胞壁　11
細胞膜　3
再利用合成　75
作為交配　245
サッカリド　58
サルベージ合成　75
三次構造　50
ジェイムス・ラブロック　259
CAATボックス　106
CAM光合成　155
C：N比　216
CO_2補償点　156
自家不和合性　129
色素体　10
シグナル伝達　22
シクロヘキシイミド　110
始原生殖細胞　133
自己制御システム　259
CGR　163
脂質　68

──の生合成　81
GCボックス　106
指数的個体群成長　201
C_3光合成　154
自然選択　238
自然免疫系　186
持続可能な利用　260
Gタンパク質　21
質的形質　241
G_2期　27
シトクロム　33
シナプス　176
C_4光合成　154
ジベレリン　150
脂肪酸　69,182
──の生合成　78
シャイン・ダルガーノ配列　102
シャトル機構　35
集光反応　36
従属栄養　153
集団　233
集団構造　255
種個体群　200
受精能獲得　143
主働遺伝子　241
受粉　128
主要組織適合抗原複合体　189
純生産　214
純同化率　162
硝化　220
硝酸同化　157
小胞体　5
植物群系　211
食物環　253
食物網　216,253
G_1期　27
ジンクフィンガー　107
神経系　173
神経組織　170
水解小体　7
スクロース　40
ステロイド　73
ストレス　177
ストレプトマイシン　105
ストロマ　36

スフィンゴミエリン　71
スプライシング　109
寸前種　249
生活形　211
生活圏の破壊　253
生産構造　160
生産的使用価値　252
生殖細胞　133
生食食物連鎖　216
性染色体　119
精巣　133
生態系　200, 251
生態的攪乱　253, 257
生態的地位　207
生体膜　16
成長曲線　149
成長ホルモン　177
静的抵抗性　163
生物群集　205, 251
生物多様性　248
生物多様性条約　258
セカンドメッセンジャー　151
絶滅危惧種　249
絶滅種　249
セルロース　11, 149
セレブロシド　72
遷移状態　56
潜在的利用価値　253
染色体　4, 85
染色体地図　119
全身獲得抵抗性　166
セントロメア　24, 86
選抜　243
選抜反応　244
総生産　214
相対成長率　162
相利共生　206
測方拡散　16

た 行

体外受精　141
代謝　30
代謝回転　185
大絶滅時代　248
胎盤　144

対立遺伝子　111
他感作用　207
脱窒　220
多糖　59
ターミネーター　98
多量元素　159
炭水化物　58
タンパク質　43
タンパク質分解　185
地球環境サミット　258
地球生命圏　159
致死遺伝子　114
致死相当量　240
窒素固定　158
窒素固定菌　158
窒素同化　157
着床　143
チャネルタンパク質　18
中規模攪乱仮説　209
中心体　5
中立　206
調節
　正の——　100
　負の——　100
重複受精　114, 130
直接的価値　252
チラコイド　36
TATAボックス　106
DNA　61, 85
　——の再会合　64
DNA複製　91
DNA複製開始点　86
DNA複製フォーク　92
DNAマーカー　246
TF　106
T細胞　188
TCA回路　31, 181
底生環境　211
低投入持続的農業　230
デオキシリボ核酸　61
適応力　254
de novo 合成　75
テロメア　86
テロメアDNA　95
転移RNA　66

索　引

電気化学的プロトン勾配　31
電気的勾配　34
電子伝達　37
電子伝達系　33
転写　96
転写因子　106
転写開始複合体　106
転写終結部位　98
デンプン　40
糖衣　3
同化　30
同型接合体　111
糖鎖　59
糖質　58
糖新生　179
動的抵抗性　163
トキ　250
独立栄養　153
独立の法則　112
突然変異　120, 238
トップダウンコントロール　218
トリグリセリド　70

な 行

内的自然増加率　201
内分泌系　176
ナトリウム-カリウムポンプ　20
ナトリウム説　175
ニコチンアミドアデニンジヌクレオチド
　　リン酸　37
二次構造　50
二重らせん構造　61
ニッチ　207
　　──の分化　208
ニトロゲナーゼ　159
ニューロン　174
ヌクレオソーム　87
ネクトン　213
ネルンストの式　175
ノーマン・マイアース　248

は 行

バイオセーフティ　258
配偶子　125
倍数性　122

胚乳　114
胚嚢細胞　126
胚発生　131, 143
発芽　148
発生
　　精子の──　134
　　卵子の──　139
ハーディー・ワインベルグの法則
　　235
パラクライン　23
繁殖能力　202
伴性遺伝　119
半保存的複製　92
PRタンパク質　165
光呼吸　40
光補償点　156
B細胞　188
非消費的使用価値　253
ヒストン　87
ヒストンアセチル化複合体　89
ヒストン修飾複合体　89
ヒストン脱アセチル化酵素　89
微生物食物連鎖　218
必須アミノ酸　44
必須元素　159
漂泳環境　211
病害抵抗性遺伝子　165
表現型　111
非リソソーム系　185
微量元素　159
貧食細胞　187
ファイトアレキシン　165
フィトクローム　152
不完全優性　113
複製　26
複対立遺伝子　113
不耕起栽培　230
腐食連鎖　216
ブドウ糖　58
フラグモプラスト　26
プラスチッド　10
プラスミド　12, 120
プランクトン　213
フリップ・フロップ　16
プリマック　252

プロトン駆動力　34
プロモーター　97
分化全能性　28
分集団　255
分娩　144
分離の法則　112
平衡電位　175
β 酸化　81
ヘテロクロマチン　4
ヘテローシス　246
ペプチド　44
片害作用　206
ベントス　213
片利共生　206
保守性　254
補償深度　196
捕食　205
捕食者仮説　210
ポストゲノム　91
ホスファチジルコリン　71
保全　255
保全生物学　252
保存　255
補体　187
ボトムアップコントロール　218
ポリサッカリド　59
ポリジーン　241
ポリリボソーム　13
ホルモン　22
ホルモン受容体　178
翻訳　96
翻訳伸長因子　103

ま 行

マーカーアシスト選抜　248
膜輸送　17
膜輸送タンパク質　17
マロニル CoA　184
ミカエリス-メンテン　57
水ストレス　157
密度依存効果　202
ミトコンドリア　31
無作為交配　245
無性生殖　123
メソソーム　12

メッセンジャー RNA　66
メンデル　83
　——の法則　112
メンデル集団　233

や 行

優性遺伝子　111
優性の法則　112
雄性不稔　129
誘導物質　100
UNCED　258
陽性植物　195
葉面積指数　163
葉緑体　35
四次構造　52

ら 行

ライセンス化機構　94
ラクトースオペロン　99
lac リプレッサー　99
濫獲　253
卵巣　133
リガンド　21
リスク査定　257
リスク評価　257
リスクの予防管理　257
リソソーム　7
リソソーム系　185
リファンピシン　98
リブロースジリン酸カルボキシラーゼ・
　オキシゲナーゼ　39
リボ核酸　61
リボソーム　102
リボソーム RNA　66
量的形質　241
臨界深度　197
レセプター　20
劣性遺伝子　111
劣性致死遺伝子　239
レッドデータブック　249
レプリコン　93
連鎖　116
連鎖地図　119
ロイシンジッパータンパク質　107
ロジスティック的個体群成長　201

監修者略歴

羽　柴　輝　良
は　しば　てる　よし

1964年	千葉大学園芸学部卒業
1969年	東北大学大学院農学研究科博士課程修了，農学博士
1969年	同　大学農学部助手を経て農林水産省北陸農業試験場環境部研究員
1979年	同　省農業技術研究所病理昆虫部主任研究官
1983年	同　省農業環境技術研究所環境生物部主任研究官
1986年	東北大学農学部助教授
1997年	同　大学大学院農学研究科教授
2004年	同　大学名誉教授

山　口　高　弘
やま　ぐち　たか　ひろ

1970年	東北大学農学部卒業
1975年	東北大学大学院農学研究科博士課程修了，農学博士
1975年	同　大学医学部助手
1986年	米国テキサス大学医学部 Assistant Professor
1993年	東北大学農学部助教授
2000年	同　大学大学院農学研究科教授，現在に至る

Ⓒ　羽柴輝良・山口高弘　2003

1998年4月24日　初　版　発　行
2003年11月12日　改　訂　版　発　行
2009年3月30日　改訂第3刷発行

応用生命科学のための
生　物　学　入　門

監修者　羽　柴　輝　良
　　　　山　口　高　弘
発行者　山　本　　　格

発行所　株式会社　培　風　館
東京都千代田区九段南 4-3-12・郵便番号 102-8260
電話(03)3262-5256(代表)・振替 00140-7-44725

東洋経済印刷・牧　製本

PRINTED IN JAPAN

ISBN 978-4-563-07783-9　C3045